常熟理工学院教材基金资助出版

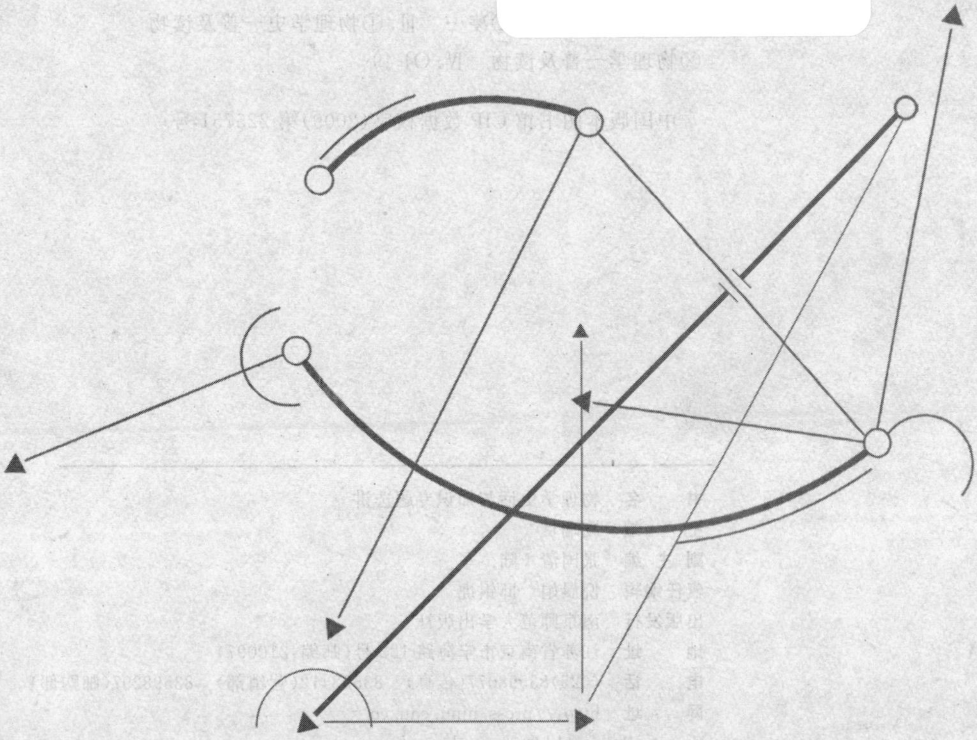

Physics: History and Selected Topics

物理学史话与知识专题选讲

主编 凌瑞良 副主编 张国清 陆 军

南京师范大学出版社
NANJING NORMAL UNIVERSITY PRESS

图书在版编目(CIP)数据

物理学史话与知识专题选讲 / 凌瑞良主编. —南京：南京师范大学出版社，2009.12

ISBN 978-7-5651-0053-6/O・33

Ⅰ.①物… Ⅱ.①凌… Ⅲ.①物理学史—普及读物 ②物理学—普及读物 Ⅳ.O4-49

中国版本图书馆 CIP 数据核字(2009)第 225751 号

书　　名	物理学史话与知识专题选讲
主　　编	凌瑞良
副 主 编	张国清　陆　军
责任编辑	倪晨娟　邱银虎
出版发行	南京师范大学出版社
地　　址	江苏省南京市宁海路 122 号(邮编:210097)
电　　话	(025)83598077(传真)　83598412(营销部)　83598297(邮购部)
网　　址	http://press.njnu.edu.cn
E－mail	nspzbb@njnu.edu.cn
印　　刷	扬州市文丰印刷制品有限公司
开　　本	787×960　1/16
印　　张	14
字　　数	259 千
版　　次	2010 年 4 月第 1 版　2010 年 4 月第 1 次印刷
书　　号	ISBN 978-7-5651-0053-6/O・33
定　　价	26.00 元

出 版 人　闻玉银

序言

——行走在科学与人文之间

丁晓原

凌君瑞良有许多称谓，同辈的叫他凌先，晚辈喊他凌老师，正规一点的则称凌教授，因官至市政协副主席，于是我们也常常以官职主席尊之。但是，他并不是职业官人——只会为政，不理专业，并无专长。他是以民主党派的代表性人物参政的，到龄后退职而返讲坛，既教书育人，又潜心学术研究，像模像样地做着教授。对于他的这些作为，我是充满敬意的。

作为教授，凌瑞良热爱自己的职业和专业。早在上个世纪 90 年代初，他的教学成果就获得了省普通高校优秀教学成果奖。他在课堂教学中极其投入，常激情洋溢而又严谨求实，尽管普通话勉强，但感染力有之，给学生很深的印象。他是一个不懈于人生追求的人。十年“文革”改变了这个“老三届”原初的人生规划，但没有改变他前行的志向。他一直努力于学业的进取，从苏州大学、北京师范大学，到南京大学，留下了凌瑞良勤奋好学的身影。他以量子理论和大学物理教学作为自己研究的方向，曾出版多部著作，在《物理学报》等发表了许多论文。在他那里，学术研究和教学研究是其第一爱好，第二爱好或许就是闲聊漫谈了，而闲聊漫谈往往也和研究有关，每逢突发灵感寻得发现，或接到什么重要刊物的用稿通知，谈兴高浓，欣喜不掩，嘎嘎然手之舞之，足之蹈之，也让我们能分享他的学术快乐。此种情由非道中人不可领略。凌瑞良先生大约长我一辈，我们俩的专业又分属理和文，照理应该是有点隔的。但不知为什么我们走得近了，何故使然，具体细节已无考，但有一点是可以肯定的——原来我们是聊友。大约十五六年前，我们成了邻居，在一个小区前后两栋房子里住着。那时居住条件差，每逢炎夏，家里热得呆不住，便会不约而同地走到楼下，一来二去熟了，就聚在一起，天南海北、校内社会、教学科研等等神聊大侃起来，当然“聊会”的主角或主角之一必定是凌瑞良。以物理科学为专业，其人却也有葱郁的人文气息。我记得梁实秋在《雅舍》中曾有言：雅舍自有个性，有个性就可爱。他便是一个有事业心，又是个性卓然的人。

年方 62 的凌瑞良教授新著即将要出版了。这是他去年以来出版的第二部著作。2008 年凌瑞良和冯金福教授合作的《熵、量子与介观量子现象》，在科学出版社出版。新著《物理学史话与知识专题选讲》,由书名可见其中主要包含了物理史和物理学知识两方面的内容,我所感兴趣的或者吸引我的当是物理学史话的部分。史话者非为严整的史著,在我看来是历史书写的一种自由体。史话中史实要素叙写以外,也有轶事趣味等闲适话语,普通读者对此是很喜欢阅读的。凌瑞良教授写作物理学史话,既与其学科背景有关,长期从事物理学研究和教学,熟稔物理学发展史,同时也关联着他的人文情怀。这样的一种主体配位,促成作者有可能行走在科学与人文之间。凌著物理学史话正是这样,作者在具体的写作中设置了科学与人文复合的叙事点,在讲述爱因斯坦、徐寿、胡刚复、王淦昌、吴健雄、于敏等 10 多位著名物理学家的科学成就和科学贡献的同时,也注意通过叙写他们有意味的人生故事,充分展示科学家的多姿多彩的精神世界。如爱因斯坦一讲,突出爱因斯坦重大的科学贡献和影响,也穿插了他"鲜为人知的事",由此使读者真切地感受到爱因斯坦的伟大和平凡。有人提请爱因斯坦为以色列共和国第二任总统侯选人,爱因斯坦却说:"方程对我更重要些,因为政府要不断向前,而方程却是一种永恒的东西。"史话正是以对人物自身个人化的叙说,完成了对科学家可敬可近形象的立体写真。

时序三秋,稻菽千重。早在六七年前,我就听凌瑞良教授聊起他物理学史话的话题,经年而作,他把聊说的,落实为一行行透发着科学家和作者自己生命气息的文字。他曾把一些自己颇为得意的章节打印出来给我,使我得以有先读为快之便。他也把有的篇章处理成单篇,寄给有关的刊物发表,受到读者的好评。春华秋实,勤劳的耕耘者,一定是会有所收获的。在凌瑞良教授《物理学史话与知识专题选讲》出版之际,作为一个人文工作者,我向作者表示祝贺,同时也期待有更多融通科学与人文的著作奉献给读者。

2009 年 10 月写于虞阳

前言

世间有法学家和各种议会制定的法规，有人们的良知决定的道德准则，还有固有的自然规律。与人们制定的法规不同，自然规律是不可违背和逃避的，人们只能利用它们来为自己服务。物理学研究最一般的自然规律。什么是自然规律？是谁规定的？它们为什么只能发现，不能创造？又为什么不可违背？人们有意识地观察自然和周围的世界已有几千年，发现世界中存在着令人惊叹的和谐一致的规律法则。

物理学家们探索事物的因果关系，努力去解释和利用它。他们这么做是出于求知欲，是由于对大自然之美的惊羡和人类固有的解决谜团的努力。认识自然奥秘的渴望，对人类、对社会、对历史的高度责任感，驱使他们抛弃了个人利益和对日常生活的关心，不顾艰难困苦和旁人对他们的误解。所有自然规律发现者的命运往往是富于戏剧性和颇有教育意义的，他们的功绩在当时常常得不到人们的认可，往往要等到下一代人才能认识到他们工作的意义。当然，物理学家也是人，也有“七情六欲”，他们同常人一样有自己的偏爱和个性。

当今，科学技术的迅猛发展正日新月异地刷新着人类社会的面貌，它不仅带来物质财富空前的丰富多彩，而且深刻地影响着人们的生产方式、生活方式、行为方式和思维方式。虽然笔者从事物理教学和研究已有几十年，但总觉得时间不够，对无奇不有的大千世界、广袤无际的宇宙空间、深奥莫测的变幻自然仍然认识肤浅，知之甚少。鉴于此，静心学习一些物理学领域最新、最前沿的知识和理论十分必要。

最近我们编著了《物理学史话与知识专题选讲》一书，上面所述也许是撰写本书的最原始、最朴素的思想和动因。其实笔者早在校教务处工作期间（1995—2003），为贯彻中共中央、国务院《关于深化教育改革全面推进素质教育的决定》精神，重视培养大学生的创新能力、实践能力和创业精神，普遍提高大学生的人文素质和科学素质，从 1998 年开始就组织全校性的教授系列讲座。本人作为发起者和组织者曾先后向文科与工科学生作过 10 多个专题讲座和报告，反应积极，效果良好。几乎与此同时，诸多中学出于素质教育和探究性教育的需要，也曾特邀笔者作过多次类似的讲座和报告。《物理学史话与知识专题选讲》就是在这些专题讲座和报告的基础上，通过不断修正、补充与完善才写成的，它是笔者于 2003 年

9月由苏州大学出版社出版的《物理与科学技术》一书的姐妹篇。

本书包括两大内容，一是物理学史，二是物理学知识。物理学史部分详细介绍了爱因斯坦、徐寿、胡刚复、萨本栋、李复几、李耀邦、何育杰、夏元瑮、王淦昌、吴健雄、于敏等11位物理学家的家世与生平简历、主要的科学成就和科学贡献、教育业绩和生活轶事等。物理学知识部分主要侧重于较新、较前沿、较实用的知识。具体有最新基本粒子的分类及其性质，夸克模型，四种相互作用力，统一场论，宇宙的膨胀，哈勃定律，宇宙的年龄，宇宙的有限与无限，大爆炸概念，微波背景辐射，暗物质，暗能量，电磁波谱，电磁污染，物质的放射性及污染，光污染和噪声污染等。

参加本书编写工作的还有：苏州市中学物理学科带头人、昆山市秀峰中学张国清校长；苏州市中学物理学科带头人、苏州市名教师、苏州新区实验初级中学陆军校长。

全书共有十二讲，每讲内容完整、独立并自成体系，不受一般书籍要求系统性强的制约，更注重的是史料的完整性、可靠性、真实性，物理学知识的前沿性、科学性、逻辑性和实用性。教学时可根据实际需要灵活选用书中任一讲开讲，不影响教学效果。

物理学史的撰写充分体现写真、写实、写活的原则。本书所反映的文史资料丰富、翔实，在保证史料高度真实的基础上，写作时采用事中叙人、人涉其事、事必及物的方法。全书语言朴实，举例生动形象，记实详细可靠，分析仔细透彻，可读性较强，不乏趣味性。

物理学知识的撰写侧重较新、较前沿的知识；侧重与人类生活、生态环境密切相关的知识；侧重与工农业生产、国防事业和科学技术密切相关的知识。写作时在确保物理知识的逻辑性、严谨性和科学性的基础上，对相关知识仅作定性阐述和理解性解释，结论性和描写性的居多，避免了冗长复杂的数学推演和深奥晦涩的理论阐述，具有高科普性。

书中专题介绍的物理学家和科学家，除伟大的爱因斯坦外，几乎全是我国自己的物理学家和科学家，他们中除晚清科学家徐寿外，又都是近代物理学家和科学家，故本书应是激发广大学生爱国热情，鼓励其献身科学的好教材。

除此之外，本书图文并茂，插图精选、珍贵、逼真。

通过本书的教学至少能使学生取得如下收获：①通过对物理学知识、理论和方法的发生与发展规律的研究，可以帮助学生了解过去，认识现在，展望未来。②书中多位物理学大师、科学家勇于攻关和善于创新的科学精神，严谨踏实的科学作风，非凡的学术思想，坚持不懈、顽强拼搏的毅力，敏锐的观察和一针见血的洞察力，对待困难和逆境的态度，对名誉、地位及金钱的看法，豁达宽广的胸襟，真诚无私的待人，对祖国、对人民的热爱，献身科学的精神将会对学生产生强烈的冲击，使其留下深刻印象，从而能有效地达到做人教育、爱国主义教育、辩证唯物主义与历史唯物主义教育、创新教育、追求真理和献身科学的崇高思想教育之目的。同时，通过本书教学能使青年学生直接从物理学家及科学家那里获得科学思想、科学精神、科学态度和科学方法的培养和熏陶。③现在教学中普遍存在学生视野狭窄，知识面不宽的问题，特别是在工科大学物理课学时缩减以后，这个问题更为突出。本书物理学知识部分能激发和培养学生兴趣，满足多方面的要求，让他们广泛涉猎、开阔视野、拓展思路。

物理学史部分介绍提及的所有物理学家和科学家从事的事业，取得的科研成果都具有国际领先水平，有的甚至达诺贝尔奖水平，故连同物理学知识部分最新最前沿的知识在内，本书所涉及的物理学知识都是一些高深知识。本书虽属科普读物，但学术性较强。

本书的出版曾得到朱林生副院长的直接关心，获得常熟理工学院教材出版资助，在此表示衷心感谢！

最后还要真诚感谢丁晓原副院长，他热情鼓励我们写就此书，帮我们定下本书书名，还为本书作序。

凌瑞良于常熟

2009 年 6 月 18 日

目　录

第一讲　世纪风云人物——爱因斯坦

一、爱因斯坦的科学贡献和影响

爱因斯坦(Albert Einstein,1879—1955)一生在狭义相对论、广义相对论、量子论、分子运动论、宇宙学和统一场论等六个领域都作出了巨大贡献,其中四个领域他是开创者。

图 1　爱因斯坦

广义相对论可以说是爱因斯坦一个人多年孤军奋战的结果,至于早期量子论和量子力学(包括波动力学)虽然都不是爱因斯坦创立的,但在决定性的发展阶段上,他作出了不可取代的贡献,特别是在早期。因此,对于近代、现代物理理论的建立,爱因斯坦应居首功。

按诺贝尔物理学奖颁发的标准,爱因斯坦至少可得五次奖(指狭义相对论、质能相当性、广义相对论、光量子论、布朗运动等五项工作),事实上他只得到一项(1921 年度),获奖的理由是由于他在数学物理学方面,特别是由于他发现了光电效应定律。这里避而不谈相对论和光量子论,而偏偏突出了仅仅作为光量子论一个推论的光电效应,这是因为瑞典科学界在 20 世纪早期过分注重实验物理学,而将理论轻视为纯粹的猜想,爱因斯坦的相对论在当时引起了科学界极大的争议。爱因斯坦收到的授奖通知上甚至特别指出:他在获奖演说时仅限于正式的授奖理由,而不得提到相对论。结果爱因斯坦没有按照惯例在传统的授奖大会上发表学术演讲,而是到另一个集会上去作学术报告。

关于爱因斯坦的科学贡献,玻恩说:“即使他没有写过一行关于相对论的著作,我认为他也还是历史上最伟大的理论物理学家之一。”

前苏联大名鼎鼎的理论物理学家诺贝尔奖获得者朗道曾对 20 世纪杰出物理学家的贡献作了一个有趣的比较。他把这些人一生的贡献分成几等,每隔一等相差一个数量级。他把玻尔、海森伯、狄拉克、薛定谔等人都列为第一等(他自己列为第二等),唯独爱因斯坦被破格列为第 1/2 等。英国《物理世界》杂志最近在 100 位著名物理学家中选出的 10 位最伟大者中,爱因斯坦排名第一。

1919 年 11 月,在宣布日蚀观测的结果时,英国皇家学会会长,J·J·汤姆逊声称，爱因斯坦的理论是"人类思想史上最大的成就之一"，"它不是发现一个外围的岛屿，而是发现整个科学新思想的大陆"。

1920 年，英国哲学家罗素来中国讲学时，多次把爱因斯坦和列宁并提，称他们是当代两大伟人，一个代表科学革命，一个代表社会革命。

1931 年，法国物理学家朗之万作过这样的评价："在我们这一时代的物理学家中，爱因斯坦的地位将在最前列。他现在是并且将来也还是人类宇宙中有头等光辉的一颗巨星。很难说，他究竟是同牛顿一样伟大，还是比牛顿更伟大，不过可以肯定地说，他的伟大是可以同牛顿相比拟的。照我的见解，他也许比牛顿更伟大，因为他对于科学的贡献更深入到人类思想基本概念的结构中。"

总之，爱国斯坦是一位伟大的科学家，又是一位富有哲学探索精神的杰出的思想家，同时也是一个正直的、精神境界高尚的、有强烈正义感和社会责任感的人，是一个为人类进步和幸福而奋斗终生的伟大的国际主义者和"世界公民"。他是人类科学史和思想史上一颗明亮的巨星。

二、爱因斯坦的狭义相对论简介

1. 相对论是现代物理学的两大理论支柱之一

纵观历史长河，物理学的发展大致可分为两个时期。第一个时期称为经典物理学或近代物理学，它开始于伽利略(1564—1642)，奠基于牛顿(1643—1727)，终结于麦克斯韦(1831—1879)。这一时期中物理学已建立了具有完整数学框架的三大理论：①牛顿力学，确定粒子的运动；②麦克斯韦电动力学，确定电磁场和电磁波的运动；③热力学和统计物理，确定热平衡态的物性。第二个时期称为现代物理学，它是在对经典物理学进行革命的基础上诞生的。这场革命由 1895 年德国物理学家伦琴(1845—1923)发现 X 射线为开端，揭开了微观世界和物质高速运动的奥秘。经过最近 100 多年的发展，特别是在世界顶尖级物理学大师爱因斯坦、海森伯、薛定谔、玻尔、狄拉克等人的相继努力下，形成了以相对论、量子论(量子力学)为代表的基础理论系统。相对论和量子力学的诞生堪称本世纪最伟大的科学革命，两者已共同成为 20 世纪人类科技文明的基石，也从哲学上根本改变了人们关于时间、空间、物质和运动的传统概念。正如江泽民同志 2000 年 5 月在接受美国《科学》杂志独家专访时强调指出的：**"可以说，如果没有量子理论，就不会有微电子技术。如果没有相对论，就没有原子弹，也不会有核电站。"**相对论和量子力学的创建使物理学和化学乃至天文学和地质学可以统一在物质科学的名义之下，相对论与量子力学是构成现代物理学的两大理论支柱。

2. 狭义相对论产生的历史背景

至 19 世纪末，经典科学取得了前所未有的进步和成功。在物理学领域，牛顿的力学体系一度被看作是对科学根本问题的最终解答，以此为基础，人们统一了声学、热学、光学和电磁学，描绘出了一幅小至原子、大到宇宙天体的似乎是最终的和一劳永逸的世界图景。这样辉煌的成就，使不少科学家产生了一种错觉，认为物理学的大厦已经落成，物理学的发展已到达顶峰，剩余的工作仅是在某些细节上作些补充和发展，只不过是把物理常数测得更精确些，把一些基本规律更加广泛和准确地应用到各种具体问题的解决中去。也难怪早在 19 世纪 70 年代，德国慕尼黑大学实验物理学的教授约利（Jolly，1809—1884）就曾劝他的学生普朗克不要学物理，因为物理理论已经完成了，没有可供青年一代大显身手的余地。在 19 世纪末，开尔文、迈克尔逊等人都公开说过，未来的物理学真理只有到小数点后面的第六位数字去寻找。然而，正当他们认为物理学已经达到顶峰，并陶醉于这种"尽善尽美"的境界之中的时候，出乎意料地爆发了物理学的危机。在 19 世纪和 20 世纪之交，一系列新的发现和经典理论预见的结果相左，如光速不变（1879 年迈克尔逊-莫雷）、黑体辐射（1859 年基尔霍夫，1879 年斯特藩，1884 年玻尔兹曼，1898 年维恩）、光电效应（1887 年赫兹）、放射性（1896 年贝克勒尔）、电子轨道的不稳定性（1899 年卢瑟福）等等，形成了所谓的经典物理学危机。这些危机中又数"以太漂移实验"和"黑体辐射现象"的研究最为突出。

1887 年，美国物理学家迈克尔逊（A. A. Michelson，1852—1931）和莫雷（E. W. Morley，1838—1923）为了寻找地球相对于绝对静止的"以太"运动所形成的以太风，进行了著名的以太漂移实验，但实验的结果却同经典（近代）物理学理论的预言完全相反（即所谓的零结果），这使物理学界大为震惊。同时有关气体比热的实验结果也与能量均分定理发生了尖锐的矛盾。这两个问题被英国物理学家开尔文及汤姆逊在 1890 年 4 月 27 日的英国皇家学会的演讲中称为物理学晴朗天空中的"两朵乌云。"

（1）迈克尔逊-莫雷以太漂移实验

19 世纪，电现象、磁现象得到了充分的研究，并取得了长足进步，安培、库仑、奥斯特和法拉第等人功绩卓著，麦克斯韦以优美简洁的方法建立了统一的电磁理论——麦克斯韦方程组（包括微分形式和积分形式）。按照当时科学家的看法，光波或电磁波与人们所熟悉的声波完全一样，其传播也需要一种介质，这种介质充满整个宇宙，渗透在一切物体内部，被称为"以太"。如果真是这样，就像声波在空气里的传播一样，相对于静止的以太，光或电磁波的传播速度，必定是各向同性的。事实上，在定量描述电磁场的麦克斯韦方程组里确实出现了一个常数 $C=1/\sqrt{\varepsilon_0\mu_0}$（$\varepsilon_0$ 为真空中的介电常数，$\varepsilon_0=8.85\times10^{-12}\ C^2\cdot N^{-1}\cdot m^{-2}$，$\mu_0$ 为真空中的磁导率，$\mu_0=4\pi\times10^{-7}\ T\cdot mA^{-1}$），它表明电磁波在真空中总以不变的速度向各个方向传播，一些相关的实验也证实了这一点。但按照经典力学的速度合成法则：$v_{绝}=v_{牵}+v_{相}$，在不同的参照系中，光或电磁波沿不同方向的速度应该不同。即如果承认经典速度合成法则，就可以作出如下判断：应该存在一个特殊的惯性系，即“以太参照系”，在这个参照系中，麦克斯韦方程组采取标准形式，而对于其他惯性系，麦克斯韦方程组的形式应有所改变。这也就是说，既然，光或电磁波相对以太的速度是各向同性的且恒等于 c，那么人们可通过不同的参照系，如地球，观察到由于这些参照系本身相对于绝对静止的以太参照系的运动而造成的光在不同方向的传播速度的差异；或者反言之，人们可以由光速在不同方向的差异，判定一个惯性系相对静止以太的运动状态，并确认以太的存在。沿着这样的思路，考虑到地球本身的转动，很多人致力于观察刮过地球表面的“以太风”工作。一系列有关“以太漂移实验”中，最具有判决意义的是 1876—1887 年间迈克尔逊和莫雷合作进行的精度较高的实验，但实验结果明白无误地表明，光或电磁波的传播速度是一个完全不变的量，即人们预期的“以太风”并不存在。这就如同宣告经典物理学的理论预言同实验结果不相符，因为“以太漂移实验”是一个零结果。

(2)能量均分原理

在温度为 T 的平衡状态下，物质(气体、液体或固体)分子的每一个自由度都具有相同的平均动能，其大小都等于 $kT/2$，玻尔兹曼常数 $k=1.380\ 662\times10^{-23}\ \mathrm{J\cdot K^{-1}}$。

3. 狭义相对论的创立

(1)狭义相对论的基本原理

爱因斯坦于 1905 年在德国《物理学年鉴》杂志上连续发表了 4 篇论文。这 4 篇论文中任何一篇对 20 世纪物理学的发展都具有指导意义。

第一篇论文是《由分子运动论平衡态液体中悬浮微粒的运动》。在该文中爱因斯坦给出了布朗粒子在时间内的位移在轴投影的方均值公式。第二篇论文是《关于光的产生和转化的一个启发性观点》。在该文中爱因斯坦将普朗克的量子论引入光电效应，成功地解释了光电效应。这是爱因斯坦获诺贝尔物理学奖的主要理由。第三篇论文是《论运动物体的电动力学》。在这篇论文中，爱因斯坦抛弃了绝对空间和绝对时间的概念，提出了狭义相对论的两条公设——“光速不变原理”和“狭义相对性原理”。第四篇论文是《物体的惯性同它所含能量有关吗》。在该论文中爱因斯坦提出了著名的质能方程 $E=mc^2$，这是计算原子核结合能的理论依据。

①光速不变原理

爱因斯坦 16 岁时就读于瑞士苏黎世附近的阿劳中学，在此期间他就思考这样的问题：如果行驶在海面上的轮船的速度与海浪的波速是同步的，那么在船上的观察者看来，海面就会是静止的。可是，考虑到光也是一种波(电磁波)，如果设想一个观察者骑在"光子"上与光子一样运动，那么在他的眼里，光的传播就会停止。然而事实上，这样的事情是不会发生的。这就是著名的"阿劳悖论"，它蕴含了光速问题的特殊性。

如果观察者看到的是一个在空间振荡着而又静止不前的电磁场(波)，这明显与麦克斯韦方程组不符，与直觉经验和实验事实也不符；而如果认为观察者看见的是一样以一定速度而进行的光，则又违反经典(近代)物理学中的速度合成法则。面对这样的矛盾，好多物理学家都百思不解，真有一种"山重水复疑无路"的感觉。

经过多年的思考，同时考虑到既然光速不变一再被各种实验所确证，爱因斯坦认为，我们应该毫无保留地接受这样的事实，并且将其提升为公理，从而得到了狭义相对论的基本原理之一——光速不变原理：在彼此相对做匀速直线运动的任一惯性参照系中，所测得的光速都是相同的。此原理表明，在这些惯性系中，光速与光源和光的接收者的运动状态无关。这一由实验事实作强有力支撑的原理的认识和提出，就意味着必须对经典(近代)物理学理论进行修改。

②狭义相对性原理

经过对力学和电磁学理论的长期深入的思考，爱因斯坦认为，自然界的物质运动是统一的，作为自然规律正确反映的科学理论就要显示出应有的简单性。具体到经典力学、爱因斯坦认为伽利略的力学相对性原理就体现了简单性的思想。因为力学相对性原理指出，对于描述运动来讲，任何惯性参照系都是等价的、平权的。伽利略在当年提出这一原理的实验依据是，一个坐在密闭船舱中的人无论用什么物理方法，也无法判断该船是否在相对于河流做匀速直线运动。然而经典力学从本质上来讲，又需要一个与任何具体事物无关的绝对静止的参照系，因为任何一个与具体事物相联系的参照系(如地面参照系，甚至太阳参照系等)，都会由于该事物自身的运动而不具备严格的惯性系的要求。

时至 19 世纪末，这一绝对静止的参照系体现为"以太参照系"。如前所述，电磁学中的麦克斯韦方程组只对以太参照系成立，这样，以太参照系的"优越地位"与力学相对性原理发生了对立。爱因斯坦认为，这不是自然现象本身固有的，问题是发生在我们所习惯的旧有概念和理论上。根据自然界的物质统一性思想，爱因斯坦作了大胆又果断的抉择。他摒弃了绝对静止的概念，而将相对性原理保留，并推广为狭义相对论的另一个基本原理——狭义相对性原理：一切彼此做匀速直线运动的参照系，对于描述运动的一切规律来说都是等价的，即物理学的定律在所有的惯性参照系中都具有不变的形式。此原理表明绝对静止的参照系是不存在的(迈克尔逊-莫雷以太漂移实验的零结果就是有力的佐证)。

以上两个基本原理是奠定狭义相对论的理论基础，而建立相对论的突破口则是千百年来人们所习惯的盲目的“同时性”观念的推翻。

(2)同时的相对性

设有事件 A：每一天北京时间上午 9 点，地面上的一个人走进自己的办公室；而一列行驶的火车上的一位乘客恰好翻开一本书，我们称之为事件 B。那么，按我们经典力学观点，无论是对于地面上的观察者，还是对于火车上的观察者，或者是对于其他惯性参照系上的观察者，事件 A 和事件 B 都是同时发生的，这是天经地义之事，或者说这种同时性具有绝对的意义。事情也可以这样说，在经典力学中，当世界上所有的钟在某一时刻核准后，那么它们在不同参照系中将永远是同步的。

事实上，同时性是相对的而不是绝对的，爱因斯坦的列车实验证明了这一点。

假想一列火车以速度 v 驶过车站站台，而且正当列车的中点 O 经过站台上的一个信号灯柱时，该灯柱上的信号灯发出了一束光信号。如果在列车的头 A 和列车的尾 B 处各有一个观察者来接收刚才发生的光信号，那么两位观察者是否同时接到光信号呢？(见图 2)

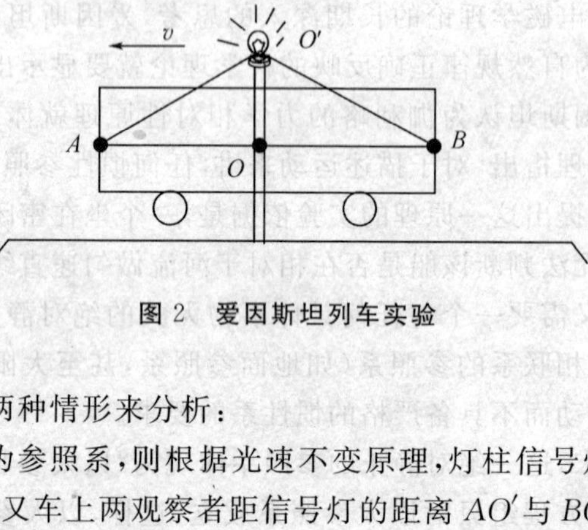

图 2　爱因斯坦列车实验

结论可按如下两种情形来分析：

若以运动火车为参照系，则根据光速不变原理，灯柱信号灯发出的光沿各个方向传播速度相同，又车上两观察者距信号灯的距离 AO' 与 BO' 也相同并不随时改变，因此他们应同时接收到光信号，或者说，事件 A 和 B 具有同时性。

若以地面为参照系，则虽然按光速不变原理，灯柱信号灯发出的光沿各个方向传播的速度仍然相同，但光信号在向 A 和 B 传播一段时间内，火车也向前运动了一段距离，即已有 $AO'>BO'$，因此车头 A 处的观察者接到其信号的时间要晚于车尾 B 处的观察者，即事件 A 和 B 不具有同时性。

爱因斯坦的列车实验是他深入研究同时性问题时设想出的一个思想实验，它否定了同时的绝对性，充满了不容置疑的实证精神，具有撼动绝对时空观和经典力学的伟力。

爱因斯坦是最善于演绎法而不太相信归纳法的人。以光速不变原理和狭义相对性原理为前提，经过严密的逻辑和数学论证，爱因斯坦花 5 个星期，于 1905 年终于创立了震撼世界的狭义相对论。时隔 10 年，他又创立了广义相对论。

创立狭义相对论时，爱因斯坦年仅 26 岁，风华正茂。

三、爱因斯坦的生平简历

阿尔伯特·爱因斯坦 1879 年 3 月 14 日出生于德国南部乌耳姆(ulm)市，他的父母都是犹太人，原籍瑞士，但出生后入了德国籍。童年时代他不是一个“神童”，相反的却被好多人看作是一个反应迟钝的孩子。他三岁才开始说话，在小学读书时，老师认为他长大了是不会有什么出息的。其实爱因斯坦自小就爱幻想、爱思索，在少年时代开始逐渐显露出抽象思维方面的特殊才能。他 11 岁时，在一个医科大学生塔耳梅(Talmey)的引导下，读了一套通俗的科学读物并通读了大学物理教材；12 岁自学了欧几里得几何；13 岁读了康德的哲学名著《纯粹理性批判》；16 岁在瑞士苏黎士附近的阿劳中学读书时期，他就开始思索空间、时间问题，并写了一篇论文《关于磁场的以太状态的研究》。

图 3　14 岁时的爱因斯坦

1894 年 6 月，爱因斯坦的父亲海尔曼·爱因斯坦(电气设备制造商)因经商失败，全家从德国慕尼黑迁居到意大利米兰。还在中学读书的爱因斯坦不久也来到米兰和家人团聚，放弃了德国国籍，但随即又去瑞士继续其学习生活。

1895 年秋天，爱因斯坦在第一次参加苏黎世联邦理工学院的入学考试失败之后，走进了阿劳中学。在阿劳中学清新自由的校风熏陶下，爱因斯坦第二年就以优异的成绩毕业了，并且获得免试进入苏黎世联邦理工学院学习的资格。1900 年 8 月，爱因斯坦以优异的成绩从苏黎世联邦理工学院大学毕业。由于未找到合适的工作，他只好以家庭教师为业，直到 1902 年在朋友的帮助下，才在伯尔尼瑞士联邦专利局得到一个三级技术员的职务。1905 年，爱因斯坦才 26 岁，从大学毕业已有 5 年，但还是未能找到一个理想的工作。当时他已结婚，有了一个男孩，家累不轻，但由于酷爱物理学，他利用业余时间仍孜孜不倦地研究物理问题。在这一年的 3 月到 6

图 4　伯尔尼专利局时代的爱因斯坦(1905)

月,他连续写成并发表了《关于光的产生和转化的一个启发性观点》、《论运动物体的电动力学》、《物体的惯性同它所含的能量有关吗》、《分子体积的新的测定方法》、《热的分子运动论所要求的静液体中悬浮粒子的运动》5篇划时代的物理学论文,创造了科学史上的一大奇迹。

1908年,在众多赏识他的学者的帮助下,爱因斯坦受聘为伯尔尼大学的兼职“编外讲师”。1909年,爱因斯坦受聘为苏黎世大学的理论物理副教授,正式进入大学教书。1911年,他又被聘为布拉格德意志大学的教授。1912年10月,爱因斯坦回到母校——苏黎世联邦理工学院任教授并主持物理学讲座。1913年,普朗克和能斯特两度到苏黎世,将爱因斯坦争取到柏林。爱因斯坦被聘为柏林威廉皇家物理研究所所长、柏林大学教授。1914年又被选为普鲁士科学院院士。1915—1916年期间,爱因斯坦又把他1905年创立的“狭义相对论”发展成“广义相对论”,1921年爱因斯坦获诺贝尔物理学奖。1933年9月9日,爱因斯坦为躲避纳粹特务的杀害,星夜渡海到达英国,10月10日又离开英国,一星期后爱因斯坦离开了欧洲到达美国,定居普林斯顿,并在普林斯顿高等研究院任教授。他在此过着十分宁静的生活。

1939年,爱因斯坦在齐拉德等人的说服下,写信给美国前总统罗斯福,警告他关于制造原子弹的可能性,并催促美国研究。1952年11月9日,爱因斯坦的老朋友以色列首任总统哈伊姆·魏茨曼逝世,在此前一天,有人向爱因斯坦转达了以色列总理本·左里安的信,正式提请爱因斯坦为以色列共和国第二任总统候选人。当日晚上,一位记者给爱因斯坦的住所打来电话,询问爱因斯坦:“听说要请您担任以色列共和国总统,教授先生,您会接受吗?”“不会,我当不了总统。”“总统没有太多事务,它的位置是象征性的。教授先生,您是最伟大的犹太人。不,不,您是全世界最伟大的人,由您来担任以色列总统,象征犹太民族的伟大,再好不过了。”“不,我干不了。”

爱因斯坦刚放下电话,电话铃又响了。这次是驻华盛顿的以色列大使打来的。大使对爱因斯坦说:“教授先生,我是奉以色列共和国总理本·左里安的指示,想请问一下,如果提名您当总统候选人,您愿意接受吗?”“大使先生,关于自然,我了解一点,关于人,我几乎一点也不了解什么,怎么能担任总统呢?请您向报界解释一下,给我解解围。”

大使进一步劝说:“教授先生,已故总统魏茨曼也是教授呢。您能胜任的。”“魏茨曼与我是不一样的。他能胜任,我不能。”“教授先生,每一个以色列公民,全世界每一个犹太族人都在期待您呢!”

爱因斯坦确被同胞们的好意感动,但他想得更多的还是如何委婉地拒绝大使和以色列政府。

不久，爱因斯坦在报上发表声明，正式谢绝出任以色列总统。在爱因斯坦看来，“担任总统不是一件容易之事”，同时，他再次引用他自己的话：“方程对我更重要些，因为政府要不断向前，而方程却是一种永恒的东西。”

事实上，从 20 世纪 20 年代开始，爱因斯坦已致力于统一场论的研究。爱因斯坦取得美国国籍的时间是 1940 年 10 月 1 日。

1955 年 4 月 18 日 1 时 25 分，爱因斯坦这位 20 世纪最伟大的物理学家心脏停止了跳动。12 位亲朋好友在特伦敦的小教堂里为他举行了一个简朴的葬礼。

参考文献

[1]王福山主编.近代物理学史研究(一).上海:复旦大学出版社,1983
[2]王福山主编.近代物理学史研究(二).上海:复旦大学出版社,1986

第二讲　中国近代科学先驱——徐寿

无锡，素称人文荟萃之乡，元明清时期，无锡就已人才辈出，文科进士高达461名，内有状元4名，榜眼2名，探花6名。另有武科进士7名。鸦片战争后，科学家徐寿、外交家薛福成、实业家杨宗濂等有识之士，研"格致"，办"洋务"，兴"实业"成为一代先驱。清末民初，无锡人才勃兴，起而经商办实业，由无锡至全国，产生出"面粉大王、棉纱大王"荣宗敬、荣德生，"丝茧大王"薛学濂，"电气大王"祝大椿等10多位近代中国的实业巨子。20世纪20年代起，王寅生、张锡昌、孙冶方等经济学家相继立说，卓然成家，蜚声于世。近现代物理学宗师胡刚复，国学大师唐文治、钱穆，教育家俞庆棠，画家胡汀鹭，音乐家杨荫浏、华彦钧（阿炳）等，各展才华，灿若群星。

请读者注意，以上所提及的无锡历代已故名人中，涉及自然科学的名人仅有两人，他们是徐寿和胡刚复。徐寿称科学家而胡刚复称物理学家自有道理。要知道，徐寿（1818—1884）所处的时代，中国的自然科学知识还几乎一片空白，因为那时中国仍处在封建专制制度下，实行的基本政策遏止了科学技术发展。经济上实行"重农抑商"的经济政策，在教育用人制度上"重文轻技"，排斥科学技术和轻视掌握科学技术的知识分子。俗话说"物以稀为贵"，既然无锡众多的历代名人，仅有徐寿一人能以"清代科学家"头衔跻身于列，流芳百世，那就充分说明徐寿此人在中国近代科学史上一定有突出的贡献，有其特定的地位。

一、1881年徐寿在世界著名科学杂志《自然》周刊上发表论文

研究中国物理学历史发现，我国最早在国外杂志上发表的有关物理学内容的论文，大概要算1881年3月10日徐寿在英国的著名科学杂志《自然》(Nature)周刊上发表的声学短文。

洋务运动期间（19世纪60年代初至90年代）翻译出版物理学书籍是中国传播物理学知识最主要的途径。当时的上海江南制造局翻译馆在引进国外近代物理学知识方面起了至关重要的作用。翻译馆从19世纪70年代初以后的大约三十年间，翻译出版物理学书籍十余种，它们大多是英国当时著名科学家的著作。这些书籍都相当重要，极有影响。

1874年，上海江南制造局刊行了英国人傅兰雅（J. Fryer，1839—1928）和徐寿次子徐建寅（1845—1901）译述的《声学》。该书原著者是英国著名物理学家约

翰·廷德耳(又译丁铎尔)(J. Tyndall,1820—1893),他是英国皇家学会会员,也是19世纪60年代至80年代英国物理学界的中心人物之一。他与法拉第是好朋友,1867年法拉第逝世后,廷德耳继承了法拉第的职位成为皇家学院负责人。英文原著实际上是根据他在皇家科学普及会上所作演讲的讲稿汇编而成。《声学》原名"on sound:a course of Eight Lectures",由廷德耳所作的八次声学讲座的讲稿编辑而成,初版于1867年,该书概括了西方当时所取得的声学成就,1869年、1875年、1883年相继出版了第二、第三、第四版,到1893年又出版了第五版。中文译本《声学》则据原著第二版(1869年)译出。译本出版之后,傅兰雅向廷德耳寄赠了一部,并给他写了一封信,说及他与徐建寅译书的情形。

1875年6月,廷德耳为其英文原著第三版撰写了"前言",详见(图1)。他在该"前言"中,有一段专门说到傅兰雅赠书及致信的事:

> 在我面前摆放着两大册装订奇特的、用我不认识的文字印刷的书。然而,我处处看到《声学》前两版中的熟悉的插图。我感谢在上海的傅兰雅先生送我这些书,几周前他还一起给我寄来了一封信。下面是傅兰雅先生来信的摘录:
>
> "在您的《声学》原著到达上海之后不久,一天,我正在书房里阅读它的时候,一位名字叫徐仲虎的有知识的官员看到书中的一些图版,就要我给他解释其中的意思。他因此对声学极感兴趣,以致除了翻译该书之外没有其他事情能使他满意。可是,因为高层官方人士当时认为,工程应用和其他方面的著作更具有实际的重要性,所以我们商定在每天晚上的空闲时间翻译您的大作并由我们自己来出版。然而,当我们译毕并将译稿送达高层官方人士时,他们却非常有兴趣和非常高兴,即刻下令以政府经费出版,并以成本价销售。每部书的售价是480铜板,约合1先令8便士。您可以想像此地印刷费用相当低廉。"
>
> 傅兰雅先生还说,他的中国朋友在掌握这部书的每一个概念方面都毫无困难。

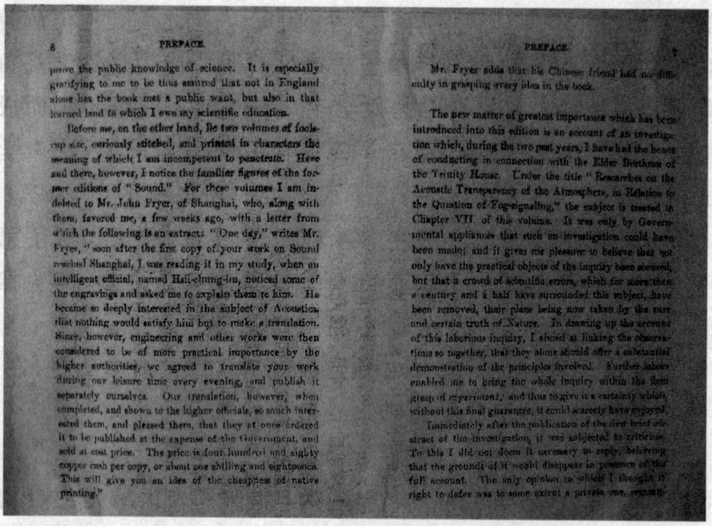

6 PREFACE.

prove the public knowledge of science. It is especially gratifying to me to be thus assured that not in England alone has the book met a public want, but also in that learned land to which I owe my scientific education.

Before me, on the other hand, lie two volumes of foolscap size, curiously stitched, and printed in characters the meaning of which I am incompetent to penetrate. Here and there, however, I notice the familiar figures of the former editions of "Sound." For these volumes I am indebted to Mr. John Fryer, of Shanghai, who, along with them, favored me, a few weeks ago, with a letter from which the following is an extract: "One day," writes Mr. Fryer, "soon after the first copy of your work on Sound reached Shanghai, I was reading it in my study, when an intelligent official, named Hsü-chung-hu, noticed some of the engravings and asked me to explain them to him. He became so deeply interested in the subject of Acoustics, that nothing would satisfy him but to make a translation. Since, however, engineering and other works were then considered to be of more practical importance by the higher authorities, we agreed to translate your work during our leisure time every evening, and publish it separately ourselves. Our translation, however, when completed, and shown to the higher officials, so much interested them, and pleased them, that they at once ordered it to be published at the expense of the Government, and sold at cost price. The price is four hundred and eighty copper cash per copy, or about one shilling and eightpence. This will give you an idea of the cheapness of native printing."

PREFACE. 7

Mr. Fryer adds that his Chinese friend had no difficulty in grasping every idea in the book.

The new matter of greatest importance which has been introduced into this edition is an account of an investigation which, during the two past years, I have had the honor of conducting in connection with the Elder Brethren of the Trinity House. Under the title "Researches on the Acoustic Transparency of the Atmosphere, in Relation to the Question of Fog-signaling," the subject is treated in Chapter VII. of this volume. It was only by Governmental appliances that such an investigation could have been made; and it gives me pleasure to believe that not only have the practical objects of the inquiry been secured, but that a crowd of scientific errors, which for more than a century and a half have surrounded this subject, have been removed, their place being now taken by the sure and certain truth of Nature. In drawing up the account of this laborious inquiry, I aimed at linking the observations so together, that they alone should offer a substantial demonstration of the principles involved. Further labors enabled me to bring the whole inquiry within the firm grasp of experiment; and thus to give it a certainty which, without this final guarantee, it could scarcely have enjoyed.

Immediately after the publication of the first brief abstract of the investigation, it was subjected to criticism. To this I did not deem it necessary to reply, believing that the grounds of it would disappear in presence of the full account. The only opinion to which I thought it right to defer was to some extent a private one, [illegible]

图 1　廷德耳原著《声学》的“前言”书影部分

《声学》一书共八卷 2 册，7.8 万字，其标题为：总论发声传声，论成音之理，论弦音，论钟磬之音，论管音，论摩荡生音，论交音浪与较音（不同波长和频率之声波干涉原理），论音律相和。《声学》一书详细叙述了声学基本理论和实验内容，附有插图 169 幅，比较准确地介绍了许多物理概念，是我国最早翻译出版的声学专著，而且直到 20 世纪初，介绍到我国的声学知识，基本上没有超过该书涉及的范围。

可以肯定，正是傅兰雅的信，使廷德耳得知他的书在中国受到学者和官员们欢迎的情况。

然而，也正是廷德耳《声学》的中文译本，令我国清代科学家徐寿在阅读之后发现了其中的问题。因为在廷德耳的《声学》专著中，有这样的肯定说法：长度减半或加倍的律管所发出的音，比原来长度的管所发出的音，要高或低八度，意即两支成倍半关系的律管能八度和谐；在闭管和开管两种情况下，一定时间内的振动次数与管的长度成反比。事实上对律管的发音及“管口校正”问题是中国历史上音乐家和数学家争论的一大难题，其研究历史相当悠久。两支成倍半关系的律管能否八度和谐，历代有关著述汗牛充栋。早在晋代，荀勖（？—289）就用同径开口管制作了十二支发音准确的笛（类似于现今的洞箫）。他实际上是以适当缩短管长的方法来进行管口校正。明代王子朱载堉（1536—约 1610）为达到十二律平均“终而复始，循环无端”，在创造“新法密律”的同时，还提出了“异径管律”理论——

这实质上是采取缩小管径的方法进行管口校正。明代声学专家朱载堉通过反复的实验和研究最后提出两支成八度和谐的律管，其长度不能成倍半关系，而必须将半长管缩短长度或减少内径。

徐寿对管口校正问题早感兴趣，他根据朱载堉的管口校正理论和观点，曾作过进一步的研究，并在廷德耳《声学》中译本出版之前不久就独自进行了多次实验验证，发现成八度和谐的同径律管，其长度之比为4/9，而绝不是4.5/9。显然徐寿的实验结果与廷德耳观点有悖。对此，徐寿甚为不解。抱着请教的态度，他给廷德耳教授写了一封信。信中陈述了问题的起因和他自己的实验结论，在指出廷德耳的错误之后又请求廷德耳赐教有关管口校正的物理原因。他写道："如何计算(发各种乐音的)管长？能以某种数学曲线或公式表示它们吗？为什么开口管与弦线或闭口管不遵从同一法则？我虽然有自己的道理，但我觉得要公开发表尚无把握，除非我对它作出更深入的研究。"

徐寿将他的信交给了当时江南制造局翻译馆编译、英国传教士傅兰雅。毫无疑问，徐寿曾向傅兰雅求教过，因为他俩是同事，然而傅兰雅无法提供他满意的解答，于是徐寿才作了这样的处理。

傅兰雅接信后，立即把它译成英文，并将此事的前因后果作了说明，希望廷德耳这位西方学者能满足他东方友人的求知欲望。事实上此信的主要内容是徐寿有关议论及观点的译文，傅兰雅是在1880年11月25日正式将此信分别邮寄给廷德耳本人和著名的科学杂志《自然》周刊的。至1881年3月10日，《自然》周刊以醒目标题——《声学在中国》全文登载了傅兰雅的信，并发表了编者按以及年轻的声学专家斯通(W. H. Stone)博士的注释。以下是它们的译文：

声学在中国

[编者按]下面这封致廷德耳教授的信，是写这封信的傅兰雅先生寄给我们供发表的。看来，对于一个古老定律的真正具有现代意义的修正，异乎寻常地发生在中国，并且是用最原始的器具得以证实的。感谢斯通博士将我们送交的此信附加了注释。

致法学博士、皇家学会会员廷德耳教授

亲爱的先生：

我的朋友徐先生在我注意之先，就提出了与声学有关的一些有意义的事实。因为徐先生是与我一起翻译您的大作《声学》一书的一位中国官员的父亲，也因为他特别谈到您的这部大作，所以我冒昧地给您送上他的议论的译文，希望您能对他深感兴趣的这一问题予以满意的答复。他说：

"中国古代的音乐著作中说，长度减半或加倍的弦(或管)所发出的音，比原来长度的弦(或管)发出的音，要高或低一个八度，亦即十二个半音。"

"明代朱载堉的著作中又说，这个法则只能很好地适用于弦，而不适用于诸如笛或箫之类的开管乐器。"

"我在几年前曾试图研究这一差异的原因及其精确的数量。比如说，一支九寸长的黄铜开口圆形管，将它的一端紧贴上嘴唇并通过吹口而吹响某音。若将管截去一半，余下的四寸半长的管并不发八度音；而如果再截去半寸多，那么剩下的四寸长的管却能准确地发八度音。在不同长度和直径的管上所作的这种实验，都有同样的结果。即长度为原长九分之四的管，总是发出大致准确的八度音。我通过观察一支外国的有键长笛，注意到，在演奏时产生八度音运用了同样的原理。然而我不明白，为什么开管乐器不像弦乐器和闭管乐器那样遵循同样的法则。"

"当我读到廷德耳教授的专著《声学》的译本时，惊讶地发现了被严格强调的中国的古老的概念。书中说到(P214)：'在闭管和开管两种情况下，给定时间内的振动的次数，与管的长度成反比'等等。按照这种说法，由于任何一个音的八度音在给定时间内的振动次数，必定恰好是这个音的振动次数的两倍，那么一支开口管应当精确地减半，才能使它发出高八度的音。但我的实验已经证明这是错误的。"

"我惟恐自己误解了这位英国教授的意思，因此我请求他能就此问题著文，以便使我的疑问得到澄清。我希望知道，在任意一支开管与具有同样直径而发音高八度的管之间所存在的长度上的精确比例，以及能发出十二个半音(它们形成一个八度音阶)的一组开管之中的每一支管在长度上的精确比例。如果发音成八度的两支开管的长度并不符合弦乐器或闭管乐器的长度关系，那么给定其间各音的所有各管的长度也必定有所不同，如何计算这些管的长度？能以数学曲线或公式表示吗？为什么开管不像弦线或闭管那样很好地遵循同样的法则呢？我虽然有自己的看法，但是我觉得要经过深思熟虑，才有把握公诸于世。同时，如果外国科学家能使我理解这个有趣而重要的问题，那我会很高兴。在中国，由于乐器制造中的错误，音乐的理论和实践已在渐渐失去效用，所以我希望得到有可能实现革新的一种科学的根据。"

我在此无法找到能解答这些有意义的问题的关于音乐或声学的论文，因此，如果您能给我指出某一著作，它可以使我满足中国朋友的求知渴望，我相信那将是巨大的帮助。

寄上一本小册子，其中有关于江南制造局翻译馆的译书报道，请惠存。

您的《光学》，现已出版中文译本，译本将很快寄达您处。《作为运动方式的热》一书，我希望在不久的将来能开始翻译。《电学》的中文译本，不久也将出版。

傅兰雅敬上

1880 年 6 月 1 日于上海

又，我已将该信副本寄《自然》杂志编辑。如果您能将答复寄该刊发表，我将感谢不尽。

傅兰雅

1880 年 11 月 25 日

傅兰雅先生的意见是完全正确的。在拙著《声学》的第 167 页，题为“伯努利定律的修正”一节，您可以找到所需要的解释和公式。我在书中写道：“人们久已知晓，如果开管的一端被闭塞，它的发音并不恰好比开管时的发音低八度，而是稍低一些，音程约为大七度而不是八度。”

书中接着给出了数学上的阐释，傅兰雅先生从中可以很容易地得到所需要的修正。书中还简要叙述了博赞克特(Bosanquet)先生对该问题所作的出色的实验研究。他的结果给出的修正是：管的开端为 $0.635r$，吹口端为$0.59r$（r 为管的半径）。博赞克特先生指出，在伯努利理论中作了这样的假设：管从约束状态到可以理解为约束状态完全消除的那种变化，是突然发生在波系统离开管的那一点处。但是，很显然，所发生的发散可以被想象为向管发送回一系列的反射脉冲，而不是（根据伯努利理论所说的，从管的开端返回的）单一的反射脉冲，而且，来自不同距离的这些元脉冲，其全体可以等价于来自管端一微小距离处的一点上的单一的反射脉冲。很有意思的是，对于这一鲜为人知的事实的证实来自远方，而且是以如此简单的实验方法得到的。

W·H·斯通

1881 年 1 月 8 日

不知什么原因，廷德耳本人并未就徐寿在傅兰雅来信中的发问作答。然而，斯通博士的注释，实际上是对徐寿的问题的答复。

在欧洲，直到近代，科学家们才对开口管的末端效应进行研究。到 19 世纪，在英国物理学家瑞利勋爵(Lord Rayleigh，1842—1919)的经典著作《声学理论》(The Theory of Sound，1878)中，才讨论了空气柱在管内和管口的振动情形。

出乎意料，傅兰雅致廷德耳的信（实为徐寿的信）及斯通博士的意见在《自然》周刊登出后，竟然在英国引起了巨大反响。傅兰雅在信中转述的徐寿观点，引起了西方学者们的惊讶，他们就此不得不承认，远方古老的中国也有一流的声学专家。真如中国科学院自然科学史研究所戴念祖先生所说：“徐寿的信(指傅兰雅致廷德耳的译信)，既是中国传统科学的光华，又是中国人步入近代物理学的先声。”从某种意义上说，徐寿的信从此改变了西方人至少英国科学家对中国人的看法，中国人一点不比外国人差。徐寿的信应被看作是中国科学家在国际科学刊物上最早发表的学术论文。徐寿为咱们中国人赢得了骄傲。

二、从英国《自然》杂志的学术地位看徐寿论文的学术贡献

现在学术界用以衡量一个人的学术水平的重要依据，主要是观其撰写的学术论文质量。学术论文的质量往往又体现在论文有没有原创性，原创性有多大上。说实话，现在全世界能发表学术论文的杂志不亚于有数千种，如何判别杂志的质量，目前已有相当科学的标准和方法，主要是看杂志上刊登的论文被引用次数(引用率)和效果系数(Impact Factor，又称“影响因子”)。毫无疑问，英国的《自然》杂志和美国的《科学》杂志是公认的目前世界上质量最高的两家杂志。

如前所述，我国清代科学家徐寿早在 1881 年 3 月 10 日就在英国《自然》杂志上发表声学论文。

据作者所知，国内各高等学校，为激励广大教师和科研人员的科研积极性，提高本校科研实力和水平，纷纷拿出科研奖励办法，对质量高的学术论文给予重奖，凡发表在英国《自然》杂志上的论文，每篇给予 3 万～12 万的奖励。各校做法不一，不管怎样，从这些奖励的金额又可看出《自然》杂志的科学地位和身价。由此可见，早在 1881 年，我国封建清朝时期的徐寿就能在具有如此高的科学地位和身价的《自然》杂志上发表论文，是何等的不易！因为清朝时期，从本质上讲我国仍处封建专制制度下，实行的基本政策遏止了科学技术的发展。经济上实行“重农抑商”的经济政策，在教育用人制度上，“重文轻技”，排斥科学技术和轻视掌握科学技术的知识分子。中国封建社会末期所实行的科举制以及“八股文”从形式到内容僵化，完全排斥了科学技术的内容。从某种意义上说，身处封建制度下的中国徐寿能在英国著名科学杂志《自然》周刊上较早发表声学论文是中国科学史上的一大创举，徐寿是伟大的！

三、徐寿先生生平简介、主要学术活动与科学贡献

徐寿，字生元，号雪村，清嘉庆二十三年阴历元月二十七日，即阳历 1818 年 2 月 26 日出生在原无锡县钱桥社冈里(今山北乡人)一个没落的地主家庭。5 岁丧父，由母亲抚养成人。在他 17 岁时，母亲去世。幼年失父，家境清贫的生活使他养成了吃苦耐劳、诚实朴素的品质。

青少年时，徐寿学过经史，研究过诸子百家，并常常能表达出自己的一些独到

见解，因而受到许多人的称赞。然而，他参加取得秀才资格的童生考试时，却没有成功。鸦片战争以后，他目睹清朝政府的腐败与丧权辱国，愤于列强入侵，决心放弃科举做官的打算。

于是，他毅然由追求科举仕途转向学习自然科学。从此，他专心涉猎天文、历法、算学等书籍。

图 2　中国科学家徐寿

在徐寿的青年时代，我国尚无进行科学教育的学校，也无专门从事科学研究的机构。徐寿学习近代自然科学知识的唯一方法是自学。坚持自学需要坚忍不拔的毅力，特别是自学自然科学知识。徐寿有这种毅力，因为他自小就养成了吃苦耐劳的精神，因为他对知识和科学有着执著的追求。在自学中，他的同乡华蘅芳（1833—1902，字若汀，无锡荡口镇人，清代著名的科学家，擅长数学）是他的学友，他们常在一起，共同钻研遇到的疑难问题，相互切磋启发。

在学习方法上，徐寿很注意理论联系实际。他常说："格致之理纤且微，非藉制器（即不靠试验）不克显其用。"1853 年，徐寿、华蘅芳结伴同往上海探求新的知识。他们专门拜访了当时在西学和数学上已颇有名气的李善兰。李善兰正在上海墨海书馆从事西方近代物理、动植物、矿物学等书籍的翻译。他们虚心求教、认真钻研的态度给李善兰留下了很好的印象。他们此行不仅购买了物理、化学、数学等各种书籍，还采购了不少有关物理实验的仪器。回家后，徐寿发奋自学，刻苦钻研，根据书本上的提示进行了一系列的物理实验，并自制各种仪器。为了攻读光学，买不到三棱玻璃，他就把自己的水晶图章磨成三角形，用它来观察光的七彩色谱。结合实验攻读物理，使他较快地掌握了近代的许多物理知识。有一次，他给包括华蘅芳的弟弟华世芳在内的几个孩子作物理实验演示。他先叠一个小纸人，然后用摩擦过的圆玻璃棒指挥纸人舞动，孩子们看了感到很惊奇和可笑。通过类似的实验演示他就把自己学到的摩擦生电的知识传播给了别人。

1856 年，徐寿再次到上海，读到了墨海书馆刚出版的英国医生合作编著的《博物新编》的中译本。书中所介绍的诸如氧气、氮气和其他一些化学物质的近代化学知识和化学实验引起了徐寿极大的好奇和兴趣。他依照学习物理的方法，又购买了一些化学实验器具和药品，根据书中记载，边实验边读书，加深对化学知识的理解，同时还提高了化学实验的技巧，甚至还独立设计了一些实验，颇有创造性。

坚持不懈地自学，实验与理论相结合的学习方法，终于使徐寿成为远近闻名的掌握近代科学知识的学者。

鸦片战争失败的耻辱，促使清朝统治集团内部兴起一阵办洋务的热潮。但是，作为靠“科举八股”走上仕途的各种封建官僚权贵对“洋务”所涉及的各种近代科技知识一窍不通，他们除聘请一些洋教习外，不得不招聘和培养一些懂得西学的中国人才。在这种形势下，早已出名的博学多才的徐寿就引起了洋务派们的重视，曾国藩、左宗棠、张之洞都很赏识徐寿。

清代咸丰十一年，即1861年12月，徐寿带领长子大吕、次子建寅以及同乡华蘅芳在内的其他一些学者应聘进入曾国藩在安庆创办的以研制反兵器为主要内容的军械所。

清代同治元年(1862年)三月，曾国藩命徐寿他们制造一艘轮船。为此，徐寿在实地考察安庆江边的一艘外轮的基础上，利用当年学习《博物新编》时获得的有关蒸汽机原理知识，与次子建寅、同乡华蘅芳一起，通过3个月的努力，于同年7月14日研究试制成功中国第一台汽缸直径为1.7寸、发动机速度为每分钟240转的蒸汽机，并译述《汽机发轫》。这是徐寿翻译的第一本科技书籍。接着徐寿与次子建寅和华蘅芳再次通力合作，对船体部分进行设计和制造。经过所内人员的共同努力，终于在同治四年(1865年)制成一艘长55尺、载重25吨、时速约20华里的木质轮船——黄鹄号，此轮船为我国自己设计制造的第一艘以机器为动力的木轮。

同治六年(1866年)底，曾国藩派徐寿到李鸿章在上海设立的江南机器制造总局主持技术方面的工作，徐寿奉命与次子建寅、同乡华蘅芳同行。徐寿到任后，马上向曾国藩提出翻译西书、开煤炼铁、自造大炮、操练轮船水师四条建议，得到曾国藩的赞许。徐寿之所以要把译书工作放在首位，是因为他认为，欲办好建议的四件事，首先必须学习西方先进的科学技术，译书不仅能使更多的人学习到系统的科学技术知识，还能探求科学技术中的真谛，即科学的方法和科学的精神。他热爱科学，相信科学，在当时封建迷信盛行的旧中国里，他却是一个无神论者。他坚决反对迷信，从来不信什么算命、看风水等，家里婚丧红白之事，也从不选日子，办丧事也从不请和尚、道士来念经。

在江南机器制造局期间，他们相继制造出“惠吉”、“操江”、“测海”、“澄庆”、“驭远”等近10艘兵轮，并创办上海龙华大药厂(自制强水，可与西货媲美)、铸铜铁厂、洋枪楼、卷枪厂、熟铁厂、锅炉厂、火药库、炮弹厂等。同时徐寿他们还积极筹建翻译馆。同治七年(1868年)，翻译馆在江南机器制造局内正式成立。在翻译馆内，徐寿作为主持人，除了招聘包括傅兰雅、伟烈亚力等几位西方学者外，还召集了华蘅芳、季凤苍、王德钧、赵元益及儿子徐建寅等略懂西学的人才。徐寿主持馆务，并亲自参加翻译工作。自清代同治七年(1868年)至清代光绪十年(1884年)这16年间，徐寿主持的上海江南机器制造局翻译馆共翻译发行了西方科技书籍17部(105本、168卷，共约287万字)，撰写专论9篇。翻译书籍的内容包括化学、医学、军事学、工艺学等，其中数化学较为系统，光徐寿独立翻译的就有《化学鉴原》、《化学考质》、《化学大成》等多种。他译著的《化学大成》系统地介绍了19世纪80年代化学知识的主要内容。在合译《化学材料中西名目表》时，徐寿首创用原文第一音译并加“金”字旁的新造字以命名化学元素，如将“Mg”译成“镁”，“Ca”译成钙等。这一译法，为我国沿用至今，并被日本化学界所借用。

由于对现代化学知识的熟知以及热心把此知识在中国作广泛传播，徐寿被公认为中国近代化学的先驱者，并获“化学之父”美称。

清代同治十二年，徐寿任江南制造局提调(在大学里相当现在的教务长)。清代同治十三年，即1874年间，徐寿与英国传教士傅兰雅等人又在上海开始创办格致书院。由徐寿出面多方集资，于清代光绪二年，即1876年5月书院正式建成开学。书院内开设讲学堂、图书馆，并开设矿物、测绘、工程、汽机、制造、电务6个专业。学习科目有重学、热学、气学、电学等，并开始化学实验的演示工作。书院除开设专业教育外，还定期举行科学讲座。徐寿创办的格致书院开创了我国近代科学系统教育的先河。

图3　华蘅芳与徐寿父子在江南制造局翻译馆

(左徐建寅　中徐寿　右华蘅芳)

徐寿的传世译著有《化学鉴原》及续编、补编，《化学考质》及续编、补编，《西艺知新》及续编，《阵营揭要》、《测地绘图》、《化学求数》、《宝藏兴焉》、《法律医学》等。同时徐寿还与傅兰雅等人创办我国最早的科学技术刊物——《格致汇编》。开始时刊物是月刊，后改成季刊，实际出版了7年，徐寿负责编审，先后发表《汽机命名说》、《考证律吕说》、《医学论》等有关机械、音乐、医学等方面的科学技术知识。刊物在全国40多个城市和港口发行，甚至发行到日本、新加坡等国，对促进中西文化交流、传播科学知识，推动我国科学技术发展起到重要作用。

徐寿在科学上取得重大成就，一时名声大振，一些著名洋务派官员及各地封疆大吏都邀请他去创办制造局、开矿和办厂。徐寿虽以忙于译书为由恳辞不就，但仍利用业余时间为他们进行规划、设计，采购机器和聘请介绍科技人员，有时还派自己的次子建寅前去指导。

鉴于家乡烘茧和缫丝技术十分落后，徐寿亲自创制新式烘茧灶，设计制造缫丝机，以提高蚕丝质量，增强竞争力，抵制外商压价收购蚕茧，保护蚕农利益。

徐寿一生致力于科学事业，是我国近代科学先驱。他为人耿直，不愿为官，不图厚禄，他制造出我国第一艘轮船后，清廷曾赐予“天下第一巧匠”匾额，但他从未悬挂，一直孜孜矻矻地勤奋工作，晚年仍致力于科学事业。由于积劳成疾，清代光绪十年八月初六，即 1884 年 9 月 24 日，徐寿病逝于上海格致书院，终年 66 岁。徐寿死后被安葬在家乡无锡钱桥社降里西面的牛车区。其墓地地势较低，因此，徐寿的棺材外椁用石灰、明矾、糯米浇浆而成(比现在的水泥还要坚固)，棺材只埋在地下一半，用泥土堆成高墩。徐寿墓墩前有金山石碑，四周种满柏树，整个墓地占地面积达 0.25 亩。抗日战争期间，墓地柏树遭日军所毁。1969 年春，中国农村掀起农业学大寨的高潮，徐寿墓地在整田平地运动中，被当地农民平掉，改为农用良田。1984 年 5 月，在钱桥舜丰村高石头巷之南重建徐寿墓，墓地保持原来面积 0.25 亩，呈长方形。新墓为一土墩，墩前立一块青石碑，碑高 1.7 米，宽 0.6 米，正面镌“清科学家徐寿之墓”字样，1988 年公布为无锡县级文物保护单位。1999 年 1 月，无锡市人民政府决定将坟墓再次迁葬于市郊西孔山麓梅园公墓区，并列为市级文物保护单位。

图 4　徐寿之墓

现墓地位于南宋著名诗人、礼部尚书尤袤墓墓道之北侧，墓墩呈圆形，为青砖围砌的土丘，三面围以黄石殿筑之罗城，墓前树立“中国近代科学先驱徐寿之墓”墓碑一方，由全国政协副主席、中国科学院资深院士钱伟长亲笔题书。整个墓地青山环绕，翠柏掩映，环境肃穆幽雅(见图4)。

徐寿不仅是中国近代通晓数理化及机械制造知识的著名科学家，而且言传身教，成功地培养了一个出色儿子。下面是清末科学家徐寿次子徐建寅生平简历。

四、徐寿成功地培养了一个出色儿子

徐寿不仅是中国近代通晓数理化及机械制造知识的著名科学家，而且言传身教，其科学方法、科学精神直接影响着儿孙们。徐氏父子祖孙五人，为引进、传播西方先进科学技术，译书、著书共96部(篇)，约740万字。这些书籍对我国近代科学事业的发展起了一定的作用。这里更值得一提的是徐寿成功培养的出色儿子徐建寅。

图5 徐建寅

徐建寅，字仲虎(1845—1901)，江苏无锡人，是我国近代科学先驱徐寿的次子。幼年的徐建寅随父学习自然科学知识，并进行各种科学实验，立志从事科技工作。17岁他就随父进安庆军械所，协助制造中国第一艘轮船——黄鹄号。1867年他又随父至上海江南机器制造总局，简称上海江南制造局(现上海江南造船厂)，协助制造“惠吉”、“驭远”等10艘兵轮。1860年7月，江南机器制造总局翻译馆成立后，徐建寅和英人傅兰雅(John Fryer,1839—1928)、美人金楷理(Carl Keyer)等合译了数学、物理、化学、天文、医学、工艺以及军事、政治、经济等书共18部，著书4部，撰写专论10篇，校阅书1部，还有已译未刻书9部，共42部(篇)，合计约300万字。其中有关科技及军工方面的书有31部(篇)，约占百分之八十。徐建寅对我国近代科学技术及军工事业作出了杰出的贡献。

在翻译馆成立之前，我国尚没有什么介绍科学技术的专著，当时徐建寅一面校书、译书，一面刻苦学习外语和西方科学技术，他首先校阅的是著名数学家李善兰的名著《级数回求》一书，于1867年出版。1868年5月开始他与傅兰雅合作翻译《远规约指》，1870年出版，这是江南制造局最先译出的三本书之一，另外两本书是徐建寅和伟烈亚力合译的《汽机发轫》(1871年出版)及华蘅芳和玛高温合译的《金石识别》(1872年出版)。

徐建寅当初的译书效果是很高的，他和傅兰雅等在1868至1874年间共译书

8部,约70.6万字,详细可见表1。

表1　1868—1874年徐建寅与傅兰雅等人合译著作统计

书　名	出版年代	字数(万)	书　名	出版年代	字数(万)
运规约指	1870	3	汽机新制	1871	7
化学分原	1871	8	声学	1874	8
器象显真	1871	8.6	水师操练	1874	9
汽机必以	1872	18	轮船布阵	1873	9

徐建寅和傅兰雅合译的许多科技书籍,反映了西方近代先进科学技术。翻译馆成立后,他们选择的第一批书大部分是19世纪60年代的最新版本,在当时的信息传递条件下,应该说引进出版的速度已是相当快了,详见表2。

表2　徐建寅等人译著原本和译本出版时间

书　名	原书出版年代	译本出版年代	相差年数	书名	原书出版年代	译本出版年代	相差年数
运规约指	1855	1870	15	电学	1867	1879	12
器象显真	1855	1871	16	轮船布阵	1868	1873	5
汽机新制	1864	1871	7	声学	1869	1874	5
汽机必以	1864	1872	8	造铁全书	1869	1880	11
化学分原	1866	1871	5	艺器记珠	1871	1879	8

江南制造局翻译馆选译书的原则有三条,它们是:

第一,选最近出版的新书和名著,即"更大更新者始可翻译"。

第二,西人与华人合选当前急用之书,没有按大英百科全书分门别类进行译书,故所译之书不配套。

第三,主要选择科技方面的书籍,但由于清政府军事上的需要,选择了许多"水陆兵勇武备"之书。

根据以上原则,徐建寅他们选择的大多是英美最新出版的书,有些是著名科学家的名著。

徐建寅和傅兰雅合译的世界名著有《化学分原》和《谈天》,原名《天文学纲要》。考虑到这两本书不属物理学方面,故这里不详细介绍。

徐建寅和傅兰雅合译的有关物理学方面的两部名著是《声学》和《电学》。

《声学》共8卷2册,全书共7.8万字,1874年上海江南制造局初版。

后有《西学大成》本,《西学富强丛书》本。该书系《声学》第二版,原著是英人田大里，即著名物理学家约翰·丁铎尔(John Tydoll，1820—1893)，他是英国皇家学会会员，在19世纪60年代到80年代是英国科学家的中心人物之一。

《声学》共有8卷内容，每卷后附有习题提纲，全书共附有插图169幅，详细叙述了声学基本理论和实验内容，比较准确地介绍了许多物理概念。《声学》是我国最早翻译出版的声学专著，而且直到本世纪初，介绍到我国的声学知识，基本上没有超过该书述及的范围。

《电学》共10卷8册，有插图402幅，全书共计23.8万字，1879年上海江南制造局初版，后有上海石印本、《西学富强丛书》本、《西学大成》本(刻首卷名《电学源流》)。本书原著者瑙挨德(又译作奴搭)，即英人亨利·诺德(Henry M. Nood)。此书英文原本为诺德编的《电学教科书》(*The Student's Textbook of Electricity*)。该书叙述了电的发明史，静电学、静磁学、生物电、化学电、热效应、磁效应、电磁感应、电热器、电报、电钟基础知识及基本原理。

徐建寅选择的以上译著是有远见卓识的，它们均是自然科学方面的基本理论和基本知识，这对发展我国近代科学产生了积极的影响。

1874年，徐建寅奉调天津制造局，与父合作制成硝酸与硫酸(所谓的强水)，接着生产火药。1875年，徐建寅调山东机械局任总办，在父亲和三弟徐华封的帮助下，依靠本国科技人员，两年内建成生产火药、枪炮的兵工厂。清代光绪五年，即1879年，徐建寅奉派驻德国使馆参赞。他于1879年9月21日搭"扬子"轮船由吴淞口出洋，1881年8月回国。在这两年中，他先后考察德国、英国、法国等国家的海军及军事工业，并负责验收进口北洋海军主力铁甲军舰——"镇远"号和"远定"号，出国考察期间，徐建寅除及时撰写10篇专论寄回国内，由《格致汇编》杂志刊登外，他在参观考察西欧各国有关工厂、矿山、作坊及80多个科研单位以及先进工业技术200多项的基础上，还撰写了《欧游杂录》、《水雷录要》两本专著，详细介绍西欧近代先进工艺技术、军工企业和管理制造等。徐建寅在《欧游杂录》中详细记录了水泥配方和成分分析数据，于是，1890年，曾延枢在河北唐山最早开办洋灰厂，即水泥厂。徐建寅后来还指导胞弟徐华封开设广艺公司制造肥皂抵制英商"祥茂"肥皂。《欧游杂录》介绍的许多工艺，现虽成历史，但就当时看，它对我国近代工业的发展，无疑是起积极作用的。在国外考察期间，徐建寅还抽空译出《德国议院章程》、《德国合盟记事本末》两书，介绍德国的议院制度和德联邦的沿革和历史。回国后，于1894年他又著了《兵学新书》巨著。

1886年，徐建寅督办金陵机器局，主持炼钢并制造后膛步枪。1896年，他任福建船政局提调。戊戌变法中，徐建寅被光绪皇帝任命为新设置的农工商总局督理。戊戌变法失败后，他被开革出京，回无锡老家闲居。1900年，他又任湖北营务处暨教吏馆武备总教习，兼办汉阳钢药厂，制成无烟硝化纤维火药，并用国产棉花替代进口棉花生产无烟火药。1901 年 3 月 31 日，徐建寅在汉阳钢药厂生产无烟火药时，不幸被炸身亡，为我国的科学事业鞠躬尽瘁，终年仅有 56 岁。

傅兰雅在中国从事科技书籍的翻译工作长达 35 年之久，在上海制造局翻译馆工作 28 年，是一位杰出的翻译家。他接触过许多当代的中国著名学者，他称徐建寅是他最佩服的一位中国学者。“徐建寅有独特的个性，他是我遇见的中国人中最聪明的人，许多方面使我佩服和尊敬……”，这是傅兰雅亲身感受的评价，决非溢美之辞。

参考文献

[1]戴念祖．介绍我国最早的两篇物理学论文．物理，1991，21(8)

[2]谈汗人主编．无锡县志．上海：上海社会科学出版社，1994

[3]王冰著．中国物理学史大系：中外物理交流史．长沙：湖南教育出版社，2001

[4]赵永良主编．无锡名人辞典．南京：南京大学出版社，1989

[5]陆伯华．英国《自然》杂志今昔．编辑学报，1994，6(2)

[6]http://baihu.com/view/202879.htm

[7]http://www.365 huadong.com/Renwen/htm/200611116280210.htm

[8]徐振亚．近代科学家徐建寅和他的译著．中国科技史料，1989，10(2)

第三讲　中国物理学前辈——胡刚复

1987 年 3 月 2 日上午，在中国物理学会第四届全国会员代表大会召开之际，我国物理学界前辈胡刚复、饶毓泰、叶企孙、吴有训纪念会在北京举行。来自全国各地物理学工作者二百三十余人参加了这次盛会。纪念大会上，与会代表缅怀四位物理学界前辈的丰功伟绩，忆往抚今，饮水思源，深感肩负责任的光荣和重大。会上，钱临照、虞福春、钱三强、王淦昌分别就胡刚复、饶毓泰、叶企孙、吴有训等四位前辈对发展我国物理教育事业的贡献作了长篇报告和亲切的回顾。大家一致认为，四位前辈孜孜不倦地把毕生精力献给祖国科学和教育事业，培养了许多出色的人才，为发展我国的物理学与物理学会的工作作出了重要贡献。这里有个问题，四位物理学界前辈的排名次序是按何原则进行的？众所周知，中国是一个礼仪之邦，排名先后历来是相对讲究的。论贡献这四位前辈都是漂洋过海，作出重大科研成果的物理学大家，回国后各自又都作出难分高低的业绩贡献；论年龄，叶企孙先生最小（1898 年 7 月出生），而饶毓泰最大（1891 年 12 月 1 日生）。经查考，四位前辈排名先后的依据还是有的，那就是他们各自学成时间的先后。胡刚复 1918 年获哈佛大学哲学博士学位，饶毓泰 1922 年获普林斯顿大学哲学博士学位，叶企孙 1923 年获哈佛大学哲学博士学位，吴有训 1925 年获芝加哥大学哲学博士学位。如此看来，胡刚复先生学成最早，理应排在四位前辈之首。

另外，诺贝尔奖获得者李政道先生的导师、理论物理学大家吴大猷先生在《早期中国物理发展之回忆》一书中曾写道："在这个时期，1900 年到 1910 年这十年间在国外得博士学位的只有 1 个人，从 1911 年到 1920 年这十年内在国外得博士学位的共有 2 个人。所以若从 20 世纪的起首讲，这时中国的物理可以说是一片空白，没有近代物理。"吴大猷先生称他们三人是中国第一代物理学家，他们分别是 1907 年 3 月 5 日获波恩大学高等物理学博士学位的李复几先生，1914 年获芝加哥大学博士学位的李耀邦先生，1918 年获哈佛大学哲学博士学位的胡刚复先生。

李复几先生和李耀邦先生学成回国后从事科研和高等教学工作没几年，便改行干其他事了，唯有胡刚复学成回国后矢志我国的科研与大学教育工作，故称胡刚复先生是我国近代物理学的先驱，是有案可据的。

一、胡刚复的家世

胡刚复先生 1892 年 3 月 24 日生于江苏桃源县（现叫泗阳县），原籍江苏省无锡县,是北宋初期著名学者、教育家胡瑗(公元993—1059)的第31代孙。胡瑗博通经术,提倡"以仁义礼乐为学",对学校的教育作用作了精辟的论述,谓"致天下之治者在人才,成天下之才者在教化,教化之本者在学校"。他重视学校教育,重视人才培养,提倡"明体达用";创立"分斋教学"的教学制度;贯彻"因材施教"的教学原则。仁宗庆历年间,命"取瑗之法",以为太学法,聘其为国子监,直讲、主管太学,以太常博士致仕。清末胡刚复的祖父胡和梅为江苏省咨议局议员,1911年后为江苏省议会员,曾任江苏省泗阳县(原桃源县)教谕(掌管教育之官)。生有四子,长子胡壹修(1865—1931),原名尔平,为胡刚复先生之父。胡壹修是一位爱国实业家和教育革新家,辛亥革命前后不惜倾产举债,与胞弟胡雨人共同创办"胡氏公立蒙学堂"。1922年始办第一高小于西漳,第二高小于张村,并创建村前公园,在公园内建有天上市图书馆。他还致力于土方水利事业,围圩垦荒,兴修水利,兴办教育,传播文化,德泽乡里,惠及百姓。次子胡雨人(1867—1928),原名尔霖,清光绪十五年(1889)中秀才。光绪二十四年(1898)考进南洋公学,继入日本弘文学院师范科,加入同盟会。光绪二十八年(1902)回国,与父兄在家乡创办胡氏公立蒙学堂和师范传习所,设女学,首创单级独教复式教育方法。继又创办图书馆,藏书10万余册。宣统元年(1909)应聘为北京女子师范学堂教务长。辛亥革命期间,参加光复无锡的斗争,被推为无锡县议会第一任议长。同年从事水利研究,著《江、淮水利调查笔记》、《淮、沂、泗实测蓝图》两种。民国二年(1913),出任北京女子师范学校校长。翌年南下任江阴南菁中学(原中宣部长陆定一的母校)校长。民国七年(1918),应荣德生先生邀请,回无锡创办公益工商中学,并任第一任校长。民国九年(1920)底,发起成立无锡县水利研究会,致力于治理无锡水旱灾害。经实地勘察,提出《无锡全县救治旱潦之计划书》,详述治标与治本两种方案,得以实施。尔后,著《太湖水利手稿》,提出开凿太湖直通长江之河道的设想。民国十七年(1928)底病逝。地方各界名流人士于1935年出资为其铸全县第一尊全身铜像,立于故里村前公园,以弘扬其爱国爱乡爱民的精神。

母薛氏勤俭持家,悉心抚育子女,个个聪颖好学,且成绩优异。胡刚复共有兄弟姐妹九人,他排行第四。长兄胡敦复,生于1886年3月19日,属胡氏家族中的长子长孙。胡敦复从小得家人宠爱,聪颖逾恒,年仅两岁便识字数百;10岁以前在家,主要由其仲叔雨人教育;11岁考入南洋公学(上海交通大学前身),复入震旦学院、复旦公学(复旦大学前身),跟随蔡元培、马相伯等名人学习,深受他们"教育救国"思想的影响。1900年,八国联军侵占我国,强迫清政府于1901年(辛丑年)9月签订了丧权辱国的《辛丑条约》。勒索"庚子赔款"之后,两江总督端方"衔命出洋考察各国政治,行抵美洲参观美国各种学校,与各校校长周旋软洽",有几所学校愿意赠给中国留学名额。端方回国以后,就在江南各省学校中慎重挑选留美学生，经考试合格，选出男女学生 15 名，男学生中有胡敦复等 11 人，女学生中有宋庆龄、胡彬夏（胡刚复大姐）等 4 人。1907 年（光绪三十三年）遴委候选道温秉忠（宋庆龄姨夫）护送赴美，温秉忠带领学生于中历七月二十六日（1907 年 9 月 3 日）抵美国。胡敦复入美国康奈尔大学，主攻数学，也兼习文理多科。他立志攻读学业，回国实现教育救国的理想，因此学习特别刻苦认真，又善于利用时间，学习方法得当，学业进步特快，成绩斐然。仅用两年时间，他便在康奈尔大学毕业，获理学学士学位。

1909 年 1 月，美国政府开始“退还”庚子赔偿的余额，胡敦复被清政府游美学务处总办周自齐从美国聘请回国，担任游美学务处教务长职务，具体负责考选、遣送庚款直接留美学生工作。从 1909 年 8 月（农历）考选第一批庚款留美学生起至 1911 年 6 月（农历）考选第三批庚款留美学生，胡敦复总共负责考选、遣送庚款留美学生 180 人。其中第一批学生有金涛、梅贻琦、胡刚复、王士杰、金邦正、何杰、秉志、张准（即张子高）等 47 人，第二批学生有赵元任、张彭春、钱索澍、竺可桢、胡适、庄俊、易鼎新、周仁等 70 人，第三批学生有姜立夫、陆懋德、杨光弼、卫挺生、吴康等 63 人。这些早期留学生大多学有成就，他们回国后成了“五四”时期开创我国现代科学教育事业的先锋，做了许多奠基性的开路工作，不少成为著名科学家、教育家。1911 年，清政府批准成立清华学堂，胡敦复被任命为清华学堂第一任教务长。1912 年 3 月，胡敦复经过多年的筹备在上海创办了中国第一所私立大学——大同学院，并为首任院长。1922 年，教育部批准立案由大同学院改为大同大学，是我国最早被国家批准立案的私立大学。20 世纪 20 年代中期的国家司法总长兼教育总长章士钊称：“胡敦复为中国第一流教育家。”1925 年胡敦复先后被教育部任命为东南大学校长（未到任）、北京女子大学校长，1927 年胡敦复应茅以升之邀任北洋大学理学院院长，1930 年秋胡敦复任上海交通大学数学系主任，长达 16 年之久。北伐战争后，胡先生任大同大学校长，致力于教育事业。1932 年中国物理学会成立，遂酝酿成立中国数学会，当时在上海交通大学任教的胡敦复、朱公瑾、顾澄，联合北京的冯祖荀、熊庆来等进行筹建工作，经过一段时间的联络、准备之后，借暑假之机，于 1935 年 7 月 25 日至 27 日在上海交通大学图书馆举行了中国数学会成立大会。大会推选胡敦复担任中国数学会首届董事会主席。胡敦复的当选，是根据他几十年来在我国教育界、数学界所作的杰出贡献，众望所归。

上海解放前夕胡敦复先生去台湾，同年由台湾赴美国讲学，应聘为美国华盛顿州立大学客座教授，1962 年在该校退休，1978 年 12 月 1 日在美国西雅图因心肌梗塞逝世，安葬在西雅图华兴利长青公墓。

胡敦复作为胡氏家族中的长子长孙，他选拔科学人才，建设学术研究环境，创办大学并亲自执教，为后来更多的人创造条件，使其成长为现代科学事业的带头人，为中国做了一件功德无量、流芳百世的大事、好事，同时亦为胡氏兄弟姐妹树立了一个光辉的榜样。

胡刚复的大姐胡彬夏，赴美后先入栗山学校，后转入威斯莱学校习文科，1914年获学士学位回国，后任北京女子师范学校校长。

继大哥敦复、大姐彬夏、小弟刚复先后出国留学，仅比胡刚复长一岁的胡明复（1891—1927）仲兄再也按捺不住不甘落于后的心情，经过再三恳求父亲，求援大哥敦复，最后在祖母亲的求情，祖父的支持，大哥敦复的直接关心下，胡明复和仲叔的儿子胡宪生一起参加了第三批庚款留美生考试。这一批共录取70人，胡宪生名列第43名，胡明复名列第57名，两人都被录取。胡明复于1910年秋天，与杨杏佛、胡适、赵元任、竺可桢、过探先等人在长兄胡敦复护送下，从上海乘船赴美，抵美后，即入著名的康奈尔大学文理学院学习。胡明复与赵元任为同班同学，两人都对数学、物理学、哲学等感兴趣，时常切磋学业，相互激励。四年大学学习中，他们两人的成绩在班上总是名列前茅。特别是胡明复先生在康奈尔大学4年的学习成绩年平均在97分以上，为全校4 000余学生之冠。胡适也于1912年由该校农学院转到文理学院，与胡明复、赵元任成为同班同学。因为他们成绩都很好，大家对这三个同坐一排的中国学生十分羡慕。1914年夏，胡明复以优异成绩毕业于康奈尔大学，获文理学学士学位。毕业前后，他与一些中国留美学生筹备创立科学社和创办《科学》杂志，立志为振兴中国的科学事业尽力。

1914年秋天，胡明复入哈佛大学研究院专攻数学，对数学分析尤其是微分和积分方程理论很有兴趣，师从当时著名的美国数学家，1908—1910年曾任美国数学会主席的博歇尔（M. Bocher，1867—1918）教授、奥斯古德（W. F. Osgood，1864—1934）教授，在他们的指导下从事积分方程论研究。1917年，他以题为《具有边界条件的线性积分——微分方程》的研究成果获哈佛大学哲学博士学位，成为第一位在哈佛大学获得博士学位的中国留学生，也是我国数学科学的第一个博士学位获得者。他的这篇博士论文发表在1918年10月的《美国数学会会刊》(Transactions of the American Mathematical Society)上，成为我国最早公开发表的现代数学论文。

1917年9月胡明复先生回到上海协助大哥胡敦复将大同大学办成一所国内高水平的大学。他和吴在渊（1884—1935）一起创办了数学系，两人主持数学系工作一直至终。胡明复除担任大同大学数学教授之外，还历任国立东南大学、南洋大学、上海商科大学教授。1927年初，北伐军抵上海后，他被推举为上海政治分会教育委员会第一任教育委员，为上海教育事业多方谋划，但有些计划不能如愿，不久提出辞呈。

1927年6月12日，为奔婶母（胡雨人妻）之丧，胡明复专程从上海赶赴无锡老家，是日傍晚六时许，因天气炎热在乡间小溪游泳，不幸溺水身亡，时年仅36岁。1929年中国科学社将胡明复遗体迁葬于杭州西湖烟霞洞山坡上，蔡元培先生题写了碑文。

值得一提的是，在考取庚子赔款留美学生中，胡家亲兄姐妹就有4人，若包括堂兄（弟）共有五人中选。他们分别是：胡敦复（老大）、胡彬夏（老二）、胡刚复（老四）、胡明复（老三）、胡宪生（堂弟）。后来胡刚复胞妹胡惇五也考取公费留美，胡氏家族能有兄弟姐妹五人几乎同时期在美国留学，堪称中国现代留学史上的一段佳话。

图1　在哈佛大学读书时胡刚复与姐姐兄弟合影

（左起：胡彬夏、胡宪生、胡刚复、胡明复）

20世纪20年代以后，由于胡氏三兄弟胡敦复、胡明复、胡刚复在中国科学教育领域成就卓著，被人们称为“胡门三俊”，闻名遐迩。

胡家除以上所提留美者外，胡刚复堂妹胡卓在大同大学毕业出国深造后，仍回大同大学任文学院外国文学系主任兼图书馆主任。胡刚复的三妹胡范若在大同大学毕业后留校任教，兼掌教务达 26 年之久，直至大同大学与他校合并时调任为华东化工学院教务长。此外，胡刚复还有三个妹妹，她们分别为胡蔚兰、胡六英、胡芷华，均受过不同专业的高等教育。这里还值得一提的是胡刚复的妹妹胡芷华女士，她早在 1936 年就与姜立夫先生结为伉俪。

姜立夫（1890—1978）为庚款留美第三批学生。姜先生 1911 年 7 月入美国加州大学，1915 年获理学学士学位，9 月入哈佛大学研究院，1919 年以《非欧几里得空间直线球面变换法》的研究论文获博士学位，成为我国数学科学的第二个博士。姜立夫回国后，创建南开大学数学系，任系主任多年，为我国培养了刘晋年、江泽涵、陈省身、吴大任等多位著名数学家，教学成绩显著。1948 年姜先生被任命为“中央研究院”数学研究所第一任所长，当选为“中央研究院”院士。姜院士与胡芷华女士结合，正是门当户对！他们爱情的结晶就是现任中国科学院院士、陈省身数学奖获得者北京大学著名数学家姜伯驹先生。

纵观以上所述的诸人诸事，可得出结论：胡氏家庭虽算不上显赫家族，但至少是一个名门望族，是我国少有的有突出贡献的教育世家。

二、胡刚复的生平简历

胡刚复[小名龙倌，原名文生，又名光复（1909 年前曾用名）]，1892 年 3 月 24 日生于江苏泗阳县（原桃源县），原籍江苏省无锡县（后改锡山市，现为无锡市惠山区）堰桥镇。清末其祖父胡和梅任桃源教谕，其父胡壹修和伯父胡雨人及家眷曾随侍左右，帮助兴学。胡刚复在乐善不倦、启发民智的家庭中度过了快乐的童年，自幼养成了刚直严正、意志坚强的性格。

1901 年，他与仲兄胡明复一同入上海徐家汇南洋公学附小读书，因学业成绩优异而跳班，有神童之称，10 岁便入南洋公学（中学）。由于年龄过小，稚气未脱，初一时曾骑楼梯扶手速滑下楼，因冲撞校长而被罚降回小学。他以优异成绩从中学毕业后，曾参加无锡理化研究会并入上海震旦大学预科学习法文一年。1909 年 9 月 4 日、5 日清政府以“退还”部分庚子赔款举行第一届公费留美生选拔考试，胡刚复以第 13 名的优异成绩被录取。同年 10 月 12 日胡刚复随考取学生直接赴美学习。赴美后胡刚复先入哈佛大学本科学习，时年仅十七岁，头两年未确定专业方向，他选学了不少数学和化学课程，第三年才专攻他自认为最富于思维训练的物理学。在大学期间，胡刚复爱好体育，为哈佛大学校足球队队员，练就了好体魄。1913 年胡先生取得理学学士学位并获奖学金后转入哈佛大学研究院，在 W·杜安（Duane）教授指导下从事镭提纯工作，并在亨廷顿癌症医院（Huntington Cancer Hospital）从事癌症放射性临床治疗。1914 年胡先生获理学硕士学位后，仍在杜安教授指导下进行X射线光谱方面的研究，1918年获哈佛大学哲学博士学位。现有史料证明，胡刚复是我国留学史上专攻物理学并正式取得博士学位的第三个人。胡先生取得博士学位后束装回国，回国后胡刚复历任南京高等师范学堂物理学教授（1918—1924），东南大学物理系主任（1925），任上海国立交通大学、同济大学、光华大学和大夏大学教授（1925—1926），创办厦门大学理学院并任院长、教授（1926—1927），筹建第四中山大学（1927—1928），此前称东南大学，以后称中央大学，任教授、高等教育处处长、理学院院长，并创办中央大学，任教授（1927—1928），协助创办"中央研究院"物理研究所并任专任研究员（1928—1931），上海交通大学教授（1931—1936），1937年抗日战争爆发，胡刚复应浙江大学校长竺可桢先生之邀出任浙江大学文理学院院长、理学院院长、教授（1936—1949），协助浙大内迁工作。1946年到1948年胡刚复先生曾被委派率学生前往英国剑桥大学学习雷达技术，为我国培养第一批雷达高技术人才。1950年上海大同大学解体，胡先生辞去大同大学校长和浙江大学的教职，任北洋大学和唐山交通大学教授（1949—1951），兼任上海私立大同大学教授、理学院院长、工学院院长、第四任校长（1918—1950），任天津大学教授（1951—1952），1952年全国院系调整，胡先生任南开大学物理系教授（1952—1960）。

胡刚复是中国物理学会的永久委员，1963年胡刚复被选为中国物理学会名誉理事。

1966年，胡刚复患严重的肾病，经手术摘除肾结石后肾炎复发，于1966年2月19日逝世于天津市总医院，享年74岁。

三、胡刚复的主要科学成就

20世纪20年代之前胡刚复先生在X射线领域中做了极其广泛的重要工作，是中国第一个从事X射线研究的科学家，他和20年代在康普顿效应中做重要工作的吴有训先生相辉映，为我国物理学史增添了光辉一页。

19世纪末，阴极射线研究是物理学的热门课题，许多物理实验室都致力于这方面的研究。德国维尔茨堡大学伦琴（Wilhelm Konrad. Rontgen，1845—1923）教授也对这个问题感兴趣。1895年11月8日他在实验室工作时偶然发现从放电管发出一种穿透力很强的未知其本质的新射线，即X射线，直到1912年伦琴的同胞劳厄（Max Von Laue，1879—1960）才从晶体衍射的新发现判定X射线是频率极高的电磁波。随后，莫塞莱（H. G. Moseley）证实它是由于原子中内层电子跃迁所发出的辐射。尔后有相当多的物理学家对X射线产生浓厚兴趣，并以相当精力投入X射线的进一步研究。至1917年，也就是胡刚复先生获取博士学位的前一年，不到20年时间就有5位科学家因研究X射线获得诺贝尔物理学奖。

他们分别是1901年获奖的伦琴，1914年的劳厄和1915年的布拉格父子，占当时总数的四分之一以上。由此可见，X射线的研究成果在20世纪前20年中占有何等重要的地位。

当物理界对X射线研究方兴未艾时，胡刚复先生正在哈佛大学攻读博士，胡先生幸运逢时。1914年获理学硕士学位后，胡先生的研究工作转到当时物理学中的前沿，即X射线的领域。胡先生开始仍和杜安教授合作，研究X射线、K_α线系和化学元素的原子序数的关系。他的博士论文题目统称为《X射线的研究》。内容分两部分：①化学元素X射线临界吸收频率的实验研究；②X射线频率对光电子最大速度的实验测定。此论文曾于1918年4月间在美国物理学会讨论会上宣读。胡先生后期的工作，集中在X射线的进一步研究。概括起来，胡先生的重要学术成果有：①自行研制一套X射线管，用布喇格方法精确测定了原子序数自25(锰)至34(硒)的10个元素的K_α线系的临界吸收波长。他在取得精密的实验数据的基础上以电子速度和原子序数作图，修正了莫塞莱(H. G. J. Moseley)定律，从而提高了定律精度。②他以高超的技能，先进的实验方法和精密的仪器测定验明了X射线临界吸收频率、吸收体内临界电离频率、X射线管中由激励电子能量确定的临界X射线频率和最高特征发射频率部分都相等。③他首先在X射线频率范围内测定了光电子在不同方向的速度分布和X射线散射的空间分布及其光谱特性，明确了选择性光电效应和选择散射的存在，确定了X射线光电子的最大发射速度。这一系列的重大成果对于确定X射线谱项结构，揭示元素原子激光和发射、吸收、散射X射线的机制，理解X射线在物质引起的电离和反光电效应，以及对原子内层电子构造的认识都具有重要意义。这一成果可以看作是发现康普顿效应、建立物质波概念的前奏。

F·洪德(Hund)在他所著的《量子理论中》一书中论及粒子流与波动过程之间的实验唯象联系时曾对胡刚复先生与其导师杜安的研究工作给予高度评价。胡刚复先生在X射线研究中取得的一些学术价值很高的实验数据，也曾被著名的实验物理学者M·德布罗意(de Broglie)(L·V·德布罗意的胞兄)引进其专著《X射线》一书中；1954年A·H·康普顿与S·K·艾里森(Allison)的《X射线的理论与实验》一书中引用了3处。

胡刚复先生一生最突出的科研成果似集中在其攻读博士学位前后，1918年回国后，也许是国内的实验条件问题，也许是他长期矢志大学物理教育和从事大学管理工作的原因，没有精力再次投入前沿科研。其实已经够了，一个早在1918年就获哈佛大学博士学位的学者能在1916年至1923年7年中出色地完成博士论文并正式发表8篇高质量学术论文，其中有4篇均在当时世界有名的权威杂志——《物理学评论》(Physical Review)上发表，这是难能可贵的！要知道当初我国近代物理还是一片空白，就是美国当时实验设备条件也是很有限的，更没有像现在那样，有计算机帮忙！1928年到1931年胡刚复在国内曾协助丁燮林在上海创办了我国第一个“中央研究院”物理研究所，并在该所任专任研究员，在所内做研究，稍晚他又协助创建北平研究院，并兼任该研究院镭学研究所的特邀研究员，遗憾的是迄今未查考到胡先生在以上两所的研究成果。

图2 1934年胡刚复先生率同事们参观物理研究所
（前排左三为胡刚复先生）

四、胡刚复的教育业绩

吴大猷先生在《早期中国物理发展之回忆》一书中出于内心的敬仰，曾对胡刚复先生有浓墨重笔的描写。他在书中说：“还有一个很重要的人，他就是胡刚复先生(1892—1966)。胡刚复三兄弟都是民国初年很出名的人，一个叫胡明复，他是数学家，在美国念数学。还有一个叫胡敦复，在抗战结束之后，我在美国，胡敦复退休后就留在西雅图，我曾经见过他。胡刚复先生在中国物理的发展上，是一个重要的人，他也过世了。”

1918年胡刚复先生在哈佛大学取得了博士学位，回国后至1966年病逝，在这长达48年时间中，胡先生矢志祖国的大学教育，特别是近代物理的教育，辗转大江南北，先后在南京高等师范学校（南京大学前身）等 15 所大学任物理学教授，其中在 3 所大学任物理系主任，在 4 所大学任（文）理学院院长，在一所大学任校长，是中国近代大学教育史上绝无仅有的一位先生。

1918 年秋胡刚复怀着报效祖国之心，婉谢导师杜安的好意，毅然回国，积极投身于祖国高等学校的教育工作。他明白中国科学教育尚处于襁褓之中，没有条件继续他的实验研究，以充分发挥自己的才华。可是，要救国就必须让科学和科学教育在祖国的大地上生根开花，因而他一心扑在办学、教学、培养学子上，几十年如一日，以自己的实际行动，实践了他在 1918 年回国时的诺言："今后我的一生将面临与命运作艰苦的搏斗。"

1. 注重高质量师资队伍建设，着力营造学术氛围

原清华大学校长、西南联合大学三常委之一梅贻琦先生，在西南联大时曾经作过"大学一议"的演讲。他称："所谓大学者，非谓有大楼之谓也，有大师之谓也。"无独有偶，与梅贻琦同为第一批庚款留美学生的胡刚复先生，1918 年学成回国后曾先后在 15 所大学任教，每到一所大学胡先生不管是任一线教授还是直接任教学行政管理的系主任、院长乃至校长，他始终把聘任第一流学者列为办好大学的头等大事，他成功办学的做法一贯是先要延聘高水平和爱护学生的优秀教授。

1935 年"一·二九"运动前后，浙江大学为反对郭任远校长曾闹了一场不小的政治风波，一流学者、教授纷纷辞职离开浙大，特别是物理系。1934 年，浙大物理系已有束星北、徐仁铣、何增禄、郦堃厚、郑衍芬、朱福炘等教授，助教则有顾功叙、吴健雄等七八人，师资阵容强大。但到 1935 年暑假，张绍忠、朱福炘等去南开大学，何增禄去山东大学，束星北去暨南大学，郑衍芬去大同大学，吴健雄到"中央研究院"，不多时就去了美国。这样浙大物理系受到了严重的挫折。后为浙大不落于国民党党部之手，在蒋介石同意用人校长有全权，不受政党之干涉，财政须源源接济下，竺可桢（与胡刚复为哈佛大学研究院同学、科学社同仁、东南大学同事）才愿出任浙大校长，并聘胡刚复为浙江大学文理学院院长。两人于 1936 年 4 月 22 日晨一起到浙莅任。胡先生到浙大一干就是整整 13 年。胡刚复自 1936 年任浙大理学院院长后，在校长竺可桢的大力支持下，广招贤才，大大加强了理学院的教师阵容。首先他把张绍忠先生聘回，仍由他主持物理系工作，其次把离去的物理系教师连同技工、管理员都一一招聘回来。何增禄不仅自己返回浙大，而且还把才华横溢的刚从德国取得博士学位的著名核物理学家王淦昌从山东大学拉到了浙大。

到 1937 年卢沟桥事变，浙江大学犹如劫后复兴，物理系很快恢复了欣欣向荣

的景象。校誉蒸蒸日上，报考浙大的学生数一翻再翻，校内是一片和谐团结向上的气氛。

在浙江大学迁到贵州遵义、湄潭的6年中，原有教授都安心教学科研。胡先生还增聘了数学系蒋硕民、徐瑞云，物理系卢鹤绂、丁绪宝，化学系王葆仁、张其楷，生物系罗宗洛、仲崇信、江希明等教师，使浙大师资阵容更为强大。

胡刚复先生担任浙江大学文理学院院长期间，在广招贤才，增强理学院教师阵容的同时，还着力注重营造浙大的科研与学术氛围。由于胡先生的努力，学院办得很有特色。当时浙大各系不但教学工作出色，科研工作也蓬勃开展，各系每周均有科学报告会。如物理系就干脆为大学四年级同学开设"物理讨论课"，该课程分甲、乙两种。"物理讨论甲"是由全系教授、副教授、讲师、助教和四年级同学轮流作学术报告，内容是自己的研究工作，新的想法或文献综述等；"物理讨论乙"主要是王淦昌教授和束星北教授（束星北早年在英国爱丁堡大学专攻理论物理，研究相对论，曾担任爱因斯坦的助教）就物理学的前沿作系统的报告，两者每周都举行一次。学生长期在这种学术氛围的影响、熏陶下，得益匪浅。为了提倡认真读书和献身科学的求是精神，胡先生还亲自向全校师生作报告，讲述伽利略、牛顿、法拉第、麦克斯韦等科学家的科学思想和不畏强暴、坚持科学真理的伟大人格和精神。在胡先生的率先垂范下，浙大教师，尤其是理学院的教师们靠自己多年打下的扎实理论功底，纷纷积极投入各自的研究领域并取得许多可喜成果，有的科研成果令世界刮目相看。比如，王淦昌1941年10月13日在贵州湄潭写成的论文《关于探测中微子的一个建议》在1942年11月美国《物理评论》第61卷发表后曾引起国际物理学界高度注意，并成为1942年国际上物理学重要成就之一。这篇论文是一个与诺贝尔物理学奖擦肩而过的科研成果。

胡刚复先生在浙大期间，先后组织举办中国物理学会贵州地区分会第十届到第十三届共四次年会。1942年1月11日胡先生还以物理学会名义举办了"伽利略逝世三百周年纪念大会"，校长竺可桢、胡刚复先生等作了报告。四次年会上，浙大理学院教授的报告最多，特别是1944年10月25日中国物理学会贵州区分会第十二届年会与中国科学社年会联合在湄潭文庙大成殿举行。英国著名学者李约瑟及其夫人毕丹耀到会作了报告。浙大除数学系外，理、农学院各系均参加年会，会上共收到论文80篇，宣读论文30余篇。会上英国动物学讲师毕丹耀（L. E. R. Picken）报告了"近来生物物理学之进展"，胡刚复、谈家桢、王淦昌、王葆仁、姚鑫等教授均提出问题，进行了热烈的讨论。会上，李约瑟博士被浙大醇厚的学术和人文氛围深深吸引，他将浙大与他的母校剑桥大学相提并论，誉浙大为"东方剑桥"。回国后，意犹未尽的李约瑟还在文章中深情地写道："在重庆与贵阳之间叫遵义的小城里，可以找到浙江大学，它是中国最好的四所大学之一。"

图 3 1939 年 5 月，胡刚复（右）与蔡邦华在浙大湄潭分部文庙大成殿前合影

1926 年，胡刚复曾受聘为厦门大学理学院院长，他到任后，曾先后聘姜立夫（获哈佛大学博士学位）、张子高（化学）、秉志（生物）等一流学者主持理学院各系工作，使理学院很快步入正轨。有趣的是，同年（1926 年 9 月 4 日）鲁迅先生亦受聘为厦门大学文学院国文系教授兼国学院研究教授，这些知名学者，使当时的厦门大学立时名声大振。

2. 注重实验室建设，开中国大学课堂实验教学的先河

作为实验科学的物理学，必须有实验方能培养出真正的物理学家。这是胡刚复先生坚定不移的信念。然而物理学自晚清引进我国之后，教师在课堂上只是宣读英文讲义，学生照本背诵，大学和中学均无物理实验室。始自 1918 年，胡先生在南京高等师范学堂创建了我国最早的物理实验室，开了中国大学课堂实验教学的先河。从某种意义上讲，胡刚复先生是第一个真正把物理学引入中国的物理学先辈。据老校友回忆，南京高等师范和他兼职的上海大同大学早在 1920 年已有供学生使用的物理实验室。胡先生在大同大学所创建的近代物理实验室因受到南通市实业家张謇父子的捐助，当时已有迈克尔逊干涉仪、密立根油滴仪等，其设

备的先进性和丰富程度是国内私立大学中独一无二的。1923年12月12日半夜，南京高等师范理化楼失火，物理实验仪器全部烧毁。胡刚复先生当天奔走京沪两地，甚至中途在苏州下车，从大同大学、东吴大学借得实验仪器和教具，赶回南京授课，使学生的实验没有耽误。胡刚复先生在建好南京高师和大同大学物理实验室的同时，还不遗余力协助清华大学筹建物理实验室。胡刚复先生上实验课时并不是让学生照教材上的安排行事，而是要求学生自行设计、制作或校检、修理仪器部件，有目的地训练学生边动脑边动手，将课堂理论与实验有机结合，从而有效地提高学生发现问题、提出问题、解决问题的能力。据钱临照先生回忆："有一次胡先生要我测量一根铁丝的磁滞回线，他要我选择一只适当的纸筒，给我一些纱包导线，要我自己计算在那只纸筒上绕多少圈才能得到需要的磁感应强度。又有一次胡先生竟然要我把一只有毛病的墙式电流计修理好了之后再用它来做实验。有时得出的实验结果和书本的答案不一致，胡先生要我们讨论其原因。"说实话这些要求对学生而言，都具有很大的挑战性，学生费时固然多了一些，但从中得益匪浅。胡先生认为要培养一名科学家（包括理论家）就必须让他们在学习期间就接受扎实的实验训练，使其具有科学的素养，在实验教学中胡先生还严格禁止学生伪造实验数据。

1988年，中国物理学会为纪念胡刚复和其他三位物理学界前辈饶毓泰、叶企孙、吴有训，特设立胡刚复、饶毓泰、叶企孙、吴有训物理学奖，胡刚复奖授予实验技术方面有突出成就的物理学家。

3. 一线执教，治学严谨，教学民主

胡刚复先生1918年刚到南京高等师范任教时，全系仅有他一个教授，理论讲课及实验全由他一人承担。除在南京上课外，他还在上海几所大学兼课，每周一直是三天在南京授课，三天在上海授课。当时他的家眷一直居住上海，在南京期间便独自住在南京成贤街文德里中国科学社会图书馆内。当时胡先生是中国科学社理事和图书馆馆长，此图书馆也是胡先生和其他若干社友精心建立的，图书馆所收藏的国外科技书刊远超过当时国内几所著名的大学。在课堂理论教学中，也有胡先生的特点。钱临照先生回忆说："20年代我在上海大同大学听胡先生的课，胡先生一面讲课一面在黑板上推导公式，有时遇到错误，他就另改思路，重新推导，并讲明为什么出现错误，又为什么现在正确了。"

胡先生另一个讲课特色是理论课上善于穿插物理学史，讲述某一新基本物理概念或理论时，他总舍得花一定时间向学生介绍新概念或理论产生的历史线索和科学大师们的创造思路。这不仅向学生灌输科学知识，还教给他们科学研究方法，启发他们创造性思维。

胡刚复先生事业心强，事必躬亲而严格认真。在浙江大学任文理学院院长期间，他还特意为理科各系学生开设了一门“高等物理”课程，以加深本系和外系学生对物理学的认识，培养学生对边缘学科的兴趣。待浙大迁至贵州遵义后胡先生建言学校，宣布实行“导师制”，要求每个学生自己选定一位教授为导师，导师要经常找他的学生谈话，从治学、做人等方面给以指导。

胡刚复先生的科学教育思想是在通才教育和因材施教的基础上特别强调基础理论和实验训练，并要求教师开好基础课和反映科学前沿的课程。他一贯强调工科师生要有坚强的理科根底。他要求学生选课时直接到他那里去签字，用这种方法指导学生按个人志趣、特长和优缺点作出最佳选择，以提高学习效果或作跨学科领域的学习。学生在课外提问时，他总是不厌其烦地解答。解答时往往旁及学习方法、选课方向以及对待学问和生活的态度等等，常常数小时不知疲倦。据许良英先生回忆，“那是我二年级第一学期开始，拿着选课单到院长办公室请胡刚复先生签字，顺便问他一句：‘听说又要准备迁校了，是否事实?’他一连不停地同我讲了三个多小时，从下午四五点一直讲到八点左右，吃晚饭时间都被耽误了，我肚子饿得发慌，也只好耐心听着。天黑了，办公室里没有灯，他依然娓娓而谈。胡刚复先生是开创我国物理学的元老，1936 年随竺可桢校长来浙大后，是校长最得力的助手，每次迁校都由他提出周密方案。像我这样一个没有活动能力而又幼稚的低年级生，随便问他一个问题，竟得到了如此详尽的回答，不久，在校门口我看见他同一个校工站在路上长谈。这种真挚平等的人与人的关系，和浙大传统的‘求是’校风，陶冶着我们这些青年学生”。这一事例足以说明胡刚复先生待人接物丝毫没有什么“大家”、“老师”的味道。他治学严谨但又真诚朴实，平易近人，与他相处，如沐春风，同他交谈，如话家常。他以自己的言行为我们树立了治学、为人的榜样，不愧为物理教育科研的一代宗师。

1946 年胡刚复先生被委派率学生前往英国学习雷达技术，为我国培养第一批雷达高技术人才。在英国期间，他每周均到剑桥大学听课，听微波原理和他以前在哈佛未正规学过的量子力学、电动力学和统计力学等课程。1936 年严重伤寒症给胡先生带来的后遗症是耳朵失聪，在战后冬天无取暖条件的英国更为加重，胡先生只能每次坐在第一排方能勉强听见。1948 年他还借道美国，考察了美国的战后科学研究，特别是核物理、高能物理的进展。1948 年 11 月回到杭州，他便和竺可桢一起到上海，坚决抵制当局要他们把浙大撤到台湾去的安排，而留在祖国大陆。

图 4　胡刚复与高足朱自强(右)、陈文驹(左)

1950 年,上海大同大学解体,他辞去大同大学校长和浙江大学的教职,应茅以升之聘去唐山交通大学和北洋大学任教。1952 年院系调整,他被聘为南开大学物理系教授。他在北洋大学、南开大学期间,教授过光学、近代物理、X 射线金属学等多门课程。特别值得一提的是为了开好不甚熟悉的金属学,1954 年他虽已年逾花甲,但有一段时期还每周乘火车从天津到北京大学去听国内金属物理学家新开设的金属物理学课。教课者是一位青年教师,胡先生却坐在后排,戴了助听器认真听讲,这种活到老学到老,不耻下问的好学精神实为后辈的楷模。

胡刚复先生生活俭朴,衣食从不讲究,但嗜好读书。胡刚复先生自 1918 年回国起至解放前后,一直在上海大同大学兼职教书并当系主任,任理学院院长直至做校长,因为大同大学经费短缺,胡先生三十二年如一日在大同大学教书始终不拿工资。这种美德鲜为人知,是我国知识分子的传统美德。

五、胡刚复的浓浓师生情

胡先生平时爱生如子,对优秀学生,他更是倍加爱护和关心。1927 年获法国国家科学博士学位的原中国物理学会名誉理事长、第六届全国人大常委会副委员长严济慈先生(1901—1996)是胡刚复先生在南京高师的早期学生。他俩的师生关系可算非同一般。严先生是浙江东阳县下湖严村人,1918 年夏天他以全省第一的成绩考上了南京高等师范,是 1923 年东南大学第一届毕业生,在校长达 5 年。这段时间胡刚复正在南京高师、东南大学任教授,并兼任中国科学社图书馆馆长。严先生在大学未毕业前就由印书馆正式出版他编著的《初中算术》和《几何证题法》两本书，平时喜爱阅读看书，受胡先生的信任，也经常出入图书馆，帮助整理图书，编目分类，还受教师委托代为《科学》月刊审稿件。那时，杨铨、何鲁先生也住在图书馆附近，他们经常来馆里与胡刚复先生一起研究社务与教学。严先生有机会向他们求教，受益匪浅。1923 年当严先生刚刚毕业时，就破例地被中国科学社接受为正式社员。之所以说是破例是因为当时有规定，凡是未出国留学人员加入中国科学社的，只能称“仲社员”。

其实，当初胡刚复早已赏识这位勤奋好学，聪颖过人的青年学生了。严济慈绝对是个科研苗子，就是家庭贫困。为支持他毕业后出国深造，胡刚复与熊庆来、何鲁和段调元先生共同资助严济慈赴法国留学。1923 年秋天，严济慈赴法留学前，胡刚复、何鲁、杨铨等先生还在中国科学社为其设宴送行，以示鼓励。

1923 年暑假去法国留学之前，严济慈与东南大学才貌出众的女学生张宗英订婚。订婚仪式是在秦淮河边一家餐馆举行的，请了两桌客人，介绍人是胡刚复、何鲁先生，张之高教授代表严济慈的父辈，有 20 多位知名教授出席。1927 年 11 月 11 日，严济慈从法国学成回到上海，与张宗英女士结婚，证婚人是李石曾、郑洪年，男方介绍人是严济慈的恩师胡刚复和何鲁，女方介绍人是陈中凡和胡肖石。

图 5　为严济慈先生与张宗英女士证婚留影

（后排右一为胡刚复）

除严济慈先生外还有一位吴有训先生，他与胡刚复先生的师生情谊可称得上经久不渝。吴有训先生（1897—1977）是国际著名的物理学家，中国近代物理学的先驱者和奠基人之一，中国物理学会的创始者之一，同时也是一位杰出的教育家和科学研究事业的组织者，曾任中国科学院副院长和学部委员（院士）。吴先生1916年7月于江西南昌第二中学毕业，考入南京高等师范学校理化部学习，不久就有幸遇上名师胡刚复先生。在南京的求学过程中，胡刚复先生给吴有训先生的指导和帮助是良多的。据吴有训自己回忆："1918年吾在刚从美国哈佛大学留学归来，任教于南京高等师范学校的青年学者胡刚复教授的指导下，对X射线研究产生浓厚兴趣。"吴有训后赴美留学，师从美国物理学家康普顿（A. H. Compton）教授，研究X射线散射问题，对康普顿效应作过深入细致的实验研究，其导师康普顿也由此获1927年诺贝尔物理学奖。胡刚复先生是吴有训先生走上科研之路的引路人。

1966年2月19日胡刚复先生在天津逝世，2月23日，吴有训先生与夫人王立芬特赴北京车站接胡刚复先生的骨灰，后默默护送恩师至北京万安公墓，使恩师与其前妻华氏永久安息在一起。

据查考，胡刚复先生在浙江大学真是"五世同堂"，绝无仅有。因为胡先生在东南大学时期的亲授门生有张绍忠等；王淦昌是吴有训的门生，应该是第三代了；助教程开甲等是第四代；当时的门生李政道等都是第五代了。

胡刚复先生毕生从事高等教育事业，桃李满天下。他早期的学生有吴有训、恽子强、严济慈、吴学周、赵忠尧、柳大纲、施汝为、朱正元等，稍晚有余瑞璜、顾静徽、钱临照、陆学善、钱学森、吴健雄、冯炳铨、朱剑寒、卢嘉锡等，再晚有程开甲、胡济民、李政道、李文铸、李天庆、李寿楠等著名科学家。

六、胡刚复两件鲜为人知的事

1. 大教室里发出友善、理解的笑声

1937年5月23至25日是浙江大学校史上的重要日子。1937年5月20日世界著名物理学家玻尔（Niels Bohr）（1885—1962）偕夫人与儿子汉斯·玻尔（Hans Bohr）应邀到中国访问，在上海讲学后，5月23日中午12时30分由浙江大学文理学院院长胡刚复先生陪同来到杭州。玻尔受到浙大当时三位突出青年科学家束星北、王淦昌、何增禄以及物理系主任张绍忠教授的迎接，并下榻在西泠饭店，5月24日上午9时，胡刚复、束星北、王淦昌、何增禄与张绍忠主任一起陪玻尔夫妇和儿子游览西湖，玻尔一边游览一边向王淦昌介绍了关于原核的复合核和液滴模型的思想，游完西湖各名胜古迹，胡刚复先生就在西湖边一家中国饭馆请玻尔一家吃了一顿让玻尔儿子觉得是丰盛得令人难以想象的中国饭。吃完了

鱼翅和许多别的菜肴，时间已是4时30分了。于是玻尔和家人赶回他们下榻的饭馆，去准备将于5时在浙江大学发表的演讲。玻尔演讲地点设在浙江大学新教室楼三楼大教室内，演讲的题目是《关于原子核物理学之最近发展》。玻尔的演讲很精彩，幻灯机也工作得很好，听众200多人，浙江省广播电台也同时向全省转播。这次讲演会的主持人就是胡刚复先生，浙大的师生们都知道胡院长是个非常热情而且健谈的人，话匣子打开就很难关住。讲演会的程序是由他说几句开场的话，然后请玻尔教授讲演，但胡先生话匣子一开，就又忘了时间，除了介绍玻尔的经历外，还讲了量子力学的发展过程，时间过了15分钟，他还没有结束的意思。王淦昌他们急了，在台下议论说："若不提醒他，恐怕这个讲台就没有玻尔的份了。"于是王淦昌给胡先生递条子，请他不要讲了，把时间留给玻尔吧！胡先生看了条子，明白了，急忙说："对不起，对不起，请玻尔教授讲演。"台上台下都被胡先生这一突然举动引笑了，这是友善的、理解的笑，因为大家都知道胡院长是个学问渊博而又平易近人的人。

2. 创立了康熙字典中找不到的一个"熵"字

学习物理的人都知道，热力学第二定律虽有克劳修斯表述和开尔文表述两种，但它们实际上都蕴含着指出其他一切不可逆过程的共同规律：在一切与热相联系的现象中自发地实现的过程都是不可逆的。这就是热力学第二定律的实质。热力学第一定律就是由德国物理学家克劳修斯（Rudolf Julius Emanuel Clausius，1822—1888）找到了态函数——内能（U），才建立了定律的数学表达式，从而解决了很多实际问题。作为类比，善于构思物理概念的克劳修斯又找到了一个新概念——态函数熵，用以表述热力学第二定律。

克劳修斯从对可逆卡诺循环的分析中得到一个等式

$$\frac{Q_1}{T_1}=\frac{Q_2}{T_2}$$

式中 T_1、T_2 分别为高温热源和低温热源的温度，Q_1、Q_2 分别为工作物质在高温热源和低温热源吸收和放出的热量，如果吸收的热量取正值，放出的热量取负值，上式可改写成

$$\frac{Q_1}{T_1}+\frac{Q_2}{T_2}=0$$

克劳修斯将这个结果推广到任意可逆循环过程，于是得出

$$\oint\frac{\mathrm{d}Q}{T}=0$$

这个结果是克劳修斯在1854年的《论热的动力理论的第二原理的另一形式》的论文中给出的。他指出，可逆循环是一种理想循环，只有在这种理想循环中，上述积

分才为零。而在自发的自然过程中，这个积分只能为负。1865 年，克劳修斯把上述积分推广到更一般的循环过程，得出

$$\oint \frac{dQ}{T} \leqslant 0$$

等号适用于可逆循环过程，不等号适用于不可逆循环过程在可逆循环中，由于 $\oint \frac{dQ}{T}$ 总等于零，克劳修斯指出$\frac{dQ}{T}$必定是一个量的全微分，它只与系统当时的状态有关，而与系统到达这个状态所经历的途径无关。如果要表示这个量，则可规定

$$dS=\frac{dQ}{T}$$

至此，克劳修斯又引入了一个态函数 S，完成了其定义，这一切是那么自然。倒是给 S 定名，却使克劳修斯颇感踌躇，煞费苦心，最后考虑到其物理意义与"能"有相近的亲缘关系，在字形上也应接近为好。为此，克劳修斯用字义为"转变"的希腊词语"τροπη"为 S 命名，其德文同音字可写成"Entropie"（英文为 Entropy），以与"能"的德文字"Energie"（英文为 Energy）在字形上接近从而定名。态函数"Entropy"的中文翻译是个熵字，左边是火字旁，右边是一个商字。这种翻译是相当创新的，连诺贝尔物理学奖得主李政道先生的导师吴大猷老先生原来也一直不晓得到底是哪一位先生想出来的，创立了这么样的一个字，他认为这是个非常好的字。后来吴先生才知道原来是胡刚复先生所贡献出来的一个新名称。

早在 1923 年，I·R·普朗克（1858—1947）来中国南京讲学，著名物理学家胡刚复教授当时正在南京高师（东南大学）任教，由他当普朗克翻译时，首次将"Entropy"译为"熵"。渊源于 Entropy 这个概念太复杂，况且"Entropy"为克劳修斯所造，不容易找到一个与此贴切的字。有鉴于此，胡先生干脆舍难从易，想了一个简单的方法，根据公式 $dS=\frac{dQ}{T}$，认为 S 为热量与温度之商，而且此概念与火有关（象征着热），于是在商字上加火字旁，构成一个"熵"。就此，"Entropy"有了中文名"熵"。利用汉字以偏旁来表达字义的特色，相当贴切，又颇为形象地表达了态函数"Entropy"的物理概念，真是高明。也正因为如此，"熵"被广泛采用，流传下来，为浩瀚的汉字文库中增加了一个新字。

除了解决热力学上"熵"这个难翻译的概念译名外，胡先生还首先提出电学上的"电位"这个难译的译名。

除此之外，在国家度量衡方面，胡刚复先生还和其他物理学家一起提出 1 米等于 3 尺和 1 公斤等于 2 市斤的方案。

自然科学特别是物理学在中国并不像哲学、文学有深远的根源，物理学这个名词是舶来品，它从晚清引入中国至今，已有 80 多年历史，经过数代物理学家的

努力，今天中国物理学水平可与西欧媲美，这是中国人的骄傲。抚今追昔，饮水思源，笔者作为一名物理学的传承者，又是胡先生的同乡，对胡刚复先生这位物理学先辈更是感到由衷钦佩，格外敬仰。让我们永远记住这位中国物理学先辈——胡刚复先生。

参考文献

[1]物理通报编辑部.物理通报，1987，(5)：1—2

[2]吴大猷，黄伟彦，柳怀祖，等.早期中国物理发展之回忆.上海：上海科学技术出版社，2006：3

[3]欧七斤.略述中国第一位物理学博士李复几.中国科技史杂志，2007，28(2)：105—112

[4]张友余.我国现代高等教育的先驱——胡敦复.中国科技史料，1993，14(1)：34—41

[5]无锡县志编纂委员.无锡县志.上海：上海社会科学出版社，1994：1035、1059

[6]清华大学校史编写组.清华大学校史稿(1981版).上海：中华书局，1981

[7]张祖贵.中国第一位现代数学博士胡明复.中国科技史料，1991，12(3)：46—53

[8]胡南琦.我国近代物理学事业奠基人之一——胡刚复.光明网首页——中国科学技术专家传略

[9]《科学家传记大辞典》编辑组编.《中国现代科学家传记》第二集.北京：科学出版社，1997：141—145

[10]F. Hund Geschiche der Quantentheorie, English ed,: The history of quantum theory, PP. 142—143. tr. by G. Geece (1974), London: George G. Harrap& Co. Ltd.

[11]A. H. Compton and S. K. Allison. X-rays in Theory and Experiment, 1954, PP. 593, 638 and 794.

[12]李瑞芝，孙晓光，常甲辰.核物理学家王淦昌.北京：原子能出版社，1996：44

[13]凌瑞良，王淦昌.中微子探测建议与诺贝尔奖擦肩而过.物理与工程，2006(6)：51—58

[14]王凯.一所大学的"长征".人民政协报，2008-02-14，B3版

[15]韩守泉.鲁迅在厦门大学的日子.炎黄纵横，2007(07)

[16]胡济民，许良英，等.王淦昌和他的科学贡献.北京：科学出版社，

1987:210

[17]金涛.严济慈先生访谈录.中国科技史料,1999,20(3):231、232

[18]张维.中国著名数学家熊庆来.北京:金城出版社,2008:79

[19]徐文镐.吴有训年谱.中国科技史料,1997,18(4):42、59

[20]冯端,冯步云.熵.北京:科学出版社,1992:25—27

第四讲　蒙古族科学家——萨本栋

1950 年 7 月，著名物理学家叶企孙教授，在《萨本栋先生事略》一文中说："萨先生他一生的工作，始终是不断地贡献他的全力。""他的死使中国物理学界和电机工程学界失去了一个重要的研究工作者，中国的学术机关失去了一个能干而且能尽力的行政工作者，中国的大学生失去了一位数理及工程方面的好教授。"叶先生与萨本栋教授在清华大学共事多年，且交往甚密，他的这一评价是中肯而公正的。

萨本栋一生从事科学研究和大学教育，成绩斐然。他治学严谨，勤奋不懈，在物理学和电工学上都有重大建树。他短暂的一生给我们留下了十分宝贵的精神财富。他优秀的品质、高尚的情操和俯首甘为孺子牛的精神为世人所敬仰，他的科学观、科学方法论等珍贵思想遗产，也正在为我们所继承和发扬光大。

下面让我们一起从以往的历史中来认识这位著名的物理学家、电机工程专家和教育家。

一、萨本栋显赫的家世

在我国近现代史上，福建省闽侯县有一个萨氏家族，其历史悠久，家世显赫。萨本栋博士，就是此显赫家族中排得上号的一员。

萨本栋的远祖萨拉布哈为元世祖忽必烈的战将，很受重用。萨拉布哈的独子阿都赤被派到云代(今山西省代县)，以后便定居在雁门(今代县境内)。阿都赤之长子萨都剌是元代四大诗人之一，官至南台侍御史，泰室皇帝铁木儿钦赐其萨姓，这是萨氏立姓的开始。萨都剌的次弟萨野芝官至江西建易路总督。萨野芝的长子萨仲礼是元统年间(1333 年)进士，官至福建行中书省检校，于是全家迁到了福州，逐渐成为闽侯望族。闽侯萨氏家族从萨仲礼算起，萨本栋已是萨仲礼的第 18 代孙。

萨氏家族在我国近现代史上曾出了多位军事将领和科技精英，并谱写了可歌可泣的悲壮诗篇。为能证明萨氏家族的显赫，下面特介绍萨氏家族中几位名人。

1. 海军名将萨镇冰

海军名将萨镇冰，1859 年 3 月 30 日生于福建侯官，其父萨怡臣，以教书为生。萨镇冰 1869 年考入马尾船政学堂，学习驾驶。1877 年被派往英国皇家海军学院学习，与严复、刘步蟾等同窗。1880 年萨镇冰学成回国，任"澄庆"兵船大副，

1882年调天津水师学堂任教官。1886年后，萨镇冰历任北洋舰队“威远”、“康济”兵舰管带。1894年甲午战争中，他奋勇作战，抗击日军。北洋海军战败后，萨镇冰被革职，回乡任教，1899年复出，任北洋海军管带，1909年任筹办海军大臣。他把南、北洋海军统一编为巡洋、长江两舰队，任两舰队统制，授海军正都统（部长）衔。萨镇冰曾两度赴欧美和日本考察，先后购买舰艇10多艘，包括名声远扬的中山舰。民国建立后，萨镇冰被授予上将军衔，1916年任驻沪海军总司令，1917年任海军总长，1919年5月至8月曾代理国务总理，1927年应聘国民政府海军高级顾问。1933年，萨镇冰支持十九路军在福州成立中华共和国革命政府，并任省政府主席。1935年，他曾返山西雁门，修编《雁门萨氏家谱》。抗日期间，他已年逾古稀，但仍往南洋考察，宣慰侨胞。1940年，他曾前往延安，半途被接回重庆，抗战胜利后，回福州。1947年，萨镇冰被推为福建佛教医院董事长，继续从事社会公益事业。1949年8月福州解放前夕，萨镇冰拒绝随蒋去台，并与刘通发表文告拥护中国共产党。解放后，萨镇冰当选第一届全国政协委员、中央人民政府军事委员会委员、全国华侨事务委员会委员等，有《古稀吟集》、《仁寿堂吟草》传世。清廉不贪是萨镇冰一生的高风亮节，今天福州人提起他还尊称“萨菩萨”。他曾写道：“忘怀富贵心常乐，从事勤劳志益坚。所望群公齐努力，相扶世运顺乎天。”1952年4月14日，萨镇冰病逝，享年94岁。

2. 中山舰长萨师俊

萨师俊（1895—1938），海军名将萨镇冰的侄孙，自幼立志洗雪甲午战争的国耻，就读烟台海军学校。他历任“江安”、“建安”舰副舰长，“威胜”、“楚泰”等舰舰长。萨师俊恩威并重，深得军心，1937年担任“中山”舰舰长。

中山舰具有光荣的历史，它的原名叫永丰舰。1916年，孙中山、蔡锷利用永丰舰发动了护国运动。1922年，陈炯明在广州叛变，炮轰大总统府，在永丰舰官兵们的智勇掩护下，孙中山安全登舰。1925年3月，孙中山先生逝世后，广州革命政府才将永丰舰改名为中山舰。

1937年卢沟桥事变后，萨师俊率中山舰在沪宁之间筹防，功绩显著。1938年6月，日寇占领安庆，萨师俊又率中山舰投入武汉保卫战。1938年10月24日下午，一架日机临空，中山舰各炮齐发，迫使其逃遁。萨师俊敏感这是“大战序幕即将揭开的侦察行动”，立即下令全舰一级戒备。中午，中山舰奉命驶向汉口，舰首刚转向，六架日本轰炸机迎面而来。萨师俊早有戒备，他一声令下，舰上各炮齐鸣，使敌机不敢低飞接近舰身。下午3时15分，六架敌机卷土重来，萨师俊在右腿被敌机炸断、手臂受重伤的情况下，仍振臂高呼：“全舰官兵努力杀敌，誓与中山舰共存亡！”当敌机弹尽飞走后，接替指挥的副舰长下令放下舢板，欲将舰长及受伤士兵送岸治疗,但萨舰长坚辞不就。他说:“我身为舰长,职责所在,应与舰共存亡,万难决不离舰一步。”后在敌机的再一次的轮番扫射轰炸中,萨师俊遇难,时年仅43岁。最后中山舰在反击中沉没在金口长江水域。

1996年11月12日,趁孙中山先生诞辰130周年之际,我国开始了中山舰打捞工程。1997年1月29日,中山舰整体打捞成功。中山舰服役25年,沉没59年,铮铮铁骨,象征着中华民族的精神,今朝重见天日,后人百般敬仰。2001年7月23日,中山舰修复竣工,现可供大家参观祭奠。

3. 化学家萨本铁

化学家萨本铁是萨本栋的胞兄,清华大学毕业后,他俩先后赴美留学,学成后又相继回母校工作。一个化学教授,一个物理教授,在清华大学曾是一段佳话。萨本铁于1900年2月3日诞生,1920年清华学校(清华大学前身)毕业后赴美,在威斯康星大学攻读化学,1923年获学士,1924年获硕士,1926年获化学博士,并在耶鲁大学作短期研究。1928年,萨本铁回国,任教于协和医学院(1928—1929)及清华大学(1929—1937)。萨本铁早在1937年就获德国自然科学研究院(Deutsche Akademieder Naturforscher)院士。他在清华大学培养的学生中被选为中国科学院院士的有高振衡、时钧、陈新民、汪德熙、武迟及冯新德等,在台湾“中央研究院”的有钱思亮、张明哲、张光世、朱树恭等。抗战时期,萨本铁滞留北平,在辅仁大学任教。日本投降后,1946年他举家赴美,曾任加州大学旧金山医学院教授,1953年任加州大学戴维斯分校教授直至1967年退休。在美国他也曾获得很多荣誉,晚年还得到美国药学会的爱伯特奖。萨本铁40多年的研究生涯中,研究范围广泛,除有机化学外,他还研究营养化学、生物化学与发酵化学,也从事药物、激素及维生素之合成研究,晚年并以合成治肺结核及麻风病的药而享盛名。1939至1941年,他约有18篇论文发表于《荷兰皇家化学会刊》,3篇发表于《德国化学会志》,1篇发表于《美国化学会志》。1946年出版的《中国化学会志》第13卷共13篇论文,萨本铁的论文就占了8篇;第14卷共15篇,其中有10篇是萨本铁的贡献。萨本铁发表论文约200篇,不但量多,质量亦高,参考价值大。在50年后,甚至70年后萨本铁论文仍为人引用。据台湾刘广定先生统计,SCI(Science Citation Index,《科学引文索引》)中以萨本铁为第一作者的论文在1980—1984年间共为人引用67次;1985—1989年51次;1990—1994年44次;1995—1999年34次;2000—2004年3月仍有28次。由于早期SCI只按论文第一作者登录,而在萨本铁约50篇论文中他不是第一作者,故实际引用次数可能更多。

在萨氏家族中,“本”字辈和“师”字辈同属第18代,均为爱国海军将领萨镇冰的侄孙。萨氏家族,人丁兴旺,人才辈出。除以上介绍的两位军事将领和化学家萨本铁教授外，还有好多著名人士和杰出人士，限于篇幅，这里不能一一详介。如萨本栋的堂兄，我国数据库学科奠基人之一、中国人民大学信息学院创建人萨师煊，他对我国数据库技术跟踪国际前沿，缩短与国际先进水平的差距，作出了巨大贡献。由于科研成绩突出，萨师煊曾荣获国家计委杰出贡献奖。萨师煊也是爱国将领萨镇冰的侄孙，中山舰舰长萨师俊的堂弟，但他极少提及自己这个显赫的家族。

4.微电子学家萨支唐和数学家萨支汉

按《雁门萨氏家谱》规定，萨本栋、萨本铁、萨师俊、萨师煊的下一代应是“支”字辈和“资”字辈。因为族旺人多，年龄差距甚大，长者早已作古，幼者尚在读书。所以接下来我们仅选萨本栋的两个儿子为例，介绍他们的卓著成就，以示萨氏家族精悍聪颖的遗传因子，连同他们真诚、严谨、朴实的萨氏家风，代代相传，后继有人。

萨本栋的长子萨支唐是美国著名微电子学家，1932 年 11 月 10 日生于北京，1949 年福州英华中学毕业，1953 年在美国伊利诺大学香槟分校获电机工程学士和工程物理学士，1954 年和 1956 年在斯坦福大学分别获电机工程硕士、博士学位。萨支唐教授继承了父亲的学业，长期从事半导体器件和微电子学研究，对晶体管、集成电路以及可靠性研究曾作出里程碑式贡献。1959—1962 年，萨支唐教授任美国仙童半导体公司物理部主任，1961—1988 年任美国伊利诺大学电机工程与物理教授，1988 年至今，任美国佛罗里达大学电机与电子工程系教授、工学院首席科学家。他提出了半导体 p—n 结中电子—空穴复合理论，开发了半导体局部扩散的平面工艺和 MOS、CMOS 场效应晶体管，并提出 MOS 晶体管理论模型。他发明了探测半导体中微量缺陷的深能级瞬态谱(DLTS)方法，发现了氢在硅中对受主杂质的钝化作用。现在，萨支唐教授致力于亚微米 MOS 晶体管的可靠性研究。他已发表论文 260 篇，出版专著 3 本，其中《固态电子学基础》一书在复旦大学谢希德院士的促成下，于 2002 年 10 月译为中文出版。由于他的科学成就，1963 年获美国电子工程学会波特·汤姆生奖；1975 年获富兰克林学院奖及终生院士；1986 年获美国工程院院士；1998 年获美国半导体工业协会(SIA)最高奖等。萨支唐教授是最早与国内合作的美国科学家之一。他多次访华，先后指导 12 名中国研究生，并多次协助在中国举办国际学术研讨会。2000 年，萨支唐教授当选为中国科学院外籍院士，2003 年 9 月 8 日又受聘为清华大学名誉教授。2003 年 11 月 11 日，北京大学也授予萨支唐为名誉教授。

萨支汉是萨本栋的次子，是美国著名数学家和教育家。他比萨支唐小两岁，1934 年生于北京，1997 年 7 月 22 日在美国斯托尼布鲁克逝世，年仅 62 岁。1955 年，萨支汉毕业于美国伊利诺大学香槟分校，1958 年在普林斯顿大学获数学博士。1963—1970 年，萨支汉在宾州大学数学系工作，以后大多数时间主要在纽约州立大学斯托尼布鲁克分校工作。他和库伽(Michio Kuga，1928—1990)教授一起对该校数学系的发展作出了重大贡献，因此现在该系的许多奖学金都与纪念 Kuga-Sah 有关。萨支汉的研究领域包括经典数论、代数几何学、群论、偏微分方程以及数学物理的交互。1967 年，他出版专著《抽象代数学》(Abstract Algebra)；1969 年他与 Richard Brauer 合编了《有限群论：专题论文集》(Theory of Finite Groups)。此外，萨支汉还特别重视中国古代数学家对世界数学发展的贡献。萨支汉逝世后，Johan L. Dupont 写了长篇纪念文章。1998 年秋，Dupont 教授在南开大学数学研究所讲学时，介绍了萨支汉对希尔伯特第三问题的研究，证明萨支汉的数学造诣很深。

二、萨本栋的生平简历

萨本栋教授，字亚栋，号仁杰，蒙古族，是我国著名物理学家、电机工程专家、教育家。1902 年 7 月 24 日，萨本栋出生于福建省闽侯县，在萨氏家族中属“本”字辈，为迁始祖萨仲礼的第 18 代孙，是爱国海军将领萨镇冰侄孙。萨本栋之父福陆，又名君陆，早年曾留学日本，参加过辛亥革命，在福建省教育厅任职多年，家学渊博。可见，萨本栋的身世环境一开始就具有得天独厚的条件。萨本栋 6 岁入明伦小学读书，勤奋好学，深得老师喜欢，后在榕城三牧坊学堂(现福州一中)读书。1913 年，12 岁的萨本栋以优异成绩考入北京清华学校。1921 年，他又以优异的成绩毕业于北京清华学校，旋于 1922 年 7 月被选派赴美留学。1922—1924 年，萨本栋在美国斯坦福大学(Stanford)学习机械工程，获工学学士学位；1924—1925 年，在美国麻省沃斯特工学院(Worcester)学习，获电机工程师；1925—1927 年，在美国麻省沃斯特工学院攻读物理，于 1927 年获理学博士学位，为中国留美学生中的佼佼者。1927—1928 年，萨本栋被聘为美国麻省沃斯特研究助理和威斯汀豪斯(Westinghouse)电机制造公司工程师，做了一年多的研究工作。在此期间，萨本栋先后在美国电气工程师学会学报(“Trans. AIEE”)上发表了《关于空气中的火花的研究》及《三相系统的非平衡因素》两篇论文，就此，年仅二十五六岁的萨博士已经蜚声学术界了。

图 1　萨本栋

1928 年，萨本栋毅然整装回国。是年秋，应清华大学物理系主任叶企孙的聘请任物理学教授，直至 1937 年。其间于 1930 年在北京大学任客座教授。萨本栋先后讲授大学普通物理、应用电学实验、高等应用算学及研究生课程无线电及电学问题、向量与电路问题等，并从事电路和无线电方面的科研工作。清华成立物理系较迟(1925年)，第一届本科也是从这一年刚开始招生，学生仅有王淦昌、施士元、周同庆和钟间四位。萨本栋在清华整整工作9年，作了很大贡献。开始的清华物理系就是叶企孙和梅贻琦两位教授。1928年8月，叶企孙又从中央大学聘请了吴有训先生，后赵忠尧先生也来到清华物理系，1929年叶企孙又把周培源先生请到清华物理系。通过他们的努力，到1930年，清华物理系已成为全国各大学物理系师资阵容中的佼佼者，培养了一批杰出人才。由于萨本栋年轻有为，卓有才华，受到理学院院长叶企孙及吴有训等教授的推崇，不久即被同事们推荐为教授会评议委员，是清华大学12位评议委员中最年轻的一位。

1932年，中国物理学会成立时，萨本栋是主要创建人之一，他被选为首任学会会计和当然评议员，成为当初学会的四位重要领导人之一，“计划学会的发展事宜”，“决定学会的重事务”。此后他历任中国物理学会会计(1932—1935)、学会秘书(1937年)、学会副理事长(1946—1947年)以及学报委员会委员(1942年开始)、物理学各词审查委员会兼干事(1946—1949年)等职，对中国物理学会的建设和发展作出较大贡献。1935年9月—1937年3月，美国俄亥俄州立大学电机工程系聘萨本栋为客座教授。

在当时我国科技教育落后，备受西方歧视的情况下，萨本栋被聘为美国大学理工科客座教授，实为难得。在美国讲学的两年间萨本栋著书立说，他的学术论文和专著轰动美国，引起国际电工理论界的强烈反响。

图2 1944年萨本栋赴美国讲学

1937年3月,萨本栋从美国讲学载誉归来,仍回清华任教。其时,恰逢爱国华侨领袖陈嘉庚先生因经营橡胶失败,资财亏蚀,遂将他创办的厦门大学捐献给国家。1937年7月1日,厦门大学由私立改为国立。1937年7月6日至1945年,萨本栋被当时的教育部任命为国立厦门大学第一任校长。1943年,萨本栋被选为中国电机工程师学会董事。

1944年6月,萨本栋再度被邀访美,受聘为麻省理工学院和斯坦福大学的访问教授。在美期间他作了多次学术报告,并根据他在厦门大学讲授交流电机所积累的第一手资料,再加上在斯坦福大学授课的新材料撰写成英文专著《交流电机基础》在美国出版。1945年5月,萨本栋完成在美国讲学任务,因英国学术界三次盛情邀请,故转道赴英进行短期讲学,受到英国学术界的高度赞誉。1940—1948年,萨本栋任"中央研究院"当然评议员,并于1945年秋至1948年底任"中央研究院"总干事,当时"中央研究院"院长为朱家骅先生,实际上由萨本栋主持院务。除此职务外他还于1945年代理物理研究所所长。1948年3月,"中央研究院"评议会于第五次年会上选出了"中央研究院"第一届院士,萨本栋榜上有名。"中央研究院"正式宣布第一届院士名单是1948年4月1日。需要说明的是,第一届"中央研究院"院士中数理组(含数学、物理、化学、天文、地学、技术科学)仅有28人,属物理的仅7人,以姓氏笔画为序,他们分别是叶企孙、吴大猷、吴有训、李书华、严济慈、赵忠尧、饶毓泰。工程技术界院士仅有2人,萨本栋就是其中之一,人数之少,足以说明萨本栋在当初的学术地位和科学贡献。1948年9月23日上午10时,国立"中央研究院"成立二十周年纪念会暨第一次院士会议在南京鸡鸣寺中研院礼堂开幕。萨本栋院士当然参加了这次在中国物理学发展史上具有历史意义的盛会。蒋介石、何应钦等政府要员,张伯苓、吴贻芳等教育界名流也参加了开幕式。评议会委托梁思成设计了书有"国立中央研究院院士"的四方形院士徽章,另特邀书法家沈君默书写了院士当选证书。

开幕式上,首先由主席朱家骅宣布开会,然后由蒋介石致词。

萨本栋积劳成疾,长期患有胃病,但仍顽强工作,特别是在抗战的艰苦岁月,为了厦门大学,他"超负荷运转",严重地影响了他的身体,并延误了疾病的诊治时机。1948年底,由于病情恶化,萨本栋不得不赶赴美国旧金山加州大学医院癌症病房治疗,但已到胃癌晚期。在弥留之际,萨本栋还对医生述说他对祖国科技发展的设想,其报效祖国的心情感人至深。他还立下遗嘱:"死后将尸体检验,为研究胃癌、关节炎及其他所有症状,可将身体上的器官及组织,尽照所需分量取出。"其献身精神确实可敬可佩。1949年1月31日,萨本栋于美国加州医院与世长辞,年仅47岁。

萨本栋在遗嘱中指出,希望将他的骨灰献给北京清华大学、国立厦门大学或送给南京"中央研究院"。后来，厦门大学表达了强烈愿望，请求全部接受萨本栋骨灰。最后经萨本栋夫人黄淑慎女士同意，于1949年秋天，厦门大学的师生们怀着对萨本栋校长的崇高敬意，将他的骨灰全部安葬在厦门大学校园内。郑朝宗撰写了墓碑文，将萨本栋抗战时期治校8年的成绩归纳为5项，刻在墓碑上，以垂永久纪念。

三、萨本栋的主要科学成就

萨本栋教授是我国在20世纪第二个十年中出国留学正式攻读物理学并取得博士学位的人。这一时期类似者仍寥寥无几，出名的主要是饶毓泰、李书华、叶企孙、吴有训、严济慈、周培源等。萨本栋获理学博士学位早在1927年，与严济慈获取博士学位同年，比周培源获取博士学位(1928年)还早一年。由此可见，萨本栋教授应是我国物理学界学成较早的先生。由于他在科研、教学、大学管理上精力投入太多，长期超负荷工作，积劳成疾，过早去世之故，后人对他不甚熟悉。其实，虽然萨先生的一生只有短短的47年，但他不仅课讲得好，而且，学术成绩卓著，科研成果突出。他一生编写的书籍和专著共有8部9册，公开发表的学术论文共有22篇。在经济、科研条件均相当落后薄弱的旧中国，萨先生无疑是一位"高产量"、"高质量"的学者、教授。

早在美国学习期间，萨本栋先生就在美国的"Trans. AIEE"(《电气工程师学会学报》)上发表了STUDIES ON SPARKING IN AIR(1927年，《关于空气中的火花的研究》)及A NOTE ON THE UNBALANCING FACTOR OF THREE-PHASE SYSTEMS(1928年，《三相系统的非平衡因素》)两篇论文，就此，年仅25岁的萨博士已经蜚声学术界了。

萨本栋先生一生的主要科学成就可归纳为3个方面。

(1)萨本栋先生创造性地提出用双矢量(即并矢张量)方法和数学中的复矢量解决电路的计算和分析问题，开拓了电机工程研究的新领域。

萨本栋先生自1928年进清华大学物理系至1937年8月离开，在清华大学物理系整整呆了9年。9年中他除教好书外，还出自一个学者的本能，积极开展学术研究，共写下15篇高质量学术论文，其中与他第一个研究方向有关的发表论文有：

《用多维矢量表达多相系统》

Pen-Tung Sah. Representation of polyphase systems by multi-mensional vectors. proc. world Engineering Congress(Tokyo)，1929，22：111—124.

《应用空间矢量解决三相电网络问题》

Pen-Tung Sah. Application of space vectors to the solution of three-phase net works. Science Reports(Tsing Hua Univ.),1931, A1:09—82.

《用并矢(张量)和多相阻抗不变量来表述 stokvis-Fortescue 变换》

Pen-Tung Sah. Representation of stokvis-Fortescue transformation by a dyadic and the invariants of a poly phase impedance. Science Reports(Tsing Hua Univ.),1935,A3:27—36.

《非完全并矢(张量)的逆变及其在三相电路理论中的应用》

Pen-Tung Sah. Reciprocals of incomplete dyadics and their application to three-phase electric circuit theory. Science Reports (Tsing Hua Univ.), 1935, A3:37—55.

《适用于三相电路的张量代数》

Pen-Tung Sah. Dyadic algebra applied to 3-phase circuits. Trans. AIEE, 1936,55:876—882.

《三相同步电机的阻抗并矢式》

Pen-Tung Sah. Impedance dyadics of three-phase synchronous machines. Science Reports(Tsing Hua Univ.),1936,A3:127—177.

《三相电路中的复矢量》

Pen-Tung Sah. Complex vectors in 3-phase circuits. Trans. AIEE,1936,55:1356—1364.

1935 年,萨本栋利用休假的机会访问美国,受聘为美国俄亥俄州立大学电机工程系客座教授,在电机工程系开设"双矢量电路分析"讲座,所讲内容就是上述第一类问题。讲学期间,萨先生在美国"Trans. AIEE"(《电气工程师学会学报》)上发表的 Dyadic algebra applied to 3-phase circuits(《应用于三相电路的并矢代数》)一文,引起了科技界的强烈反响,被世人称之为"亚栋定律",被美国电气工程师学会在当年的冬季会议(1937 年 1 月 25 日至 27 日)上列为讨论课题,并被该会评为 1937 年度"理论和研究最佳文章荣誉奖"。以后,萨先生在原来研究的基础上,又增加了一些新的同类研究成果,并加以系统化,用英文写成了一本奠定他学术地位的专著《并矢电路分析》(Dyadic Circuit Analysis),于 1939 年在美国 INTERNATIONAL TEXT BOOK PRESS 出版。该书是属于"数学、物理、电机三角地带"的新专著和新理论,在当时世界上也只有为数不多的科学家能接受。萨本栋本人也多次讲过,他所研究的以数学、物理、机电这三个领域之间相互关系的地方为最多,他的兴趣就在于数学家、物理学家、电机工程师三不管的地带。他还用电路来解答微积分的问题,这属于电子计算机的前身。该书出版后不久,便被选入国际电工丛书,被英美等许多大学作为教材,并获中国电机工程师学会第一次荣誉奖章。

萨本栋在厦门大学担任校长的7年中，仍坚持一线上课并做科研。他结合教学工作，开展了科学研究，先后发表过《矩阵与张量》、《矩阵原理》、《三次和四次方程的一致解法》等5篇论文，其中3篇属于电路方面的，是他过去研究工作的继续。

(2)萨本栋先生在系统研究交流电机的基础上，首先提出以标幺值系统来分析交流电机问题，由此引起工程学界的高度重视。

1944年6月，萨本栋先生接受美国国务院邀请，再度赴美讲学。同时应邀的还有北京大学教授杨振声、南开大学教授陈序经、金陵大学教授陈裕光、岭南大学教授容启东、"中央研究院"汪敬熙。在这次赴美讲学期间，萨本栋先生先后在麻省理工学院、密西根大学、哈佛大学、伊利诺伊大学等处做了多场报告，其中数交流电机学问的讲授最具特色。萨本栋首先提出用标幺值系统来分析交流电机，一度引起了工程学界的强烈反响。尔后，萨本栋先生根据自己在斯坦福大学和厦门大学讲授电机学所积累的第一手资料，再加上美国讲学的新材料，又用英文撰写了一本专著《交流电机的基本原理》(Fundamentals of Alternating Current Machines)，书中提出了许多前所未有的新观点、新思想。该书于1946年由美国MCGRAW Hill BOOK COMPANY INC出版，出版后受到英美各国科学界的高度评价，被誉为物理学、电机学的巨著。用萨本栋自己的话讲，"本书虽与多数大学教本相似，但写的方法与同名的教科书则颇有不同。其中不少的章节如单独分出，也可自成多篇短论文，因为这些章节所用方法多启发前人所未道的地方。这一点也许就是本书出版，出版后能受到英、美同行人赞许的原因吧!"事实上，萨本栋先生这部"巨著"正式出版后，采用的学校确实不少，如加州大学、卡纳基理工学院等十几所院校都采用它作为教本，开创了中国科学家编写的自然科学专著被外国大学普遍采用为教科书的先例。由于当时中国外汇及版权的关系，很多中国大学生无法购买到萨先生的这本书，于是，萨先生干脆把它译成中文，取名为《交流电机》，于1949年3月由商务印书馆出版，至1954年6月共再版6次，影响范围较广。该书论述了多种变压器、电动机、发电机，解决了当时电机理论及实际中的不少困难。

萨本栋在电机工程学上的成就及他在美国的讲学特色，不仅获得了美国科技界的赞赏，也吸引了英国的科技界。当萨先生在美国的讲学还未完成时，英国的学术界就曾三次电邀他前往英国讲学。1945年5月，萨本栋先生在完成美国讲学任务后，转道赶赴英国，进行了短期讲学，同样受到了英国科技界的高度赞誉。

(3)萨本栋先生对各种电子真空管的性质和效能问题的研究也颇有建树。

"今天的新闻，就是明天的历史。"世上任何事情都有历史，历史必须记取，忘掉历史，就意味着背叛!

现代科学技术中有一个叫“微电子技术”。所谓微电子技术是指以研究、开发和生产以集成电路为核心的电子基础元件的技术。微电子技术的历史就是传统的电子技术，而传统的电子技术是以真空电子管（包括二极、三极）为基础元件，在这个阶段产生了广播、电视、无线电通信、仪器仪表、自动化技术和第一代电子计算机。可以这么说，电子计算机的心脏就是电子真空管（电子管）。人类有史以来第一台电子计算机 ENIAC（Electronic Numerical Integrator And Computer）于 1945 年制造成功，是年 12 月开始解答实验室送来的第一道题目，于次年 2 月完成计算任务，2 月 15 日正式举行揭幕典礼。

ENIAC 是一个庞然大物，外观是一个 9 英尺高的金属柜，占满了近 200 平方米的整个实验室，重 30 吨。它共用了 1.8 万只电子管、7 万只电阻器、1 万多个电容器和 6 000 个继电器，功率达 150 千瓦。这一庞然大物比起今天的计算机来说显得粗笨，且运算慢，但在当时神奇极了，每秒钟它可运算 5 000 次。

我们之所以要介绍以上内容，还是因为要突出今天微电子技术的历史，突出真空电子管在电子计算机中起的核心作用。从历史的观点看，没有电子真空管就没有晶体管，没有晶体管就没有集成电路，没有集成电路，“微电子技术”当然无从谈起。

电子真空管既然是电子计算机的心脏、核心，那么它的性质和效能无疑将直接影响计算机的质量。关于各种真空电子管的性质和效能问题的研究自然就成了 40 年代科学家研究的重要课题。萨本栋凭借他那股科学研究的热情及物理学人特有的洞察力，很早就进行了该课题的研究，而且颇有建树。他在这一领域研究中，共撰写发表了 5 篇学术论文，主要有 The performance characteristics of linear triode amplifiers（Ⅰ）(《关于线性的三极真空管放大器的性能特性（一）》)（Tsing Hua Univ.，A2：PP. 49—73，1933）；The performance characteristics of linear triode amplifiers（Ⅱ）(《关于线性的三极真空管放大器的性能特性（二）》)（Tsing Hua Univ.，A2：PP. 83—103，1933）；On a necessary condition for the maintenance of oscillations in class cline ar triode oscillators（《保持三极真空管振荡器振动的必要条件》）（Tsing Hua Univ.，A2：PP. 269—275，1934）；The modulation characteristic of linear triode oscillators（《调节线性的三极真空管振荡器的特性》）（Tsing Hua Univ.，A2：PP. 277—287，1934）。

四、萨本栋的教育业绩

萨本栋博士从 1928 年回国后，至 1949 年 1 月 31 日去世，整整 20 年中有长达 16 年时间是工作在我国的高等教育第一线，前 9 年以教授身份在清华大学讲课，后 7 年在厦门大学以学者身份当校长治校，同时以教授身份在一线上课。事实、历史均证明萨本栋先生是一位数理及工程方面的好教授，是一位从清华走出的著名教育家。

1. 先进的教育思想，有效的教学方法

萨先生回国后，怀着满腔爱国热忱，决心培养出一批科技人才以"造福于国家和人群"。他在教育思想和教学方法上不断改革，刻意创新，为培养我国的高级科技人才鞠躬尽瘁，死而后已。

萨本栋在清华大学先后为本科学生讲授过"大学普通物理"、"应用电学实验"、"高等应用算学"等课程，为研究生讲授过"无线电及电学问题"、"向量与电路问题"等课程。

他在讲课中，能不断地以国内外研究的新成果、物理学新知识充实课程内容，且注意理论联系实际，特别重视实验，因此，他的课极富有生命力，深受同学欢迎。萨先生的同事兼好友，著名的物理学家叶企孙先生回忆说："萨先生讲授普通物理时，准备充分，声音洪亮，尽力于做表演，考试多而严，平时给学生充分的发问机会。"1935 年 8 月，一位清华毕业的同学在《教授印象记》一文中说："萨先生在学术界的声誉是很高的，你们看他那部《大学普通物理学》就可以了解啦！他是站在本系第一道大门的人。"当时学校规定学生第一年普通物理成绩不满 75 分者，便不能再读物理系了。萨先生对学生的要求又极严格，因此说"他是站在本系第一道门的人"。这位学生又说："只要你去听他讲授一小时，你就会连声道好的。'好，真好！真佩服！'他是福建人，普通话说得很'地道'。他讲课的声调很响亮，……上他的课是一件很快乐的事。""每堂课都有仪器表演，仪器又都是很完全很精致的。萨先生一边讲着，一边表演，有时偶然实验不灵了，他会摆出一种似笑非笑的态度来，于是大家也哄着笑起来。"同学们在其生动的讲解和娴熟的演示表演中能收到最佳的教益。钱三强曾说："萨先生给他们每次讲课，都是预备好做表演的仪器，边讲边表演，使初学者有感性知识。"并说："正是因为萨先生、吴有训先生这种'讲演与表演'相结合的方法比北大的教学效果好，才促使我报考了清华大学物理系。"然而，我国现在各大学中普通物理课的教学几乎没有一位教师还注重做课堂演示实验，早把普通物理课上成了理论物理课，把物理学来源于实验这个根和本尽去掉了。从这一点上看，我国的所谓教育改革实是倒退！

萨本栋一向认为科研人员的基本功很重要，它靠在学生时代的严格训练，为此，加强基础、强调质量是他一贯的教育思想。作为萨先生早期学生，著名物理学家王天眷在清华毕业 50 年后，"回忆往事，追念师友"时写道："普通物理课承萨本栋老师亲授，谆谆善诱，紧密考核，崇基础，涉精深，得益终身。思念及此，乃赋诗一首：

'严谨深沉一代师,缅怀霖雨倍追思。及门受教明基础,亲炙铭词味格知。'"

萨先生在厦门大学时曾说:"本校一向对于学生程度的提高,非常注意。在量与质不能兼顾的情形下,对质的改良,比量的增加尤为重要。"为此,他把基础课的教学及改革放在首要地位,规定要有经验的教授、副教授到教学第一线开基础课。他本人以身作则,带头给理工科学生讲授微积分、普通物理、交流电、电工原理等基础课。1940 年,厦大迁至闽西山区,此时正值厦大机电系成立不久,师资还严重不足,萨先生身为一校之长,除亲自讲授些重要的专业基础课和专业课外,还不辞辛苦地亲临一线"救急",代教"普通物理学"、"普通制图学"、"机械制图学"等课程,周课时最多时达 20 节,简直难以令人置信!一时萨先生被厦大师生誉为"O型"代课教师。

"万丈高楼平地起",培养优秀的科技人才,必须要有扎实的基础知识,这种观念在萨先生头脑中是根深蒂固的。萨先生担任的每一门大学基础课都能做到治学严谨、备课认真,讲授复杂而枯燥的交流电路时,以各种物理及电磁现象为例进行剖析,旁征博引、条理清楚、生动有趣、深入浅出,务求大家融会贯通,让学生们思想跟他打成一片,步步深入,使学生们觉得每一分每一秒都有收获。

萨先生自己的思维异常缜密,富有逻辑性。他教微积分时,上课只带几支粉笔,讲起来,极富条理性、逻辑性,真正做到深入浅出,循循善诱,加上他那工整流利的板书,对启发学生思维和整理记忆都是起到很大作用。他的学生张存浩院士回忆说:"他讲课逻辑性严密、结构紧凑,并非常珍惜时间,课堂上不说一句闲话或无用的话……他每堂课犹如一首交响诗,浑然一体,一气呵成,并层层引人入胜。"

萨本栋先生的另一种先进教育思想(观念)是文理要渗透。他治校执教时期要求文科学生要有一定的自然科学知识,相反,理工科学生要有一定的社会科学、人文科学知识,认为这是搞学术研究之所必需。在这种思想指导下,当时厦门大学严格规定国文(一)、(二),英文(一)、(二),中国通史、高等混合数学,以及政治学、经济学、社会学三者任选一门是各院系的共同必修课。当时一些学生片面认为只有自然科学才能救中国,比较轻视文科,萨先生就给他们讲述鲁迅先生在日本弃医学文的故事。在萨先生的劝学下,许多学生文理兼通,基础扎实,知识面广,出国留学一二年即可学完理科硕士课程,研究工作亦成绩斐然。

萨先生在治校执教期间,还有一个教育观点,即大学生不管是文科、理科还是工科,都要较熟练地掌握一种以上的外语,尤其是英语。在厦门大学就规定一年级必修国文和英文,不及格者要重修,再不及格者则退学。毕业前须通过英语特殊考试,不及格者不发毕业证书。这种考试有两种方式,由学生任选其一。一种是学生自选一本英文书,经三人考试委员会认可、阅读后就该书内容在三人面前口试。另一种是事先不确定范围,由该委员会任意考试。萨先生把英文差的学生另编一班补习，自己讲授，由夫人黄淑慎女士辅导。有人反对这种做法，向当时教育部告状，要求取消这种考试。虽经力争，但1942年，还是被取消了。对此，萨先生痛心地说："历史会证明这样做对我们国家培养人才是不利的。"今天，我国大学里方兴未艾的"大学英语"教育正印证了萨先生当年的话，萨先生真有历史性远见！

萨本栋先生作为理工出身的人，他很清楚数学的基础性地位。数学学不好，是不可能学好物理、机电的，更谈不上进行深入的科学研究。数学就像文字一样，是进行科研的工具。

萨先生非常重视数学的基础地位，自己亲授微积分，对学生从严要求，授课时特重视基本功训练和方法指导，鼓励学生刻苦钻研自学。他对学生说，如果遇到某种函数的微分公式记不准确，可以直接进行极限运算，求函数的导数；他还教导学生说，繁杂和高深的东西，都是在基本原理和方法上建立起来的；他还向自己学生讲述仅有初中学历的华罗庚先生怎么通过刻苦钻研、顽强自学成为享誉世界的大数学家的故事。

萨先生教授微分时，还特别重视讲与练的有机结合。他上课时总要提问，学生回答不出的便让助教回答，助教解决不了的，便自己当场示范。下课时还必须布置3～6道课外作业，其中一两个题目是有难度的，学生不得不去图书馆查阅参考书方能解决。

在萨先生的严格训练熏陶下，厦大学习气氛相当浓厚。难怪在当时全国大学生学业竞试中，厦门大学脱颖而出，在两届考试中数学均获得优胜奖，得奖人数按比率皆是第一名。

萨本栋先生对学生严格要求，对自己的助教也是一视同仁。他讲授微积分时，教材虽是自己编著的，但他还是花大量时间备课，精心准备，把课讲得深入浅出，生动风趣，很有魅力，常常吸引了不少学生在窗外旁听。他对青年助教的标准是：基础扎实，专业精湛，外文要过关。他要求手下微积分助教，把教材中的全部习题做完，要温故而知新，探测精蕴。他还定期给他们上课，布置参考书目。

2.实事求是的科学观点

(1)萨本栋先生认为，搞科学研究的人首先要会怀疑，这是研究的开端，开端开得好，研究的成功就有了多半的把握，至于怎样去完成研究，那还得靠研究的人的准备和训练，因所研究的问题的性质而有分别。他并以理化为例说："我认为研究理化的人至少需要三种工具：①文字；②数学；③实验的技术。这三种工具的运用都可以在优良的学校当中学会，并且都应该在年龄还轻的时候就学好。"

(2)关于科学研究的内涵和目的，萨本栋先生有其独特的理解和阐述。他认为:“科学研究就是用系统的方法来开辟知识的新领域。”又说:“只须所研究的问题,可以增加已有知识,帮助我们了解我们所未曾了解或不能解释的现象,指示我们继续研究,应走的方向或路径的科学方法,这种工作都可叫做科学研究。”关于科学研究的目的,除了是为了“开辟知识的新领域”,萨本栋先生还作了更深一层的阐述:科学研究“为着后代”,“要替后代奠定百年大计”。“所在社会不应该用现实的眼光去计较科学研究的结果,而做科学研究的人们,也不应该因急于求功而避重就轻的,不顾那有深远意义而要长期艰苦努力才能得到结果的问题。”为此,萨本栋先生呼吁:“科学研究者必须先有不急求事功的涵养。”针对萨本栋先生这种精辟的科学观点,联系当今我们学术界、科技界以及一些高校和科研单位搞科研出现的浮躁、急功近利的普遍现象,真感到惭愧!

(3)萨本栋对自然科学的分类也有自己的独到见解。在他看来,“自然科学之分类,各家所主者互有出入。兹视其所讨论之自然现象为有机的或无机的,而分之为生物的科学及物理的科学两大类。物理的科学又可分为地质学、天文学、气象学、矿物学、化学及物理学等等。此等科学之分界线,本不甚明晰:就中以化学与物理学之范围尤难画清。例如放射性与液体导电等问题,物理学家与化学家均各有其贡献,不得重此而轻彼。概要言之,化学主要使命为研究物体组合之变更情形,物理学则以考究物质之特性及能量之变化为其范围。惟近世理论化学有极惊人之进展,而吾人对于物质之构造,因物理家之研究,有较确切之了解,故物理学所讨论之问题,常不免侵入化学范围之内”。可见,在自然科学领域里没有一条“绝对分明”的分界线,因为自然界各种现象及其规律是错综复杂的,是互相关联的,它们之间没有绝对的不可逾越的鸿沟。自然科学之间只有相互“侵入”、“交叉”,相互促进,才能形成科学繁荣的新局面。

(4)关于真理的概念,我们一般只有一个肤浅的哲学概念,即世上没有绝对真理,只有相对真理,无数相对真理的总和就是绝对真理。然而萨本栋先生对真理概念的内涵和外延却有自己独特的理解。他的真理观是:依照客观的条件而推得的结论,在那条件所赋予的范围之内,都是真理。而与科学真理相对立的就是错误的成见。萨先生认为:“至于凭借一个人或一群人的爱好或憎恶而决定的意见,那就是成见。”他要求人们要善于区别真理与成见,对科学真理要勇敢地力争和坚持,对错误的成见要极力排除,千万不要拿强词夺理来掩饰自己的成见。

3.在抗战的艰苦时期,发展壮大厦门大学

1937 年夏,南京国民政府接管了由陈嘉庚等爱国侨胞集资创建的私立厦门大学,并更名为国立厦门大学。教育部经过多方物色和研究,决定由萨本栋出任厦门大学校长。国民政府派萨本栋先生在国家民族万分危急之时出任厦门大学

图 3 萨本栋与陈嘉庚

校长，是对萨先生的学术地位、教学水平、行政管理能力、社会交往能力等的充分肯定。因为清华大学从 1925 年办本科至 1937 年，经过多方努力，校内已是卧龙伏虎，人才济济。说实话，萨先生自 1928 年获博士学位到 1937 年 7 月，经过 9 年的发奋努力，在电机工程上已造诣很深，学术成就卓越，且在国内外电机工程界中颇负盛名，故接到赴厦门大学校长的任命时，他曾考虑再三。原准备继续深入研究，以期取得更大成就，但为了发扬陈嘉庚先生毁家兴校的伟大精神，为把厦门大学办成著名的具有特色的高等学府，为了家乡福建培育精英人才，他不惜做出牺牲，毅然就任。

萨本栋对厦门大学的贡献成绩正如郑朝宗为他撰写的墓碑文那样可归纳为 5 项：①率全校师生急迁闽西山区长汀，途遥路险，而开学必需之图书、仪器、文件、标本，均得安全转移，迅速复课。②亲自擘划、监督营造新校，旧房、衙署、文庙、废园广加改造，学校范围赖以扩充，学生人数较前倍增。③不辞辛苦力肩教学重担，所授课程门数之多、分量之重甚于一般教授，又为适应国家需要，因陋就简增设土木、机电、航空三系，延聘国内知名学者以造就人才，苦心经营，促其成长。④注意学生品德教育，确保校内安定秩序。校园内绝不许设立同乡会，对各地来者一视同仁。⑤既悉心治校，而又严于律己，勤政之余，继以力学……抗战时期，人民生活艰苦异常，公亦自奉如常人，食少事繁，积劳成疾。

以上①②④三项本文不想多作介绍，而③⑤两项的部分内容在前面虽有触及，但不全，特别是第⑤项应是充分反映萨本栋先生的处世为人，人品人貌极重要的内容，故将作详细介绍。

萨本栋留过学，回国后又在清华大学执教 9 年，如何办好一所大学，对他而言是再清楚不过的。师资质量、实验设备、图书资料是办好大学必不可少的三大条件，其中师资的水平和质量尤为重要。清华大学原校长梅贻奇的“大学者，非谓有大楼之谓也，有大师之谓也”的名言，对萨本栋而言亦是刻骨铭心的。1938 年厦门大学内迁成功后，萨本栋还兼任数理系主任。当时数理系只有教授、副教授、专任讲师各 1 人，助教 3 人。在师资紧缺的情况下，萨本栋先生首先利用他在教育界和科学技术界的声望，广泛纳贤，诚邀一批有名望的教授、副教授来校任教，主持院、系工作，从而建设了一支素质好、水平高的师资队伍。为增强教师阵容，

1939年萨本栋把原燕京大学物理系主任谢玉铭教授请到了厦门大学。谢玉铭也是一位与诺贝尔物理学奖擦肩而过的顶级物理学家，他是原复旦大学校长、著名固体物理学家谢希德院士的父亲。后来谢玉铭教授任数理系主任、理学院院长和教务长，协助萨本栋办好厦门大学。

由于厦门大学内迁成功，物理实验仪器几乎无损地运到长汀，物理实验自始至终正常开设，开始时实验室比较拥挤，仅有普通物理和无线电实验室各一个。1940年初，扩展成普通物理实验室、光学实验室、暗室、仪器室、高等物理实验室及仪器修理室各一个。

图书资料在内迁中也几乎无损，以后又订购了大量中外图书供师生阅读。当时厦门大学校内学术风气浓厚，全校有29个学会，萨本栋是每个学会的普通委员。数理学会常举办学术报告会，萨本栋曾作过“方(矩)阵在电路上之应用”的报告。校内出版的刊物有10种之多，包括谢玉铭先生主编的《科学》和《厦大学报》，以后又出版了西文版《理工论丛》。

抗战时期国家十分需要大量的土木建筑、机械、电动、航空等方面的人才，而福建当时却没有一个工学院，就是厦门大学当时也缺乏开办工科各系的设备和师资。但为适应抗战需要，萨本栋还是披荆斩棘，艰苦创业，四面奔波，各方筹措，终于于1937年创办了土木工程系(归属理学院)，并兼任主任。到1938年，土木工程系学生已达45人，是理学院中学生最多的系(数理15人，化学28人，生物19人)。1940年，萨本栋又增办了机电工程系，并且把理学院扩充成理工学院。1949年，他又筹备航空工程系，为厦门大学于1948年创设工学院立下了汗马功劳。自1941年至1949年，厦门大学工科各系毕业生数已达452人，分布在全国各地。抗战胜利后，不少毕业生应聘到台湾省工作，为刚从日本占领下回归祖国的台湾省的建设做出了很大贡献。

由于操劳过度，条件艰苦，在内迁长汀期间，萨本栋已患上了严重的胃病和关节炎，经常卧床不起，但他仍长期抱病坚持校务和教务工作，校医为他做了一件铁衫助他撑腰。为了不耽误学生的功课，他就让机电系学生到他的床前听讲。胃病发作时，稍微停顿一下，然后又继续讲下去。风湿性关节炎发作时也非常严重，他曾撑着拐杖上课堂讲课，乃至拐杖掉落在地而不能俯身拾起。他的这种自我牺牲、忠于事业的精神，使许多学生感动得流下热泪。

在萨本栋先生的精心组织领导下，厦门大学师资力量越来越强，人心越来越齐，科研氛围越来越浓，教育质量越来越高。厦门大学吸引了成批的江、浙、粤、赣、鄂等地学生。萨本栋创办工科、复办法科，硬以清华大学的标准，把厦门大学办成了一流大学，使教学质量连年名列全国榜首，学校从内迁长汀时的3院9系发展到离长汀时的4院15系，学生人数从内迁长汀时的198人增加到离长汀时的 1 044 人。

萨本栋不但在工作上、教学上率先垂范，在廉洁奉公方面更堪称楷模。1937 年厦门大学刚改为国立厦门大学时，国、省库经费一直未领到，教职工工资无法如数发放。为克服困难，萨本栋发出布告，规定预支标准：“(一)校长薪俸按三成五支领；(二)教授及高级职员薪俸在 200 元以上者按六成支领；(三)副教授、专任讲师、助教及其他职员薪俸在 101 元至 200 元者按七成五支领；在 51 元至 100 元者按九成支领；在 50 元以下者按全数支领。”萨校长克己奉公的精神深深地感动了全体教职员工。

一所国立大学内迁到偏僻的长汀，开始时办学遇到的困难是可想而知的，一切都得从零开始。当时，萨本栋与夫人、儿子住在卧龙山麓破旧的仓颉庙里，而且一住就是 8 年，但他无怨无悔。为了解决学生们夜读的照明，他甚至将学校配给他乘坐的小汽车的发动机拆下来，改成发电机，使学生们夜读有了电灯。

萨本栋的生活也是非常俭朴的，甚至连理发都不愿上理发店，由夫人给他理。他常说：“要用最少的钱，办更多的事。”

萨本栋夫人黄淑慎女士毕业于北京师范大学，昔称体育健将标枪名手。虽然当时厦门大学很需要女生的体育指导员，但由于校部规定领导人员或教授不能搞裙带关系，不能安插自己的亲属到学校里工作，黄淑慎只能当义务指导而不能当正式教师。她来校指导七年如一日，但从没有领取薪俸及任何津贴。

另萨先生的好友教务长傅膺的夫人张锦教授，本来可在化学系任教，为了遵守学校的规定，只好在远离长汀几百里的沙县担任医学院教授。

萨本栋的堂兄萨师煊曾说：“他(指萨本栋)在厦门大学当了 7 年校长，除初去时带了一个亲戚当秘书外，没有再引用我们家里一个亲人。在招生上，他也是坚持原则，不徇私情。我们家中有几个堂弟、堂妹多次投考厦门大学，因分数不够，照样未被录取。”

由于萨本栋严于律己，为政清廉，他才敢也才能做到坚持原则，刚正不阿。当时驻长汀的国民党某军长亲自登门找他，要求让其儿子免试入学。萨本栋严词拒绝，只表示欢迎他的儿子通过考试录取后来厦门大学学习。国民党海军某部司令也曾写信给他，以其儿子能录取入学为条件，愿将所属船厂的机械设备送给厦门大学，萨本栋指着这位慷慨将军的信对学校其他领导和教师说，绝不能拿学校的规章制度做交易。

经萨本栋整整七年的言传身教，苦苦努力，厦门大学形成了勤奋、朴实、严谨、和睦的好风气，学校各方面蒸蒸日上，教学质量与日俱增，载誉海内外。厦门大学不仅成为祖国东南地区唯一最高学府，且为国内最完备大学之一。英国皇家学会会员、剑桥大学生物化学教授、中英科学合作馆主任 J・李约瑟也曾慕名莅临长汀厦门大学;美国一位地质地理专家葛德石氏在遍游印度等国和西南各地后,来到厦大参观讲学,参观完厦门大学后,称赞不止,称"厦大为加尔各答以东之第一大学"。

1943 年,教育部部长陈立夫到长汀对厦大倍加称赞,曾说:"厦大在萨先生的领导下,居然以最少之经费,获得最多之代价。"1944 年初,英国纽凯索大学英国文学教授雷立克氏来华参观著名学府,在重庆听到厦大多次受到教育部嘉奖,乃不顾路途辛劳,特意到长汀参观厦大。他对厦大的学风和设备十分赞扬。所有的这一切都是与萨本栋校长出色的领导分不开的。

1944 年 5 月,由于萨本栋办学治校成绩显赫,同国内 3 名著名学者罗家伦、竺可桢、严济慈一起被国民政府授予三等景星勋章。

为纪念萨本栋担任校长 8 年来的巨大功绩,厦门大学在他刚调离后的 1946 年就成立了"本栋奖学金",以鼓励学生学习萨校长的献身精神,努力刻苦钻研,掌握报效祖国的过硬本领。

4. 对中国大学物理教材建设的贡献

从 1912 年到 20 世纪 20 年代中后期,我国第一批到国外留学攻读物理的毕业生相继回国。他们回国后大多数人致力于我国大学物理教学,同时也有能力独立译著大学物理学教材,脱离了原来要靠西方人口授,中国人笔录的翻译方式。这一阶段对教材编译工作贡献最大的有何育杰等。

何育杰(1882—1939),浙江宁波人,详况可见第五讲。他于 1914 年主编了北京大学物理学教科书《物理学》,为我国首次自编物理教材,并编写了物理学的教学计划,将此时北大物理课程分成初级、普通、专门物理三级。

总之,这一时期我国翻译、编著出版的物理教材较少。这是因为当时我国大学物理教学还处在草创初期,办学条件还很有限,加之辛亥革命后,政府当局废除旧学制,在颁发的《大学校令》中明确要求大学教学方式及课程设置全面效仿欧美各著名大学的做法。此后一段时期,北大物理学使用的物理教材即当时欧美著名学府的教材,从 1925 年左右北大的课程参考书目中可看出这一点。这些参考书当时全是英文,没有中译本。这种情况在 20 世纪 20 年代各大学十分普遍,并延续到 20 世纪 30 年代。当然在 20 世纪 20 年代战乱时期,由于时局动荡及教育经费缺乏保障,教授流动性大,教学不稳定等原因,难以完成对教材的系统编译及出版工作。不少教授虽自编讲义,但限于经费,没有如愿出版,后人也难以详查。

从 20 世纪 20 年代中期到 30 年代中期,我国大学物理教学发生了一系列可喜的变化。首先是更多的物理学家学成纷纷回国,并从事大学物理教学。他们了解当时西方的物理发展前沿及大学物理教学现状,不少学者已能跟踪当时的世界物理前沿作研究。这批留学人员回国后，致力于我国大学物理教学并在多所大学开设比较完整的物理课，编译的物理教材也达到了相当高的水平。在这一阶段编著的大学物理教材较有影响的有：王济仁编著的《实用力学》、叶企孙与郑衍芳在1929年合编的《初等物理实验》，朱福炘编的《电磁学实验讲义》、《物理学》（上、下册），萨本栋编的《普通物理学》（上、下册）、《普通物理学实验》，严济慈著的《普通物理学》（上、下册）等。

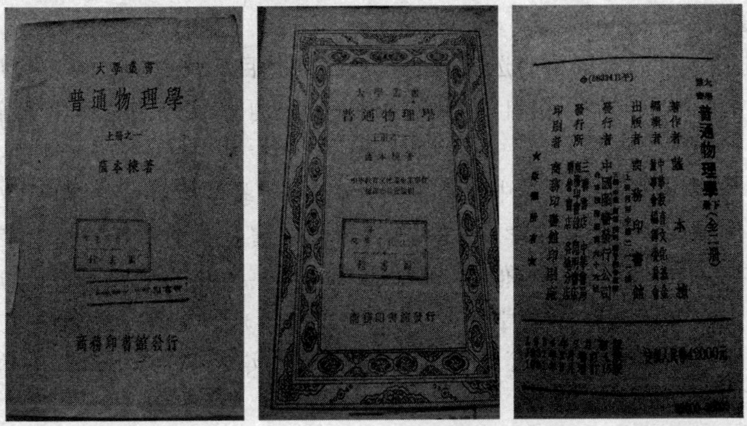

图4　萨本栋编写的《普通物理学》封面及版权页

萨本栋编写的《普通物理学》（上、下册）于1933年3月由商务印书馆出版，这是我国第一部用汉语正式出版的大学物理教材。因该书的科学性、系统性强，故于1940年该书就被教育部正式颁定为“大学丛书”中的大学物理教材，与其《普通物理实验》（1936年11月由上海商务印书馆出版，长沙商务印书馆1939年再版）可称得上是整个20世纪30年代至50年代初的范本，被各大学物理系普遍采用，饮誉多年，为我国高等物理教育作出了很大贡献。该书在国内流行长达20年之久，许多使用过该教材的物理学工作者，至今谈起仍赞叹不已，如著名科学家钱三强以及前国务院总理朱镕基都曾学习过此教材，印象颇深。

萨本栋的《普通物理学》分上、下两册，上册为引言、力学（共二十章）、声学（共四章）、热学（共十章），下册为电磁学（共二十四章）、光学（共十三章），全书共七十一章，连同他的配套书《普通物理实验》包括了普通物理的全部内容及相关实验。

从萨本栋《普通物理学》的编辑大意中可知，该书编写的最大特点是：“全书结构逐以叙述问题之起因及现象性质之大概为发端，论列物理的律例及其相互之间关联为躯干，而以各事象之应用为枝叶，及解释此等现象之学说为归宿。”“其目的在使初入大学之理工科学生，对于物理学中各观念之意义，各重要现之情形，与其相互作用之关系及应用，获得确切之智识。”

该书每章都以“总说”的形式叙述本章内容的发展历程，使学生对它的来龙去脉有初步的了解，从而激发学生的求知欲，便于深入理解科学内容。在困难的地方，则多以历史的次序予以陈述，继之以理论的推演，尤其对以前物理学所遇到困难之处多加注意，往往采用讨论的方式解决，使学生便于抓住重点，找到关键，从而启发思维，质疑释意而进行再创造。这样做，既传授了物理知识，又培养了学生发现问题、解决问题的能力。

该书所列问题都经精心选配，难易结合，惟其目的均以增进读者引用各律例及原理的能力，以期能运用自如而于遇及实验问题时，能深知如何进行解答之道为主。

萨本栋自己在物理教学中很重视实验，他主张教学中应尽可能使学生看到物理现象。在他的《普通物理学》一书中，对教师的演示实验技巧亦提出了要求，以期讲授与实验相辅而行。在他的《普通物理实验》一书中，列出的学生实验共36个（力学11个，热学6个，声学2个，电磁学11个，光学6个），每个实验又分几个小实验，从原理、步骤、结论等几个方面提出要求，实验后还有小问题供学生思考，以促进手脑并用。

总之，萨本栋先生的《普通物理学》，既便于学，又便于教，难怪在20世纪三四十年代，甚至到五十年代初，几乎没有人再编写和使用其他同类教材了。

五、萨本栋的几件轶事

1. 萨本栋自费跟踪美国飞机

抗战胜利后，有一次，一个名叫Reynolds的美国人，是第一个搞圆珠笔的人。他从南京政府搞了一架飞机，在中国的天空中到处乱飞，目的是探寻我国的铀矿分布情况。萨本栋先生了解后，顿时火冒三丈，对国民党的这种作法极为愤慨。于是，他不怕政治高压，冒着最大的危险，搞到了一架飞机，紧紧跟在美国人乘坐的飞机后面，强迫他降落。飞机落下后，萨先生勇敢地痛斥了美国人的强盗行为，并没收了他的全部资料，以自己的模范行动，捍卫了国家的主权和民族的利益。

2. 萨本栋犯了一次严重的“教学责任事故”错误

抗战时期，厦门大学内迁至长汀，由于那时没有现在的计算机，进行复杂的数学运算，对于理工科学生而言，是件非常繁难的事，为了解题、实验与工程计算要花费学生大量的时间和精力，严重阻碍了学习进程，萨本栋根据“列线图”原理设计出了一种演算仪。关于这演算仪的设计还有一个有趣的故事鲜为人知。

他的学生回忆说：有一次上微积分课时，萨本栋先生讲着讲着，突然停了下来，旋即走出教室，我们都以为他很快就会回来，哪知道课终了也不见其人影。后来才得知，是他在讲课时触发了灵感，产生了创意，才急急忙忙赶回到办公室，将创意变成了新发明，这就是七股算仪。由于该仪器由七条同长的杆联结而成，顾名思义称"七股算仪"。

利用七股算仪可以非常方便地演算：①加减乘除；②已知直角的两直角边，求锐角；③已知两数，求其比值的自然对数；④已知正指数与底数，求乘幂；⑤已知负指数与底数，求乘幂；⑥已知两同心圆的半径，求两圆间的面积。在七股算仪的右心内还标示出了多种"直示标度"，可以直接从仪器上读出倒数等9种相关数值。此外，七股算仪还可以演算物理学和电机学中的电阻、电容串并联下的等效电阻值、电容值和效率、功率因数等。

3.萨本栋与胡适产生的一次意见对峙

1948年9月24日上午9时，"中央研究院"召开院士会议，议程是选举"中央研究院"第三届聘任评议员。对照1947年3月13日修正公布的《组织法》和《国立"中央研究院"评议会条件》与"中央研究院"以往的相关法规章程，可知："中央研究院"设置院士后，评议员的资格被移用于院士；聘任评议员的任期由5年改为3年；评议员选举中"中央研究院"名誉会员的职权被取消，其余职权予以保留；"中央研究院"增设研究所、研究室与所长及研究人员资格仍由评议会决定。因而评议会的地位虽有所下降但仍掌握重要职权。不过，由于评议员的资格被移用于院士，而前者的资格又被删除，评议员与院士间的关系变得模糊。

其实，如吴有训在1944年3月16日报告所建议，评议会与部分院士在院士会议前对评议员与院士间的关系有过讨论。重要的一次是于1948年4月27日的京沪杭院士谈话会上。萨本栋提出："评议员可能不是院士，即不纯以学术贡献决定评议员人选，而倡导学术研究者亦可膺选。"院士们对此并无异议。但胡适建议评议会既然改为院士会议常设评议机构，则评议员似应限于院士中互选；为增加效率起见，所有评议员最好选京、沪、杭、武汉人士；"中央研究院"设置院士后，评议会选举规程似已不适用，可先推定人员成立修正评议会选举规程起草委员会。由于院士们对评议员候选人的提名办法分歧较大，李济提议可照院士选举办法由各组院士先提名单。经过讨论，谈话会决定：在选举之前设立小组委员会，由翁文灏、萨本栋、李书华、周鲠生为委员修订《评议会选举规程》，萨本栋起草规程；评议员选举，侧重京、沪、杭、武汉人士；成立评议员候选人提名委员会，并决定原则，交起草委员会参考。

4.萨本栋与著名核物理学专家赵忠尧先生的一次意义重大的合作

1945年秋，萨本栋从美国讲学回来后担任重庆"中央研究院"总干事，在此期间，他办了两件重要事：一是复员；二是在南京建立一个数理中心，多方筹措，为数学研究所和物理研究所在南京九华山附近各建一所房屋。另外还有一件鲜为人知的事：就是萨本栋先生和我国著名核物理学家赵忠尧先生的一次有重大意义的合作。故事是这样的：1946 年夏，美国准备在太平洋的比基尼岛进行原子弹试验，赵忠尧先生受“中央研究院”的推荐，作为科学家的代表前往参观。经“中央研究院”总干事萨本栋院士的多方努力，1946 年 5 月赵忠尧先生前往美国参观试爆核弹，临行前，萨本栋院士对赵忠尧先生说：“赵兄，我们在核物理方面与先进国家的差距正成几何级数地拉大啊！”话后，萨院士并正式以中院名誉委托赵忠尧先生在美国参观完毕以后，购买回一些研究核物理用的器材。赵忠尧先生到美国后，萨先生即给他汇去了 12 万美元的经费。钱数实在太少，不可能购买任何完整的设备。唯一可行的办法是，自行设计一台加速器，购买国内难于买到的部件和其他少量的核物理器材。照这个计划，赵先生首先在麻省理工学院学习静电加速器的制造。半年后，为进一步学习离子源的技术，赵先生转去华盛顿卡内基地磁研究所访问。当时，毕德显先生正准备回国，在赵先生的恳请下，毕先生在美多呆了半年，与赵先生一起继续进行静电加速器的设计，并采购电子学及其他零星器材。半年后，为了寻找厂家定制加速器部件，赵先生又重返麻省理工学院的宇宙线研究室。该研究室主任罗西(Rossi)与赵先生关系甚好。期间赵先生替中央大学定制了一个多板云雾室，并且买好了与此配套的照相设备，并在几个加速器、宇宙线实验室义务工作，以换取学习与咨询的方便，也换得了一批代制的电子学仪器和其他零星器材，节约了购置设备的开支。赵忠尧先生为制造和购买器材的工作花了整整两年时间，回国时，这些器材装了大小 30 多箱。

经历数月的磨难，冲破美国大小 4 次的刁难和阻挠，赵忠尧先生终于于 1950 年 11 月带着那宝贵的 30 多箱器材回到了解放了的新中国。

1955 年，赵忠尧先生利用从美国带回来的器材装配，制造了我国第一台 700 keV质子静电加器，同时于 1958 年还研制了一台205 MeV的高气压型质子静电加速器，为我国核物理、加速器技术、真空技术和离子技术提供了研究的基础。1964 年我国第一颗原子弹爆炸成功，追根溯源，所有这些都与萨本栋先生是密不可分的。

参考文献

[1]咏梅. 蒙古族科学家——萨本栋. 内蒙古师范大学学报：自然科学(汉文)版，2003，32(4)

[2]刘明建. 萨本栋的数学思想. 自然辩证法研究，2005，21(12)

[3]刘瑞梃. 名人辈出的萨氏家族. 计算机教育，2005(11)

[4]王延峰.我国早期大学对物理教材的编译概况.大学物理,2003,22(10)

[5]王冰.中国早期物理学名词的审订与统一.自然科学史研究,1997,16(3)

[6]许乔蓁,萨本栋.http://baike.baidu.com/view/254783.htm

[7]周济.萨本栋的科学观与科学方法论.厦门大学学报(社会科学版),2001(1)

[8]张子文.近代杰出的蒙古族电学、物理科学家萨本栋.内蒙古电力技术,1995(6)

[9]郭金海. 中央研究院 的第一次院士会议.中国科技史杂志,2007,28(1)

[10]吴学周.萨本栋自费跟踪美机.纵横,2004(05)

[11]刘国生.从清华走出的教育家.呼伦贝尔:内蒙古文化出版社,2008

第五讲　中国近代物理学的创始者们

物理学发展到20世纪，在欧美发达的国家里，已经跨出了经典物理学的范围，大步进入近代物理学的研究领域。我国由于长期封建统治的闭关自守，不要讲近代物理，就是经典物理也只是支离破碎，不成系统。19世纪末20世纪初，我国的物理教育像其他各门自然科学一样，无论是师资、设备还是教材、教法，全是欧美的天下，甚至落后于新兴的日本一大截。如何改变这一落后面貌，有识之士早就提出必须从培养人才的物理教育开始。在这种时代需要的推动下，中国人吸取世界物理新知识的途径，由译书，请外国专家来华讲学，拓展到了留学。

讲到留学，一般都认为，清同治时期于1847年留美的容闳(1828—1912)为肇始，实际上，留学于欧洲大陆高等学府的中国学生的历史可以追溯到18世纪中叶。据考证，清同治前赴欧洲留学已达113人，早在顺治和康熙年间，已有少数人留学欧洲；最早的一位名郑玛诺(1635—1673)，于顺治七年(1650年)初到达罗马。据《道学家传》记载："郑(玛诺)字惟信，广东香山山奥人。自幼行西国罗马京师习格物穷理超性之学，并西国语言文字。深于音乐，辨析微茫。……"也许中国人在国外接受物理学知识教育就始于此。可以提及的还有1724年到达那不勒斯的江苏吴禄爵，乾隆十六年(1751年)赴法国巴黎的杨德望(1733—约1798)、赴法国里昂的高类思(1733—约1780)二人曾受业于蒋友仁门下，且都是河北人，赴法后他们先入拉·弗莱什(La Fleche)公学学习法文、拉丁文以及初级科学，后又至大路易学院研究神学。他们在学业上的飞速进步，令法国人十分惊叹。教会特邀请名师为他们教授物理学、化学、博物学等，并指导实验。他们还学习雕刻，参观里昂布厂、金银制作公司以及圣艾蒂安(St. Etienne)军火厂。法国国王路易十五(Louis ⅩⅤ，1710—1774)赐给他们望远镜、显微镜、电气机械，手提印刷机等，国务大臣贝尔坦(Bertin)也向他们赠送了许多贵重书籍。乾隆三十年(1765年)他们由洛里昂回国。但在封建主义与儒学根深蒂固的土壤上，他们本人及携回的仪器未曾对中国的自然科学，特别是物理学有任何影响。

19世纪下半叶，随着洋务运动的开展与兴盛，又曾有一批人到国外留学。在1862—1900年间，几百人以官费、自费出国学习语言、驾驶、电工、炮术、造船、筑路、铸造、采矿、机织等技术，但当时仍没有人有眼光派遣学生出国学习数理化基础学科。据史料可知，在19世纪与20世纪之交，赴日本留学生中有5人于1902年进入一所中等物理学校学习，但他们没有学完就转入陆军学校了。同一年，李煜瀛到法国巴黎学习农学，后成为生物学家。

直到20世纪初，中国才有留学生赴国外明确攻读物理学。留学生们开始抱着“科学救国”、“教育救国”的志愿，克服种种困难，出国深造，取得了优异成绩。他们渴望能在已经取得初步成绩的领域中加以深入研究，进一步发挥自己的专长。但是，他们看到当时中国社会的状况，工业基础和学术气氛，都还缺乏应有的条件，需要他们在进行科学研究的同时，培养从事科学研究的后继者，才能赶上世界先进水平。所以他们又不得不兼任双重任务：既是物理科学研究某一方面的带头人，又为物理教育培养人才。他们是科研与教育并进的先锋，是创建我国近代物理教育的物理学家。

20世纪第一个10年，先后出国攻读物理学的有：李复几、何育杰、张贻惠、吴南熏、夏元瑮、李耀邦、胡刚复、梅贻琦。20世纪第二个10年，出国攻读物理学的人明显增多，他们中较著名的有：陈茂康、赵元任、桂质廷、温毓庆、颜任光、丁西林、李书华、饶毓泰、叶企孙、杨肇燫等（以出国先后为序）。

自然科学，特别是物理学在中国并不像哲学、文学有深远的根源。物理学这个名词本身是舶来品，在晚清年间才引进的。从今天来说，物理学输入中国之后，在这块园地中辛勤耕耘的已有一大批明哲先贤，但事实上，只有上述提及的20世纪第一个10年和第二个10年这批早期留学攻读物理学的人才是真正的中国近代物理学的开创者、先驱者、拓荒者。

为缅怀先贤的丰功伟绩，忆往抚今，饮水思源，为表彰先辈们的光辉事迹，宏扬他们的爱国精神和科学精神，激发我们后辈在物理学园地上更加勤奋地工作，为祖国的四化建功立业，下面特介绍创建我国近代物理学的几位较突出的老一辈物理学家。

一、中国留学史上第一位物理学博士李复几

李复几先生1881年11月28日（光绪七年十月十八日）生于上海，原名李福基，字泽民，祖籍江苏省吴县（今属苏州市吴中区和相城区），其父李维其（1864—?），出身梨园界，擅长昆曲，曾主清音班。李复几的叔父李维格（1867—1929），字一琴，少时好学，曾入上海格致书院学习，后留学英国，具有资产阶级改良思想，曾主持上海《时务报》翻译工作，担任湖南时务学堂西学总教习，宣传维新变法思想，培养维新志士。李维格历任汉阳铁厂总办、汉冶萍公司经理等职，是我国近代钢铁专家、翻译家。李复几自幼勤奋

图1　李复几博士

好学，1897年底，在接受几年家塾教育后，就在叔父李维格的引导下赴长沙，就读于当时著名的长沙时务学堂。1898年7月，李维格就任上海南洋公学提调（相当于现在大学中的教务长）。李复几也随之于次年2月转到南洋公学，插入中院头班学习。南洋公学为近代实业家盛宣怀（1844—1916）于1896年创办，以后逐年采用西方学制。1905年后该校先后改称为上海高等实业学校、上海工业专门学校、南洋大学，1921年定名为交通大学，是今天上海交通大学和西安交通大学的前身。李复几在南洋公学接受了新式的基础教育，学习成绩优秀，屡获奖学金，曾得到"自然长厚、不能瑕疵"的好评语。

1901年7月，李复几同曾宗鉴、胡振平、赵兴昌等6人在中院毕业，他们是南洋公学中院首届毕业生。是年8月李复几与胡振平、曾宗鉴、赵兴昌3人一起被南洋公学派往英国留学，并指定李复几专习机械，胡振平、曾宗鉴专习政治，赵兴昌专习商务。临行前，南洋公学发给每人治装费300元，行李费50元，船费500元。李复几还将其叔父李维格赠予的一辆自行车随船带往欧洲。

到达伦敦后，李复几在中国聘请的留学监督英国人蓝博德教授（蓝博德为英国格林威治皇家海军学院物理教授，严复、伍光建等当年都曾受业于其门下）的安排下，先进伦敦国王学院（King's College）学习语言，后入芬斯伯里学院（Finsbury College）专习机械工程，毕业后又入伦敦机械工程师研究所实习一年，之后再入伦敦大学学习机械工程，1904年毕业后前往德国迪塞尔多夫的汉尼尔理机器厂（the Haniel Company in Dsseldorf）实习。机器厂实习期满后，李复几于1906年5月18日注册进入波恩大学（University of Bonn）继续深造。在波恩大学格拉夫校长的特许下，李复几免于提供毕业证书就成为波恩大学艺术系自然科学专业的一名学生。入学后，李复几师从著名物理学家、大气中氦的发现者凯瑟尔（H. Kayser，1853—1940）从事光谱学研究。

图2　1898年李复几（右）与其叔李维格合影于上海

1907年3月5日，李复几被德国波恩皇家大学授予高等物理学博士学位。李复几的毕业证书不幸毁于二战战火，但其学位论文及考试试卷目前尚存在于该校档案馆。

1984年10月10日，北京大学收到一份特殊的礼物——西德总理科尔在访问中国时带来的一本波恩大学物理学博士论文复印件。论文完成于1907年，作者是一名中国人，名叫李复几。科尔在当日北大的演讲中称："早在19世纪末期，特别是本世纪初以来，有很多贵国年轻科学家到我国接受大学教育，波恩大学是首先将博士学位授给一位中国公民的欧洲大学。"据查考，到目前为止，李复几确是我国第一位出国专门攻读物理并获得物理学博士学位的留学生。李复几的拉丁文名为Li Fo Ki。

李复几的博士论文题目是《关于勒纳德(P. Lenard)的碱金属光谱理论的分光镜实验研究》(Spektroskopische Untersuchungen ueber P. Lenards Theorie der Spertren der Alkair Metalle)，博士论文完成的确切时间是1907年1月。李复几将此题目的中文译为《推验光浪新理》，署名Li Fo Ki，论文的主要内容是以高倍摄谱仪拍摄在电弧中火焰的光谱图来验证勒纳德(1862—1947)提出的关于光谱形成原因的火焰中心发射说。

到1907年为止，光谱实验已有了众多成就。光谱实验及其谱线系规律的数学表达式一度成为当时物理学家和数学家们的热门话题。在探讨光谱形成的物理机制方面，也同时产生了许多理论。早在1883年，李复几的导师凯瑟尔及其合作者测量了许多元素的光谱，发现了谱线系的间隙与强度呈规则性变化，从而提出了一种表示该变化的数学公式。1884年，巴尔末在可见光范围内总结了氢光谱谱线波长公式。1890年，里德拜公式发表，1896年著名的塞曼效应发表。在李复几论文发表之后一年，即1908年，F·帕邢(Paschen)发表了帕邢光谱线系公式。

相比之下，有关光谱发射的物理机制的理论研究落后于光谱实验及其规律性的数学表达式的探讨与研究。事实上同步于光谱实验及其数学表达式的寻找，曾有过许多关于光谱发射的物理机制理论的设想，但它们大多属于猜想，有的含混不清，甚至是错误的。李复几导师凯瑟尔等人曾提出发射中心说。认为谱线系的载体或激励体至少有几个不同的发射中心，称为载体发射中心说，而较有影响的理论则是勒纳德于1903年和1905年提出并完善的火焰发射中心说：在火焰或电弧中，不同发射中心在空间上是分开的，光弧是由大量相互包裹着的中空火焰组成，每个火焰层都有一个发射中心，每个中心发射一个线系；主线系出现在电弧(或火焰)外层，第一副线系靠近火焰核心，第二副线系更靠近核心，等等。这称为火焰发射中心说。按照此理论，人们应当在任一光谱线位置上观察到相应的中空火焰形状，而且对应于主线系的火焰中空形状最大，第一、二副线系的中空形状逐渐缩小。

为了验证勒纳德的理论，李复几在其导师指导下，在波恩大学物理研究所作了实验研究。他将钠放入两根碳棒电弧中，用当时最好的摄谱仪拍下火焰照片。

实验分两步进行，第一步确证火焰中空，第二步判别其大小。如果勒纳德的理论正确，那么实验第一步应当能在拍摄的光谱图中显示出中空火焰，而且在火焰边缘有一明亮厚层，在底片上就显得较暗。但是，李复几在拍摄的大量照片中，即使以高放大镜在毛玻璃上观察，也没有看到中空火焰的形状，连一丝痕迹都没有。李复几在其论文中写道："可以肯定地说，发射各个谱线的火焰不是中空的。"第二步稍微复杂些。起初的实验似证实了勒纳德的假设，后经理论分析表明，火焰图像的大小实际上与其强度相关。"各种波长的谱线如果均以同样的强度由弧的各处发射，那么，所有光谱图像就应该一样大。"事实上，找不到同样大的光谱线系，而是最强的谱线图像最大，最弱的谱线图像最小。李复几又进一步采用加大光圈或延长曝光时间的办法进行实验，结果发现"加大二倍光圈，第一副线系谱线的图像就和正常光圈时主线系一样大；再加大光圈，第一副线系的图像还可以大于最小光圈时主线系的图像"。如果保持光圈不变，延长曝光时间，也得出同样的结果。李复几的结论是："在极短的曝光时间里，对于副线系而言，强度太弱才造成其图像显得小的缘故。"李复几通过实验断言："我相信，这足以证明勒纳德关于光弧由大量相互包裹的中空火焰组成，每一个都是一个发射中心，每个中心发射一个线系的假说是不正确的。"他在自己的博士论文中还指出勒纳德假说的错误原因是：第一是勒纳德的光谱理论有错误。勒纳德认为主线系是带中性电荷的原子引起的，第一副线系是失去一个电子的带正电的原子引起的，第二副线系是又失去一个电子的原子引起的，等等；第二是勒纳德以肉眼观察分光镜中的图像，而没有借助任何摄影技术。

玻恩大学认为，李复几的博士论文做得非常优秀，被评为"idoneum"等级，这是一个在数学、物理和地理学科里都是难得一见的好成绩。

勒纳德由于在阴极射线方面的研究于1905年获得诺贝尔物理学奖。虽然该奖在当时的影响并不大，但也可见勒纳德在20世纪初物理学界的声望。然而，他的光谱理论在两年之后就被我国李复几证明是错误的。一个是获诺贝尔物理学大奖的物理学大师，德国基尔大学的勒纳德，一个是刚做博士论文的无名小卒李复几，但就是这个无名小卒推翻了勒纳德这个世界物理学大师的光谱理论。可见中国这个第一个攻读物理并取得博士学位的留学生李复几的工作是完全有助于物理学发展的，意义是极大的。让我们永远记住中国第一个出国攻读近代物理，并取得卓著成就的李复几博士。

从现在的眼光看，李复几纯属于晚婚，因为他到年近40岁时才结婚，具体结婚时间是1920年。他的妻子叫邢珊文(1893—1952)，为浙江湖州南浔富商之女，知书达理，善理财。婚后，李复几于1922年5月喜得千金，起名张微，后共育子女七人，现健在的有一个儿子三个女儿，现分别居住在上海、北京和安徽。2007年

11月26日下午，上海交通大学在徐汇校区校史博物馆举行李复几学长博士论文原件捐赠仪式。在捐赠仪式上，李复几长女张微女士，王秀莉女士代表家属向李复几母校上海交通大学校史博物馆捐赠了珍藏100多年的李复几博士论文原件和两枚李复几私人印章。上海交大如获至宝，喜出望外。

李复几博士获学位后，是否回国，从事何职业，何时去世，原文献资料认为不得而知，有的人甚至大胆怀疑他是否回国。据现有文献资料可证实，李复几学成后肯定是回国的。

在英国伦敦留学期间，李复几是伦敦中国协会会员，伦敦中国联谊会会长；在欧洲留学期间，他又曾任巴黎佛教俱乐部名誉主席，欧洲中国 DUC TSCH 布道团志愿者。

李复几确切回国时间尚未确定，估计是获取博士学位的1907年夏秋之间。有案可据的是，1908年8月至1910年7月李复几任南洋公学电机科教员，其时学校电机科刚刚创立，只有专业老师2名，除了李复几之外，还有英国人麦斗门。1908年8月他们将上院北部旧屋改作三楹，作为实验场所，购机器开始试验，同时，李复几任电机科教员。自此，南洋公学电机专科正式成立，此举开启了交通大学的电气工程教育，也开启了中国电气工程的高等教育。李复几成为交通大学早期历史上自行培养的从事工程教育的教师之一。

图3　李复几大女儿张微捐赠李复几中国第一本物理博士论文原件

电机科筹建初始，李复几和英国人麦斗门负责所有专业课的教学，主要是电学、电机学两大门类。这些课程大多是实践性非常强的课程，其试验、实习等教学内容安排较多。电机学基本全为实验课程，所以实验室的建设尤为重要。在李复几、谢尔屯的先后主持下，电机实验室于 1910 年建成。1910 年 7 月，李复几离校，之后先后在汉冶萍公司、汉口工巡处、四川盐务管理局等部门任工程师，在工矿企业、城市交通的第一线从事实际的技术工作，为中国工业近代化贡献了自己的努力。

据李复几长女张徽、五女李贝回忆说，李复几是李家长兄，下有兄妹 9 人，他很早便主持家务，并逐渐在苏州火车站附近购置了一些产业。30 年代初期到抗战前的几年里，李复几职业不是很固定，属于自由职业者，常常承接一些机械制造或筑路修桥方面的工程。这时全家居住在苏州，生活较为宽裕。抗战中，李复几在苏州的全部产业毁于日机轰炸。

1936 年，李复几又入川，任四川盐务局总工程师，抗战爆发后，交通阻隔，李复几再未回过家乡与家人团聚，可想晚年其生活是孤单苦闷的。

1947 年 9 月 16 日，李复几在四川自贡病逝，享年 66 岁。逝后，按当地习俗，其遗体被抬往高山，实行天葬。

李复几是一个正宗的洋博士，从事科学研究是他的喜爱和追求，可以想象他离开高等教育和前沿科研是万不得已的。事实上，后来他在国内繁忙的工作中，并没有放弃学术研究的念头。1923 年 1 月，其负责承建的京汉铁路桥梁工程即将完成，李复几曾经向汉冶萍公司总经理申请，“秉此无外工程之日做学问研究之行”，出洋作考察学术，但被公司以经济困难为由断然拒绝。这次与公司的不愉快，也许就是李复几后来离开汉冶萍的一个缘由。

在积贫积弱的旧社会中，科学事业特别是自然科学举步维艰，不可能提供从事科学研究的基本条件，使得李复几的学术生命似很短暂，难以在物理学上继续发展。然而，从历史的观点、辩证的观点、发展的观点看问题，李复几还是开了我国电机高等教育和研习物理风气之先，一定程度上影响了后来者，成为中国近代物理学发展史的“起点”人物。他和李耀邦、胡刚复等人被著名物理学家吴大猷先生列为中国的“第一代物理学家”，恰如其分。

二、中国留学史上第二位物理学博士李耀邦

李耀邦是我国近代物理学史上最早留学美国，攻读物理并取得哲学博士学位者之一。原来有一段时间内物理学界都认为李耀邦是中国留学史上攻读物理并第一个获得博士学位的人，从现有的物理学史料看，我国第一个在国外攻读物理并取得博士学位的应是苏州吴县的李复几先生（详情可见上一节）。但不管怎样，

李耀邦仍是中国近代物理学的创始者。留学早期，他以密立根方法测定了固体粒子带电电荷的绝对值，对于测定并证实基本电荷作出了贡献。他是中国物理学会最早的会员之一，一生从事高等物理教育时间虽短，但出于对物理学的钟爱，他仍能积极热心地支持物理学事业的发展。

李耀邦，1884 年 12 月 9 日生于广东省番禺县，1909 年获广东基督教会资助赴美留学，先入芝加哥大学攻读物理，后在该大学赖尔森实验室随 R·A·密立根(Millikan)深造。在密立根教授的指导下，从事电子电荷的测定工作，并以此工作写成博士论文《以密立根的方法利用固体球粒测定 e 值》。李耀邦于 1914 年获芝加哥大学哲学博士学位，后任芝加哥大学研究助理一年。他的博士论文顺顺当当地于 1914 年在世界著名刊物《物理评论》(卷 4)上发表。

1911—1913 年，密立根用著名的油滴法实验，在绝对意义下测定了电子的电荷值为 $e=4.774\times10^{-10}$ 静电系单位电荷量，通过改变液滴的大小和压强，他还得出了关于在黏性介质中球粒降落速率的斯托克斯定律的修正项。作为密立根的学生，李耀邦在密立根教授指导下，自然就选取导师所研究的工作为自己的研究课题。1914 年，李耀邦的博士论文《以密立根的方法利用固体球粒测定 e 值》实际上就是他从 1913 年夏开始的为期 7 个月工作的综述。他工作的目的有两个：一是看用固体球粒代替油滴后所得 e 值是不是相同；二是对于固体球粒和油滴二者，斯托克斯定律的修正项是否相同。

李耀邦所用的实验装置和计算方法与密立根的完全相同，只是他用紫胶球粒代表了油滴，把细致过滤后的紫胶的酒精溶液用喷雾器喷入实验容器，酒精挥发后就得到了紫胶球粒。在实验容器的下方装一平板电容器，一些紫胶球粒通过上板中间的小孔而落入电容器极板之间。在这里，由于粒子带电荷，并通过给电容器平板施以足够并适当的正负电场，粒子就会由于电场力抵消其本身重力作用而被向上拉。由斯托克斯定律计算黏性介质中固体球粒所受到的向上作用力，并且反复改变给定粒子的电荷，就可以通过实验仪器测定该粒子向上运动的各种速度值。但是，当粒子的尺度与气体分子的平均自由程相当时，斯托克斯定律并不适用，而必须对它作出修正，才能在运用该定律时得到准确的粒子向上运动的速度。当这一速度值准确测定后，粒子所带的基本电荷或其倍数就可以通过计算而得出。在实验中，李耀邦之所以采用紫胶，而不用硫、蜡或石蜡，是因为紫胶溶液可以调至极稀，从而制成极小的微粒；又不必加热，可在喷雾时保持液态；酒精极易挥发，紫胶微粒可在实验容器内以极短时间达到一个恒定值。

李耀邦在精心设计好自己的实验后，先在一个大气压下测量了 19 个固体粒子，实验容器的盖子不盖紧，空气是不是干燥也不考虑。其后，他又在保持干燥的密封容器中，观测了 39 个粒子，容器的压力在一个大气压到 9.65 厘米汞高之间

变化。他先后共对这58个紫胶球粒子进行观测计算,得到e的平均值为

$$e=4.764\times10^{-10}\text{静电系单位电荷量}$$

这个数值与密立根用油滴法测得的e值之差在0.2%以内,而与后来公认的e值只少0.8%。另外,李耀邦从实验还得出结论:无论对于固体球粒还是液滴,斯托克斯定律的修正项都相同,只是其常数A对于固体粒子要比液滴大20%左右。李耀邦对此也作了解释,认为这是油滴和空气之间的滑移系数与固体粒子和空气之间的滑移系数不同的缘故。

在导师密立根油滴实验发表之后,李耀邦以学生的身份以7个月的时间综述测定基本电荷工作,并将油滴实验发展到球粒,极大地支持了密立根油滴实验的结果,对测定并证实基本电荷作出了贡献。

在物理学史上,确定电子的荷质比,进而测定电子的绝对电荷值,是一件极有意义的工作。1890年,J·斯通尼最早提出"电子"一词表示基本电荷的载体,J·J·汤姆孙、P·勒纳和C·T·威尔逊等人曾以阴极射线管、气体云室证实电子的存在,并测定了电子的荷质比。但此时一部分物理学家和哲学家都持怀疑态度,像门捷列夫这样的伟大科学家,直到临终时还否认电子的存在。1913年,密立根以著名的油滴实验再次证实电子的存在,并在绝对意义下测定了电子的电荷值,但是这一工作只限于气体和液体,还不能证明基本电荷的普遍存在。正是中国的李耀邦出色工作,表明了在固体中基本电荷也不例外,电子的普遍存在从此得到令人信服的证明。可见,李耀邦的博士工作意义是深远的。

李耀邦1914年获博士学位后,曾在芝加哥大学任一年研究助理,于1915年整装回国。回国后,李耀邦曾任南京高等师范学校教授。南京高等师范学校就是今天南京大学、东南大学的前身。李耀邦先生并没有在南京高等师范学校久留,1917年他就离开了物理学界,改行去做宗教事业了,在天津任基督教青年会全国协会副总干事多年,并曾多次在基督教会中作科学讲演,后由该会特派赴欧美作工艺调查。20世纪20年代后期李耀邦开始从商,曾任实业部上海商品检验局生丝检定处技师。20世纪30年代初,他将自己经商的大部分积蓄用于支持上海私立沪江大学,由此被选为该校董事会会长。李耀邦还是中国物理学会最早的会员之一,作为物理学界的前辈曾被特邀参加中国物理学会第一届(1932)、第二届(1933年)会议,热心支持物理学事业。抗日战争爆发后,他离开上海进入四川,在西南地区继续经商,约在1940年前后逝世。

又胡刚复先生与李耀邦先生同是20世纪第一个10年(1909)内出国攻读物理学的留学生,并于1918年初夏,就在美国哈佛研究院获博士学位。他是中国学者中第一个从事X射线研究的科学家,从1918年在美取得博士学位到1966年,胡先生又一直钟爱着他的高等物理教育事业,桃李满天下,学生中有名有成就的

有吴有训、严济慈、赵忠尧、钱临照、钱学森、吴健雄、卢嘉锡等。他开创了中国物理实验教学的先河，最早把近代物理完整地引进了中国，在东南大学首先开设近代物理课。

胡刚复先生留学早，取得博士学位早，把近代物理引进中国既早又全，教学与科研成果卓著，按理完全有资格写入此讲，考虑到第三讲中对胡先生的详细情况已作过介绍，故这里不再赘述。

三、中国近代物理学拓荒者何育杰先生

何育杰先生(1882—1939)，是中国近代物理学的首批拓荒者之一，为我国近代物理学的产生和发展作出过重大贡献。

图 4　中国近代物理学拓荒者何育杰

何育杰先生，字吟苢，浙江省慈溪人(今宁波市江北区慈城镇人)(图 4)。他的父亲何麟祥，是光绪二年(1876)丙子科举人，曾先后任江西新喻县知县和贵溪县知县，为官清廉，循声远昭。何育杰自幼聪慧好学，在父辈的教诲下，养成了良好的学习习惯。姻亲陈布雷先生后来曾回忆说："君(何育杰)生而端颖，嗜学成性，十一岁丧父，弥自奋励，尝于食间操箸若觚，就案点画，如作书然，寝馈之深，有如是者。"何先生古诗文学得相当好，他在储才学堂肄业时，清政府尚未废除科举考试制，1897 年，15 岁时何育杰先生就考中秀才。当时正值中日甲午战争后，在中国知识界变法图强的新思想浪潮影响下，何育杰认为学习自然科学可望对国家作出更大贡献，故下决心舍弃科举升官之道，次年他进入宁波中西储才学堂(今宁波一中前身)，为该校第一批学生。他学习勤奋，通过刻苦努力，不仅学到了自然科学方面的一些基础知识，而且初步掌握了日文和英文。因何育杰先生在校学习成绩优异，故 1901 年由宁波中西储才学堂推荐给京师大学堂(今北京大学前身)。当年京师大学堂因遭八国联军的严重破坏而停办，因此直至第二年(1902 年)10 月至 11 月间，京师大学堂才正式招收新生，何育杰先生顺利地通过了修身伦理大义、开方代数、物理化学、英文、日文等八门课程的入学考试，成为京师大学堂师范馆格致科学生。在该馆格致科学习期间，他抓紧时间发奋攻读，较好地掌握了所学专业知识，同时以极大的爱国热情，投身于 1903 年的"拒俄运动"。

按照 1902 年中俄签订的"交收东三省条约"，俄国应于 1903 年撤退其侵略军。但是俄国政府反于 1903 年 4 月 18 日向清政府提出新的七项要求，以确保我

东北成为其独占的势力范围。此事引起中国人民的极大愤慨。4月30日，京师大学堂学生集会，要求誓保国土，坚决拒俄。他们通电清政府管学大臣，愤而扯碎学堂副总教习张鹤龄悬挂的“禁止集会议论国事”的牌示。何育杰积极地参加了这一学生运动，是上书管学大臣的73位师生中带头签名者之一。在拒俄运动的同时，另一些学生要求清政府提前资送出洋留学，其目的是呼吸新鲜空气，培养革命人才。在拒俄声浪冲击之下，这个意见却得到管学大臣张百熙的支持，其目的是将闹事者撵出国外。于是，为免遭清政府的迫害，在一些师长的帮助下，1904年初，何育杰作为京师大学堂派出的第一批留学生，赴英国深造。

何育杰入英国后先入维多利亚大学学习语言，一年后转曼彻斯特大学追随英国物理学家S·A·舒斯特(Schuster，1851—1934)攻读物理。1907年5月，E·卢瑟福(Rutherford，1871—1937)从加拿大到英国任曼彻斯特大学物理学教授并主持实验室工作。何育杰是第一个有幸聆听到著名科学家卢瑟福关于原子物理学内容演讲的中国学生。当年何育杰在曼彻斯特大学获物理学硕士学位，然后游历德、法诸国，1909年回国。

回国后，何育杰先生担任京师大学堂学艺科和师范馆格致科教习(1909—1911)。

辛亥革命时，因京师大学堂校程中断，何育杰在1911年冬季返回故乡宁波市与当地知名人士钱吟苇等人一起发起组织学会，开设学校。他不仅为此热心奔走联络，还将自己几年来积蓄的钱拿出来供做开办基金用。这所有名的私立中学于1912年3月7日正式开学。这所学校质量很高，声誉很好。1913年7月赴京参加大学考试，结果竟有五人被北京大学等校录取，学校培养了许多优秀人才，其中科学院院士就有童第周、纪育沣、陈中伟、李庆逵、朱祖祥等七人。

辛亥革命后，1912年5月京师大学堂改名为北京大学，当年的格致科改为理科，“教习”之称从此改为教授。1912年底，何育杰先生又重返北京大学任教，任北京大学理科物理学门教授(1912—1919)、物理系教授兼系主任(1917—1927)。1927年何育杰先生因体弱多病而辞去北京大学教授职务，回故里疗养。因其弟子、东北大学理工学院院长孙国封多次邀请他任教，半年后何先生又赴东北大学任物理系主任，讲授了相对论、量子力学等当时视为艰深的课程。他讲课循循善诱，生动活泼，深受学生欢迎，故一时望其名者咸趋东北大学。狭义相对论1905年诞生，广义相对论创建于1921年，量子力学在1927年创立，在这期间，世界上真正懂相对论和量子力学的人是寥寥无几的，而何育杰先生早在1927年就能给东北大学物理系学生讲授此两门高深课程，一时受人敬慕是不足为奇的。毫无疑问，何育杰先生是我国在高等学府讲授相对论和量子力学的第一个人。

在北京期间，何育杰先生还兼任过北京师范大学物理系讲师，献身于培养我国物理学人才的教学工作，故在20世纪初，他的弟子已遍及海内。何育杰先生在北京大学执教时，1914年曾负责主编了我国第一部大学物理学教材《物理学》，并编写了物理学门的教学计划，将此时的北京大学物理课程分成初级、普通、专门物理三级。初级即入门，相当于中学物理阶段，普通物理即大学一、二年级的普通物理，专门物理即理论物理。何先生除了悉心讲授数学物理学（内容包括矢量运算、势论、弹性学、音学、热传导、麦克斯韦电磁理论等）、热力学及气体运动论等课程外，还花费不少精力撰写过《X射线与原子内部构造之关系》、《爱因斯坦和相对论》等介绍物理学新进展的论文。中华民族史上第一届（1916年）物理学本科毕业生就是由何先生和夏元瑮（1884—1944）先生培养的。一起毕业的学生共有五人，他们是孙国封、丁绪宝、刘彭翊、陈凤池、郑振壎，其中孙国封、丁绪宝两人毕业后留校当助教，分别于1917年和1918年赴美国芝加哥大学研究院深造，尔后两人均成为著名物理学家。

晚年时何育杰先生曾译过《波动力学通论》（由德文译成英文）、《自然之机构》（1936年上海商务印书馆出版，原著者为E. N. da Costa Andrade）、《物质与量子》（1936年上海商务印书馆出版，原著者为波兰L. Infeld）三书。他很想从事物理学著作，终因体弱未成。不管怎样，在中国大学物理学教学发展史上有案可据，从1912年到20年代中期，我国大学物理教学正处译著与英文教材并用时期，这一阶段对大学物理教材编译工作贡献最大的是何育杰先生。1935年著名物理学家严济慈教授撰文介绍近数年来国内之物理学研究，文中写道："在国内开始做物理学研究，不过是近几年来的事。但是科学研究，能在我们这片荒土上滋生结实，决非事出偶然。探根溯源，盖多赖几位物理学界的先进，惨淡经营，经过一个颇长而极富有意义的预备时期，始有今日的局面。前清末年，我国大学里就有高等物理的课程，夏元瑮、何育杰诸人就是我国最早而最好的物理大师。他们设帐至今垂二十多年，诱掖有方，始终不懈。"何育杰先生二十年如一日，在当时中国近代物理学这块荒土上，辛勤开垦播种，终于迎来了今天的桃李芬芳，春色满园。

综上所述，何育杰先生是我国近代物理学的创始人，开拓者，应是当之无愧。

何育杰先生是我国最高学府——北京大学物理系的首任系主任，在当时的中国物理学界享有很高的声望。何先生曾担任过《中国物理学报》第二、第三届编委（1935—1938）、中国物理学会名词审查委员会委员。1931年"九一八"事变，日寇侵略东北，东北大学停办，何育杰先生又因患严重失眠症、体力衰弱而辞职归里。1937年，他被聘为国民政府交通部参事，因他不喜官场生活，不到一年即以疾辞。"八·一三"事变后，何育杰先生携家属避难入川。因生活穷困，其爱子患肺病死于蜀，他也忧国成病。1939年1月19日上午10时，何育杰先生因患心脏病在重庆市人民医院逝世，享年57岁。当地报纸曾以"何吟苢逝世，物理学界一大损失"

为题报道这一不幸的消息。文中称道，何育杰先生是中国物理学者中不可多得的人才。今日中国物理学方面得有科学基础，何氏实能有功焉。抗日战争胜利后，何育杰的灵柩才得以从重庆运回故乡宁波市慈城安葬，他的姻亲陈布雷为其写了墓志铭。为了纪念这位卓越的中国物理学家、教育家，表彰他在开辟中国近代物理学、培养人才方面的重大贡献，1940 年我国最著名的科学技术团体——中国科学社于当年设立了"何育杰教授物理学纪念奖金"，规定每年在全国征求物理学论文一次，奖金授予论文最佳者，以鼓励年轻人从事物理学研究。这是我国历史上第一个为物理学设立的奖金。

当时参加评奖的有著名物理学家吴有训、严济慈教授等。在 1940 年第一次征文中，被评为优秀论文的有：燕京大学物理系助教马振玉的《单晶铝镍之制备及其均匀热电效应之研究》，燕京大学物理系助教葛庭燧的《应用吸收光谱研究罗藤杀虫剂》，浙江大学物理系助教钱人元的《重核分裂》。这三篇优秀论文被《科学》杂志全文刊登。评奖结果，马振玉得奖，另二位由于奖金有限，改以稿酬鼓励。

四、中国最早最好的物理学大师夏元瑮先生

夏元瑮，字浮筠。1884 年生于浙江杭州（图 5）。夏元瑮的祖父夏鸾翔，字紫笙，清代畴人之一，著有算书多种，擅长绘画诗词。他的父亲夏曾佑，字穗卿，爱好八股文，精于释典，著有《中国古代史》等书。夏元瑮在科学、国学两方面均受其先辈深刻影响。

图 5　最早物理学大师夏元瑮

夏先生幼年丧母，8 岁时尚未识字，常常与群童游戏。10 岁时夏先生随父亲进京城，几年后又回杭州，入求是书院读书。从此，他喜爱政治、社会、宗教、文学等书籍，尤其喜欢先秦诸子。当时夏先生的祖母每月给他二百文钱，全部用来购买书籍。1904 年夏先生进入上海南洋公学（今天的交通大学前身），该校特别注重理科。进校后的第一学期，由于夏先生是插班生，期末考试成绩为倒数第二，压力很大。于是他决心暑假留校补习，遇到算学难题他终日思考，时而晚上也为成绩不佳而做梦。通过刻苦努力，到第二学期夏先生的学习成绩一跃而上，竟然名列前茅。1905 年，广东省招考出国留学生，有三个省外名额。夏先生求学深造心情尤其迫切，立即报名应考。在从上海到广州的轮船上，夏先生仍在用心复习功课，积极备试。考试结果揭晓：在 600 名应试者中，夏先生荣获第一名。

1905 年夏天，夏先生正式赴美留学。第一年他在伯克利学校补习理化实验。1906 年秋夏先生进美国耶鲁大学攻读物理，三年后在该校毕业。1909 年秋天夏

先生又到德国，入柏林大学继续深造。1911年辛亥革命成功，1912年袁世凯任大总统，广东省留学经费被取消，夏先生无奈，只好忍痛放弃攻读博士学位而回国，否则夏元瑮这位绝顶聪明的中华民族学子将是中华留学历史上继李复几后第二个获物理学博士的人。

1912年5月，京师大学堂改名为北京大学，严复任校长（1912年2月—1912年10月）。夏先生因经费短缺，被迫中断留学回国后，应北京大学校长严复之聘，任北京大学理科学长（相当于后来的理学院院长）和物理学教授，同时担任工科学长（1913年9月起，工科学长改由胡仁源担任）。夏元瑮先生为理论物理学家，率先为北大学生讲授理论物理学等高深课程。1913年夏天，北大理科数学门、物理学门（开始时称理论物理学门）和化学门开始招生，这是我国最早的物理学本科生。夏先生与前面介绍的何育杰先生一起精心培养了我国第一届（1916）大学物理学本科毕业生。1916年12月26日蔡元培被任命为北京大学校长，1917年1月4日蔡元培正式到北京大学上班，1917年1月9日蔡校长发表就职演说，并继续聘任夏元瑮先生为理科学长，由他主持理科的改革。在理科学长夏元瑮先生主持下，何育杰先生主编了北大物理教科书及教授要目（即教学大纲），《改订理科课程案报告》于1917年11月正式公布，规定了预科两年和本科四年的物理学课程设置。

显然这一改革课程方案，课程理论水平比过去的要求高，且十分强调加强实验教学。经过几年的努力，北大物理系开出了比较系统的本科课程，位于全国物理系前列。

1919年末，夏先生第二次赴德国柏林进修，在柏林大学听M·普朗克（Planck）和实验物理学家H·鲁本斯（Rubens）讲课，并经普朗克介绍认识了A·爱因斯坦。尔后，夏先生随爱因斯坦学习相对论，爱因斯坦也从他那里听到了许多有关中国的古老文明。约1920年，夏先生和一位德国女子结婚。1921年春天，当时的教育总长蔡元培游历欧洲各国到了柏林，夏先生陪同蔡元培访问了爱因斯坦，并邀请爱因斯坦访问北京大学。约1921年初夏，夏元瑮先生回国后在北京大学、上海和北平的几所大学执教，1923年曾离开北京大学，1928年又回到北京大学，并于1929—1931年期间任物理系主任。夏先生担任北大物理系主任后，深感物理系师资不足，新聘文元模为教授，并聘请外校教授来北京大学兼课，如清华大学吴有训、萨本栋、周培源、黄子卿等教授均曾到北京大学物理系分别兼近代物理及实验、X光及放射学、普通物理、电子论及相对论、热力学等课程，夏先生在北大教过的课程有数理物理、原量论及原子构造论、相对论等。这些课程在当时均为国内首次开出的课程。总之，夏先生对早期的北京大学物理系的学科建设是作过重大贡献的。

1921 年夏先生第二次出国留学回国后，一直同普朗克、爱因斯坦保持通信往来，并为邀请爱因斯坦到中国讲学继续努力。

1922 年 11 月 13 日上午 10 时，爱因斯坦偕夫人爱尔莎到日本讲学，路过中国，到达上海，但就是没有到北京大学讲学。1922 年 12 月 17 日，爱因斯坦在日本给夏元瑮来信告知他不能访问北京大学的原因："……北京如此之近，而余之夙愿，终不得偿，其怅怅之情，君当可想象也。现以要事，急须西归，不能与君一晤，只能函告一切，君之盛情，敬心领矣。然余甚期望，君不久再来欧洲，吾等仍可谈也。……"

图 6　1922 年爱因斯坦偕夫人爱尔莎到达上海留影

事后方才知道，爱因斯坦不能如愿来北京大学访问讲学，全是一场误会。主要原因是北京大学校长蔡元培先生发给爱因斯坦来华访问的正式联合邀请信被邮路辗转耽误了。

夏元瑮先生是中国第一代理论物理学家，在他第二次从欧洲留学回国后，不仅继续执教讲坛，培养中国自己的近代物理学人才，而且立即着手将爱因斯坦划时代的相对论介绍到中国。他仅用短短几个月时间就译完了爱因斯坦的名著《相对论浅释》，并于 1921 年 4 月发表于《改造杂志》，1922 年由商务印书馆正式出版。这是我国第一本有关相对论的译书。20 世纪 20 年代，夏先生还作过许多有关相对论和近代物理学的公开讲演，比如 1929 年 11 月 24 日，"北京大学物理学会"成立。该会会员均为在校学生，毕业生及教师为特别会员。该会也曾组织学术报告会，如 1930 年 3 月夏元瑮先生就作了《量子理论及实验》的演讲。夏先生为普及和宣传世界近代物理学知识作了不小的贡献。

在北京大学任教期间，夏先生还兼教于北京师范大学和辅仁大学。1924—1927 年间，他出任过同济大学校长和大夏大学物理学教授。1928 年起，夏先生又任北平大学代校长，北平大学女子文理学院院长，工学院物理学教授。1936 年起，他先后任湖南大学、重庆大学教务长，贵阳大夏大学教务长、理学院院长等职。1932 年中国物理学会成立，夏先生一直作为该会董事。

夏元瑮先生一生热爱物理教学工作，尤喜欢研究学问，对官场制度极为反感。他说："我视教书为高尚职业，因为人类最高智慧即科学，而传授科学知识的人就是教员，不可以教书匠妄自菲薄，社会官僚轻视教员的陋习，不足计较。"他一生中有许多获取高官厚禄的机会，但夏先生对此总是婉言谢绝，相对他对自己的教学工作则是极度认真负责。他一生中曾担任普通物理、光学、电学、热学、电子论、相对论、原量论(量子论)、波动力学、理论物理、近代物理、解析几何、高等微积分、群论、科学通论等课教学,甚至英文、德文等外语课。为此,称夏元瑮先生为中国第一代理论物理学家,中国近代物理学的开拓者,中国最早的物理大师之一是名符其实的。

夏元瑮先生不仅学问做得好,教书教得好,而且做人亦做得好。他为人谦虚,待人真诚热情,视学生如同子女。

抗日战争爆发后,1937 年中国科学文化中心相继转移到西南,夏先生离开湖南到西南各大学任教。他的德国妻子终因是德国人而回了德国。夏先生辗转西南数年,忧国忧民,又因辛劳加贫困多年,患心脏病于 1944 年于贵阳与世长辞。

参考文献

[1]谢振声.中国近代物理学的先驱者何育杰.中国科技史料,1990,11(1)
[2]戴念祖.我国第一个物理学博士李复几.中国科技史料,1990,11(4)
[3]方豪.同治前欧洲留学史略,方豪文录.上智编译馆,1948
[4]舒新城.近代中国留学史.上海:中华书局,1933
[5]房兆楹.清末民初洋学学生题名录初辑.台湾:精华印书馆,1962
[6]沈克琦,吴自勤.早期的北京大学物理系.物理,1992,21(11)
[7]戴念祖.夏元瑮——中国最早的物理学大师之一.物理通报,1984(5)

第六讲　两弹一星元勋、著名核物理学家——王淦昌

常熟历来是一个人文荟萃、才俊辈出的文化之邦。它是一个具有3 000年文明史、1 700年建城史的文化古城，是江苏省县级市中唯一的国家历史文化名城。作为吴文化发源地之一，远有商周“让国南来”的虞仲，春秋“孔门十哲”之一的言偃，近有清代“两朝帝师”翁同龢。自唐至清，常熟先后出了 8 名状元，10 名宰相，485 名进士。近现代以来，常熟更是才俊辈出，在当代科学院、工程院两院中，常熟籍院士有包括王淦昌等 21 人。笔者认为，常熟籍近现代名人中，要数王淦昌最突出，因为王淦昌对中国乃至对世界的科学贡献巨大。说他是中国近代要人、名人，世界要人、名人一点不夸张、不过分。每位常熟人都为常熟有王淦昌而感自豪和骄傲！

2007 年 5 月 28 日是已故的中国科学院资深院士、著名核物理学家王淦昌先生诞辰一百周年纪念日。在纪念日前后，王淦昌教授工作过的单位和地方分别举行各种形式的纪念活动。纪念活动规模最大，形式最隆重的有两个：一个就是 2007 年 5 月 19 日至 20 日在王淦昌先生家乡——常熟举行的系列纪念活动。参加纪念活动的有中国工程院副院长杜祥琬院士，中国科协副主席赵忠贤院士，中国核学会理事长王乃彦院士，中国工程物理研究院院长朱祖良，中国核工业集团公司副总经理杨长利，中国原子能科学研究院院长赵志祥，清华大学副校长康克军，江苏省科协副主席张铁恒，常熟市领导王建康、秦卫星、俞正、钱向宏、凌瑞良以及王淦昌先生的亲属共 140 多人。活动包括纪念王淦昌百年诞辰座谈会、报告会，祭拜王淦昌先生之墓，参观王淦昌先生百年诞辰书画图片展，参观王淦昌中学和王淦昌先生故居，两院院士给王淦昌中学学生讲述有关王淦昌的故事等。另一个就是 2007 年 5 月 28 日由中国核工业集团公司、九三学社、中国科学院、中国工程院、中国科学技术协会、中国工程物理研究院、中国物理学会、清华大学、浙江大学、山东大学、中国核工业建设集团公司在北京人民大会堂安徽厅共同举办的王淦昌院士学术思想座谈会。出席座谈会的有国务院办公厅等 23 个部门和单位，出席人员共有 150 人，其中包括中央和国家领导人曾培炎副总理，全国政协原副主席、“两院”院士朱光亚先生，原科工委科技委副主任、聂荣臻元帅的女儿聂力同志，中国科学技术协会副主席、书记处第一书记、邓小平的女儿邓楠同志以及王淦昌先生的七位亲属。笔者有幸与常熟市档案馆馆长沈秋农同志一起作为王淦昌

先生出生地政府代表参加了这一大型座谈会，并认识和拜见了王淦昌先生的长子王懋基同志，真是得益匪浅，感慨良多。王淦昌先生“生也千古，死也千古”。“功满中华”，“德满中华”。我们永远怀念他。

一、王淦昌的“中微子探测建议”与诺贝尔奖擦肩而过

1995年诺贝尔物理学奖的一半授予美国加州斯坦福大学的佩尔（Martin L. Perl，1927—　），奖励他发现了轻子；另一半授予美国加利福尼亚欧文（Lrvine）加州大学的莱因斯（Frederick Reines，1918—　），奖励他检测到了中微子（1956年）。

1. 费米β衰变理论与寻找中微子的实验

提到中微子的发现，应该先讲讲几位先驱的贡献。中微子的研究在粒子物理学中占有重要地位，它原来是一个假设的粒子。中微子的概念是1930年泡利首先提出的。

卢瑟福（Rutherford）于1898年在卡文迪许实验室研究放射性时，命名放射物质辐射出的两种射线分别为α射线和β射线。布赫勒（Bucherer）和纽曼（Neumann）分别于1909年和1914年用测量荷质比（e/m）的办法确认β射线是电子束。查德威克（Chadwick）在1914年发现α射线和γ射线的谱是分立的，而β射线的谱却是连续的。这似乎与原子核处于分立的量子状态的事实不一致，于是产生了所谓能量危机——即能量似不守恒。为了解决此问题，玻尔（N. Bohr）认为在放射β射线时，能量仅在统计的意义下守恒，对于单个的反应并不守恒。可是泡利持有另一种看法，1930年12月4日，泡利为解决衰变的能谱问题，在致“蒂宾根地区物理会议放射性组”的公开信中提出：“在原子核内可能存在一种我称为中子的电中性粒子”（当时认为原子核是由质子和电子构成），这种中性粒子的自旋为1/2，并遵从不相容原理，带有磁矩。在β衰变过程中，它与电子同时被放射出来，由此可以解释β谱的连续性，而能量守恒依然保持。但是，泡利对于自己的猜想的可靠性并不是信心十足。1934年，在英国物理学家詹姆斯·查德威克（James Chadwick，1891—1974）发现中子之后，费米提出了划时代的β衰变理论。他依据以下三点：

(1)泡利的“中子”假说（费米现称为中微子）。

(2)海森堡（Heisenberg）的原子核由质子和中子构成的结构模型。

(3)与原子的光辐射理论相类似，在β衰变中，电子和中微子被产生出来。

费米理论的基本过程是：

$$n \rightarrow p + e^{-} + \tilde{\nu}$$

费米算出了β衰变的连续谱，与1933年测到的R_aE的β谱比较，十分吻合。

据此，费米断言中微子质量是零，至少比电子质量小得多。费米理论推翻了在β衰变中能量不守恒的观点，为一类新型的相互作用——弱相互作用的研究奠定了基础。

在费米理论提出后不久，居里(I. Curie)和约里奥(Joliot)发现了放射正电子的反β衰变。维克(Wick)指出，在费米理论中存在

$$p \rightarrow n + e^+ + \nu$$（当时维克称 ν 为反中微子）

这称为反β衰变过程。维克及稍后贝特(Bethe)和派尔斯(Peierls)由费米理论预言了轨道电子俘获过程

$$p + e^- \rightarrow n + \nu$$

的存在。这一重要过程由阿瓦雷兹(Alvarez)于1938年观察到了。

费米理论为中微子的存在奠定了坚实的理论基础。当时的重要问题是如何从实验上确认中微子的存在。由于中微子不带电，静止质量又接近于零，它与物质的相互作用又极弱，甚至可以穿过整个地球而不被任何物质吸收。所以长时期以来，中微子只是在理论家的计算中出现，而实验上始终无法证实它的存在。1941年以前，已经有许多这方面的实验，它们有埃里斯(Ellis)和莫特(Mott)于1933年的β衰变中的能量关系实验，1934年享德森(Henderson)，1940年哈克斯拜(Haxby)、肖普(Shoupp)和威尔斯(Wells)的β谱的上限实验，1936年莱蓬斯基(Leipunski)，1938—1939年期间克瑞恩(Crane)和海尔帕恩(Halpern)的β衰变中的动量守恒实验等。以上各实验均支持中微子的存在，但没有一个能确凿地证实中微子存在。

从以上的介绍可以看出，从1930年泡利提出中微子假说到1941年这十多年时间里，围绕中微子问题的理论和实验工作十分活跃，许多物理学家对这一问题作出了杰出的贡献。

2. 王淦昌"中微子探测建议"及建议的最终实现

环绕中微子的工作虽然很多，但是没有人能提出简单而有决定性意义的实验来证实中微子的存在。我国当代杰出的物理学家王淦昌在德国攻读学位期间，正值中微子概念萌动、产生、发展的时期，正是由于王淦昌的导师德国杰出的女物理学家迈特纳及其他一些实验物理学家在β衰变实验方面的细致研究，从而引起了泡利对β衰变现象及其特征的极大兴趣和关注。

迈特纳(女)，奥地利裔瑞典物理学家，1878年11月7日生于维也纳。1901年进入维也纳大学。1902年当迈特纳读到居里夫人发现钋的报道后，对自然科学产生了浓厚的兴趣。后来在玻尔兹曼的指导下学习自然科学，1906年获维也纳大学博士学位。1907年她去柏林大学随普朗克进修理论物理，并和奥托·哈

恩(1879—1968)合作,长期研究放射性。1938 年她为了躲避纳粹的迫害离开德国。哈恩当时正在做中子轰击铀的试验,得出许多 β 放射性核素。哈恩是一个放射化学家,他仔细分析这些产物,发现化学上就是钡,他几乎不相信自己的实验结果,因而写信给迈特纳请求帮助。而迈特纳一看到出现钡的试验结果马上想到:会不会是铀破裂了。迈特纳和她的外甥——核物理学家奥托·弗里希(在哥本哈根工作)在瑞典的一个小村庄度假,立即被这一重大发现所吸引,他们想到了玻尔的液滴模型,第一次画出了重核分裂的示意图,搞明白了像铀这样的重核是不稳定的,它的巨大静电排斥力使它可能分裂为两半。他们还利用爱因斯坦质能公式第一次估计出裂变放能为 200 MeV。随后弗里希用电离室验证了裂变,而且还向玻尔说明自己的想法。据说玻尔还没有听完就大叫:“我们过去都是一群笨蛋,肯定就应该这样。”以后玻尔正式写信给《自然》杂志:“这个成就应归功于迈特纳和弗里希。”奥托·弗里希后来在英国继续研究原子弹,提出浓缩 U-235 的方法。但是,遗憾的是发现核裂变的诺贝尔奖给予了哈恩,其实他并不理解发现了什么。而迈特纳和弗里希一开始就洞察了本质,而且正确地预言了裂变的细节,包括放出的核能大小。难怪在几十年后还会有人出来鸣不平。

图 1　王淦昌导师迈特纳

迈特纳是世界核物理研究的开拓者,也是核裂变的首先发现者,其贡献完全够得上获诺贝尔奖,但是由于政治形势、国家主义、性别偏见和个人压制等一些特殊原因,她成为一个被遗漏者。1996 年,Ruth. Lewin Sime 写了一本书:“Lise Meitner:A Life in Physics”(University of California Press)。书中 Sime 描述了迈特纳不寻常的一生,以及她对物理学的重要贡献,指出在科学史上她却被忽视了,因为她是女人。事实上,当时迈特纳在物理学界是很出名的,爱因斯坦称她为“德国的居里夫人”,而实际上她比居里夫人还有名望。Sime 在书中称她为“原子弹之母”。当然在科学家中她没有完全消失,现在柏林还有一个以她命名的研究所即“哈恩—迈特纳研究所”。

迈特纳是一个律师的女儿,学习过数学、物理和化学,是维也纳大学获得博士学位的第一批女性之一。她的工作业绩、自我牺牲精神和一生的命运确可以与居里夫人媲美。

迈特纳 1907 年获博士学位,同年到柏林化学研究所工作。有趣的是,时隔 23 年,迈特纳教授接纳了第一位来自东方文明古国——中国的留学生——王淦昌,王淦昌出生的年份亦正好是 1907 年。

迈特纳从来没有结过婚，甚至也没有谈过什么恋爱。迈特纳是个害羞和沉静的女性，也是一个非常重友谊的人，她不曾为自己的利益去斗争，只有物理学带给她一生无比的欢乐和意义。在平静的心态下，她活到了接近90岁，而与她同时代的很多科学家都早于她去世，如费米1954年、爱因斯坦1955年、依瑞妮·约里奥·居里1956年、冯·劳厄1960年、薛定谔1961年、玻尔1962年、弗兰克1964年去世，合作者哈恩也在1968年7月28日去世。迈特纳于1968年9月27日在睡眠中逝世，真正离开了热爱一生、贡献一生的物理学。

1933年12月19日，王淦昌在导师迈特纳指导下，完成了博士论文，寄往德国《物理学期刊》发表，他完成的博士论文就是关于测量放射源的《ThB+C+C″的β谱》，这是以埃里斯、沃斯特、迈特纳为先行的能谱测量实验的继续，与同时期的这类优秀实验一样，它们成为费米理论的首批佐证。

刚步入核物理研究领域的王淦昌，在有关物理世界的信念上与导师迈特纳颇为相近，然而对新事物孜孜以求的热情又常把他带入与物理学"终结"的观点格格不入的境界。他的第一个较为自觉的反应是对尚未证实的中微子客观性的探讨。王淦昌崇拜泡利和费米，他赞成泡利的假说和费米的理论，但王淦昌有自己的物理信念，他认为："泡利的假说与费米的理论，固属甚佳，然而无实验证明中微子的存在，则两人之作，好似空中楼阁，毫无价值，而β放射带来的能量灾难仍未能解决。"

王淦昌充分认识到中微子实验验证的重大意义。1934年4月，王淦昌回到了灾难深重的祖国。这里需要澄清的是，王淦昌并不是像有的报纸报道的"学习没有期满他决定提前回国"。他只是在博士论文答辩通过后不久，离开了德国，先后去英国、法国、荷兰、意大利等国旅行，目的是去访问参观世界著名大学和实验室，会见物理学大师。

通过与大师们的接触，看看他们在想些什么，做些什么，或许对他从30年代初起就一直关注的中微子验证之事有所帮助。如何验证中微子确实存在，似乎是王淦昌心中最大的科学情结。王淦昌回国后，在连年战争、颠沛流离的教学生涯中，尽管条件艰难，环境险恶，但他仍以浓厚的兴趣和敏锐的目光，一直关注探测中微子实验的进展。在贵州湄潭这个偏僻的山沟里，他经常抱病研读辗转送来的《物理评论》等各种物理文献。尽管这类书是少得那样可怜，那样的残缺不全，而且来得又是那样的慢，那样的晚。然而，这些文献对于王淦昌来说又是何等的宝贵啊！王淦昌从这些文献的字里行间寻找科学的新信息，从而获取攀登科学高峰的精神动力。1940年初，在贵州遵义，王淦昌又集中阅读了近几年有关中微子问题的论文，看到不少物理学家做过这方面的实验，其中有一个实验引起了他的注意，就是1939年克兰和赫尔彭对过程$^{38}Cl \rightarrow {}^{38}Ar + e^{+} + \nu$中的反冲效应的研究：

他们用一个云室测量^{38}Cl放射出的β射线及反冲原子核的动量和能量，获得了中微子存在的证据，可是反冲原子核的电离效应很小。王淦昌认为，他们的方法不是最好的。普通β衰变的末态有三体，三种东西分不清楚，很难测出中微子，需要用另外的方法来探测中微子。经过反复思考，王淦昌想到用K层电子俘获的方法探测中微子。在K层电子俘获过程中，β衰变的末态只有二体，这样有可能探测到中微子。当一个β^+类放射性原子不是放射一个正电子，而是俘获一个K层电子时，反应后的原子的反冲能量和动量仅仅取决于所放射出的中微子的动量，原子核外的电子的效应可以忽略不计了。于是，要想求得放射的中微子的质量和能量就比较简单，只要测量反应后原子的反冲能量和动量。经过反复思索，王淦昌把自己的想法很快写成一篇短文，短文的题目是《关于探测中微子的一个建议》。短文于1941年10月13日自贵州寄往美国《物理评论》杂志，1942年1月美国《物理评论》第61卷第97页发表了该篇论文。

王淦昌在这篇不凡的论文中，首先指出："众所周知，不能用中微子自身的电离效应来探测它的存在。看来，测量放射性原子的反冲动量和能量是能够获得中微子存在的证据的唯一希望。克兰和赫尔彭已经通过用一个云室测量发射出的β射线和反冲原子的动量和能量，得到了倾向于中微子存在的证据。可是，由于反冲原子的电离效应很小，似乎有必要考虑另一种不同的探测方法。"

当一个β^+类放射性原子不是放射一个正电子而是俘获一个K层电子时，反应后的原子的反冲能量和动量仅仅取决于所放射的中微子，原子核外的电子的效应可以忽略不计了。于是，要想求得放射的中微子的质量和能量，就比较简单，只要测量反应后原子的反冲能量和能量就行了。而且，既然没有连续的β射线被放射出来，这种反冲效应对于所有的原子就都是相同的。

王淦昌论文的关键点在于把普通的β衰变末态的三体问题变为K层电子俘获中的二体问题。这就使中微子的探测有了实际的可能。对于中微子，王淦昌抓住了两条，其一是对放射源的选择，其二是K层电子俘获过程的深刻印象和灵活运用。王淦昌在文中作为例子建议选用^{7}Be的K层电子俘获过程去探测中微子的存在，因为它没有任何连续辐射发生，而且^{7}Be所有的原子反冲都有相同的动量和能量。

王淦昌的《关于探测中微子的一个建议》论文在《物理评论》上发表后不到几个月，美国物理学家阿伦（Allen，1911—　）就按照这一建议做了^{7}Be的K层电子俘获实验，实验整整历时两个月，测量了的反冲能量，取得了肯定的结果，并将获得的实验结果写成论文《一个中微子存在的实验证据》，投寄《物理评论》，引起国际上的注意。阿伦的这次早期中微子验证的著名实验，于1942年11月发表，成为1942年国际上物理学重要成就之一。物理评论家理所当然地将它归之于王淦昌的建议。阿伦在论文中也把王淦昌的建议作为当时中微子验证实验的最有价值的一种途径。有人称此实验为“王淦昌—阿伦实验”。这种命名法既公道又颇有独到之处。王淦昌首开二体反冲验证实验的物理思想之先河,对日后一系列反冲实验产生了影响。事实上不止是阿伦实验,二体实验为测量中微子动量、质量和测量电子、中微子角关联等其他参量都提供了可能。事实证明,王淦昌《关于探测中微子的一个建议》对进行确认中微子存在的物理研究工作作出了重要的贡献。1943 年,美国《物理评论》杂志将其评为 1942 年的最佳论文之一。

阿伦的早期实验没能证明反冲过程的单一能,即没有观察到单能的^{7}Li 的反冲,因而也没有能够完全实现王淦昌的建议。其主要原因是他采用的样品较厚及有孔径效应。

战时实验条件不够理想,所以单能反冲至战后 1952 年才被实验证实。假如单能反冲在 1942 年观测到,一定会在物理学界产生很大的冲击,说不定王淦昌和阿伦会获诺贝尔物理学奖。因为他们的工作毕竟比美国洛斯阿拉莫斯科学实验室的莱因斯于 1953 年直接捕捉中微子的工作要整整早 12 年。

罗德拜克(Rodeback)和阿伦在 1952 年用气体样品飞行时间法做了^{37}Ar 的轨道电子俘获实验:

$$^{37}\mathrm{Ar}+e_{\mathrm{K}}\rightarrow{}^{37}\mathrm{Cl}+\nu \quad 占 93\%,$$

$$^{37}\mathrm{Ar}+e_{\mathrm{L}}\rightarrow{}^{37}\mathrm{Cl}+\nu \quad 占 7\%。$$

这个实验在世界上第一次发现单能的反冲核。^{37}Cl 反冲能量的实验值与理论预言值完全符合。预言^{37}Cl 的飞行速度为 0.711 ± 0.04 cm/μs,测到速度峰值为 0.714 cm/μs。

在罗德拜克和阿伦的实验结果发表了一个多月之后,戴维斯发表了他的^{7}Be K 层电子俘获实验结果。他测到^{7}Li 的反冲能为 55.9 ± 1.0 eV,理论预言为 57.3 ± 0.5 eV,实验值与理论值完全符合。

从 1941 年王先生提出 K 层电子俘获过程中测量反冲核的单值能量的办法后,历经十年,到 1952 年实验才被美国物理学家戴维斯最后成功。后来,莱因斯等人用强大的核反应堆做实验,于 1953 年终于较精确地测到了中微子的存在,1956 年又直接观察到中微子,莱因斯因而获得了诺贝尔物理学奖。此事对王淦昌来说当然是欣慰的,但未勉有点遗憾。

王淦昌在晚年回忆《关于探测中微子的一个建议》发表前后的情形时说:“那个时期觉得自己比较成熟了。敢想问题,也想得很多。只是工作起来因为条件不具备,很多事情做不下去,真可惜。在德国和刚回国的一段时间,我太年轻,还不能很扎实地做工作,还只是在学。后来的感觉不同了。不过我始终怀着极大的兴趣寻找新现象。”

从这段话中我们可以看出，这位对探测中微子的真谛做出卓越贡献的科学家为人是何等谦虚，胸怀是何等坦荡！

3. 王淦昌的“中微子探测建议”与诺贝尔奖擦肩而过

对于王淦昌的《关于探测中微子的一个建议》论文的评价诺贝尔奖获得者杨振宁先生等称之“极有创造性”、“一语道破了问题的关键”。

又 1989 年 12 月 30 日，杨振宁在接受上海交通大学名誉教授的大会上发表题为《几个科学家的故事》讲话，涉及王淦昌部分是：

中国在基础物理方面作出重要贡献的前辈有两位，一位是赵忠尧先生，一位是王淦昌先生。……王淦昌先生曾是北京原子能所副所长，核工业部副部长。他们两位都已 80 多岁了。抗战时，在非常困难的情况下，王先生在遵义写了一篇理论文章。基本粒子中有一很神秘的粒子，叫中微子。它没质量，不带电荷，所以很难发现。理论上了解到必须要有中微子是在 1931—1933 年，这是一个重要的发展。之后很多实验工作者从实验上寻找中微子，但很久都没找出来。因为实验很难做。1941 年，王先生在闭塞的情况下写了论文寄给《物理评论》，一针见血地指出用 K 俘获的办法可较简单地发现中微子。文章发表后的半年内，美国的一位年轻物理学家杰姆斯·阿伦（现已去世）根据王先生的办法进行实验。阿伦对王先生是非常推崇的，所以在他论文的一开始就指出是根据王先生提出的 K 俘获的方法寻找中微子的，而他所报告的就是以上实验的结果。不幸的是，他的实验不够精确，结果不清楚，不能得到定论。当时正值战时，许多物理学家不能从事普通的研究工作，所以一拖就是七八年。直到 50 年代初阿伦以及其他物理学家重新用了王先生的方法，果然在实验上发现了中微子，这是一个非常重要的贡献。

其实王淦昌先生对自己的《关于探测中微子的一个建议》的工作亦自有评价。1998 年 12 月 22 日，王淦昌的遗作《有满意的结果才罢手》在《光明日报》第 5 版刊发，文中讲到“现在大家都谈到‘创新’。我对此也有一点经验：第一要有机遇，第二要锲而不舍，有一个适当问题时，就抓住不放，直到自己满意时才放手。在科学研究上要有所突破，必须有创新精神，但创新并不容易。

例如，当我年轻时，我看了别人对中微子的探索方法的论文，觉得不满意，就想别的更好的方法，冥思苦想，终于想出了自己认为较满意的方法。由于当时的条件所限，不能按此设想进行实验，但我仍经过详细计算后，立即写成论文，及时发表。

我这个人并不聪明，但还比较勤奋。我常说：‘业精于勤，勤能补拙。’遇到一个问题能反复思考，直到有了满意的结果才肯罢手。这也算是我多年从事科学事业的一个‘秘诀’或‘体会’”。

图 2　王淦昌与美籍华人、诺贝尔奖获得者丁肇中博士

王淦昌在实验方法上确是高人一筹，而预见性更是超群。历史上不光是中微子与王淦昌擦肩而过，中子的发现亦与王淦昌失之交臂。

不管怎样，王淦昌在中微子探索工作中，与诺贝尔奖擦肩而过，至少作者本人是确信无疑的。有人说，讲某人与诺贝尔奖擦肩而过，此人的工作成就基本上要达到能获诺贝尔奖的水平。我们都是学习物理、研究物理的人，恐怕有一个共识，即在物理研究中，物理思想和物理的科学方法是第一位的，至于一种全新的物理思想和方法具体怎么实现应是第二位的，最多只是时间问题。相信，当初(1941年)，只要有条件，只要具备优越的科研环境，王淦昌自己完全能实施自己的思想和方法，在中国实验室里首次探测到中微子，说不定王淦昌会是第一个获诺贝尔物理学奖的中国科学家。

据王淦昌本人回忆：

我对探测中微子的实验充满信心，我还建议我的学生许良英和我一起，从事这项研究。但是在战争时期，不具备做这个实验的条件，只能让别人去做。我就把自己想出来的验证中微子存在的简单方法，写了一篇题为《关于探测中微子的一个建议》的短文，建议用^{7}Be 的 K 层电子俘获过程来探测中微子的存在。先寄到《中国物理学报》，不知何故他们没有采用。1941 年 10 月 13 日，我又把这篇短文寄到美国《物理评论》。

1942 年 7 月 29 日，王淦昌的学生许良英在他的毕业论文《β 衰变和中微子存在问题》中，全面介绍了当时已知的 β 衰变的各种理论及著名实验，深入地进行了具体探讨，特别是引用英文文献达 70 篇。许良英在论文最后一段，说明了王淦昌将自己探索多年才获得的实验方法寄往国外，让他人去做的原因。许良英写到：

“本文在王师淦昌督导之下完成，原意在着重分析实验数据和做几个实验的。但因近年国外书报残缺甚多，新的数据无从知悉；又自抗战以后，物质流通不易，加以王师设计运用^{7}Be俘获K层电子时看反冲动量，以确切检查中微子的实验在国内根本无从着手，所述诸事，均甚感遗憾。”

王淦昌《关于探测中微子的一个建议》论文还引出了一段有趣的故事。1987年王淦昌访美，马里兰大学组织了一个欢迎小组，正在该大学作访问学者的贺贤士是欢迎小组的成员之一，他写了一篇王淦昌的传略，登于《华侨日报》。马里兰大学教授、粒子物理学家张仲云看了报道，高兴得跳了起来，说多年要找的K. C. Wang原来就是G. C. Wang。原来张仲云的博士论文曾用过K. C. Wang 1942年发表于美国《物理评论》的《关于探测中微子的一个建议》一文，此后，他一直在注意K. C. Wang的科学活动动向，始终未见消息，今天才知道K. C. Wang和G. C. Wang是一个人。此后张仲云和王淦昌就建立起了学术友谊。（事实上1961年4月3日起，王淦昌因特殊任务已更名为王京了）

二、王淦昌的主要科学贡献

2008年12月10日，是杰出的核物理学家，我国近代物理学的一代宗师、核科学研究事业的奠基人和开拓者之一、中国科学院资深院士、两弹一星元勋、九三学社中央名誉主席、中国共产党优秀党员王淦昌先生（1907—1998）逝世10周年的纪念日。也许人们还记得1964年10月16日中国第一颗原子弹在距我国西北新疆罗布泊地面120米高的铁塔上空爆炸成功的情景吧，那冲天而起的蘑菇云，连同飞遍神州大地的“号外”，把整个世界惊呆了。这一奇迹的创造者之一，就是隐姓埋名17年之久的常熟籍科学家王淦昌。在他逝世10周年之际，我们仅以下文表达思念之情。

王淦昌是我国最高学府清华大学物理系第一届优秀毕业生。1930年考取江苏省官费留学，入德国柏林大学威廉皇帝化学研究所，师从迈特纳（女）（Meitner）教授从事核物理研究，1933年获博士学位。1934年4月王淦昌回到灾难深重的祖国，先后在山东大学、浙江大学任教。从1950年开始，王淦昌又先后转入中国科学院近代物理研究所、前苏联杜布纳联合原子核研究所，第二机械工业部九院（中国核工业总公司）、中国原子能研究院等科研单位，从事核科学研究（包括原子弹和氢弹）工作。在70年教学科研生涯中，他奋力攀登，取得了多项令世界瞩目的科学成就。在这众多的科学成就中，最为突出的有以下四种，其中任何一种科学成就都足以名垂史册。

王淦昌第一个引人注目的重要科学贡献和成就是1941年提出的验证中微子

存在的实验方案。当时正值抗日战争最艰苦的时期，王淦昌在浙江大学任教，他随浙江大学理学院经过六次搬迁，辗转六千里，最后到达贵州遵义。1930年初，泡利(W. Pauli)为β衰变过程中能量与动量不守恒所困惑，因而提出中微子的假设，然而历时十年未得实验证明其存在。泡利自己声称这种粒子难以检测。1934年派尔斯(R. Peierls)强调观测中微子不可能。其后虽有多位物理学家试图验证中微子的存在，结果都不理想。1941年，王淦昌卧病遵义山城，病中阅读有关物理文献，特别是仔细琢磨了1939年《物理评论》上发表的克兰(H. R. Crane)和赫尔彭(J. HaLpern)的关于探测中微子的文章，经过反复思考，设计出一种巧妙的验证中微子存在的实验方案。该方案是测量原子核^{7}Be俘获K壳层电子释放中微子时所产生的反冲。该方案的特点是对放射源的谨慎选择，对K壳层电子俘获过程有深刻考虑。他强调了选用^{7}Be可以得到一种没有任何连续辐射产生的β衰变。这种考虑对于反冲没有深刻理解是不能达到的。限于当初的实验设备，王淦昌只好把验证中微子存在的实验方案写成题目为《关于探测中微子的一个建议》的论文，寄往美国《物理评论》。此文发表后，1942年3月美国科学家阿伦(J. S. Allen)根据王淦昌的思想首次较成功地做了中微子验证的实验，世称“王淦昌—阿伦实验”，并成为1942年国际物理学重要成就之一。其实，阿伦的早期实验没能证明反冲过程的单一能，即没有观察到单能^{7}Li的反冲，因而也没有能够完全实现王淦昌的建议，其主要原因是他采用的样品不理想。

从1941年王淦昌提出探测中微子实验方案后，历经10年，直到1951年实验才被美国物理学家戴维斯最后成功完成。后来莱因斯等人用强大的核反应堆做实验，于1953年终于精确地测到了中微子的存在。1956年莱因斯等人又在实验上直接观察到中微子，莱因斯由此获得了诺贝尔物理学奖。

王淦昌的《关于探测中微子的一个建议》对进行确认中微子存在的物理研究工作作出了重要的贡献。1943年美国《物理评论》无可争议地将其评选为1942年的最佳论文之一，1943年美国《现代物理评论》又将其列为国际物理学重大成就之一。

对王淦昌的《关于探测中微子的一个建议》论文的评价最有代表性的是诺贝尔奖获得者杨振宁先生，他称王淦昌的论文“极有创造性”，“一语道破了问题的关键”。1989年12月30日，杨振宁在接受上海交通大学名誉教授大会上发表题为《几个科学家的故事》讲话。他曾说：“中国在基础物理方面作出重要贡献的前辈有两位，一位是赵忠尧先生，一位是王淦昌先生。”讲话再三强调王淦昌先生关于探测中微子的实验方案，在物理思想和方法上具有相当的前瞻性和创造性，是对人类科学事业的重大贡献。

毫无疑问，莱因斯能对中微子进行精确测定及直接观察乃至获诺贝尔物理学奖都是建立在王淦昌1941年的首创实验方案基础上的,因此王淦昌的中微子探测工作与诺贝尔物理学奖擦肩而过一点不假。按理本节内容可以略去,因为更详细的内容在本讲第一部分已有专门介绍,只是考虑到第二部分的完整性,才保留它。

王淦昌第二个突出科学贡献和成就是1959年首次发现的反西格马负超子($\tilde{\Sigma}^-$)。

王淦昌从20世纪40年代开始就从事基本粒子研究,50年代利用宇宙线研究基本粒子及其相互作用,取得多方面成果。1956年,他奉派赴前苏联杜布纳联合原子核研究所工作,先任高级研究员,后任副所长,直到1960年回国。他领导的寻找反超子研究小组由中、苏、朝、罗、波兰、民主德国、捷克、越南等国的二十多位顶尖科研人员,四位技术人员及十余位实验员组成。50年代,正是第一代高能加速器陆续建成并投入运行的时期。1955年美国塞格雷和张伯伦利用电子学计数器的飞行时间方法,在6.2 GeV加速器上首先发现了反质子,他们也因此而获得1959年物理学诺贝尔奖。1956年,他们又发现了反中子,使反粒子的存在进一步得到了证实。接着,从1957年开始,寻找反超子就成了实验物理学家们着重注意的重大物理课题。正是在这种背景下,王淦昌才决定选择寻找反超子作为他们研究小组的主要课题。

图3 王淦昌(左二)和赵忠尧院士在前苏联杜布纳联合核子研究所(1956—1960)

当时联合国原子核研究所已建有世界上能量最大的10 GeV质子同步稳相加速器。但由于缺乏诸如粒子探测器、测量仪、计算机等终端设备,未曾取得值得称道的成果。考虑到反超子是不稳定粒子,寿命只有10^{-10}秒数量级,从产生到衰变只能飞行很短距离。王淦昌凭借他多年积累的高超实验技能和敏锐的物理直觉和洞察力，于 1958 年春，设计出一个既经济又实用的长为 55 厘米，容积为 24 升的丙烷气泡室。利用此气泡室，经过长达两年的数据采集，前后共得到了近 10 万张气泡照片(包括几十万个高能 π^{-1} 介子核反应的事例)。在浩如烟海的照片中，他们逐张照片、逐个事例进行观察，1959 年秋终于在 4 万多张照片中发现了第一张反西格马负超子($\tilde{\Sigma}^{-}$)事例的图像照片，经过计算正与预期的一致，而且是一个十分完整的反超子“产生”的事例。1960 年 3 月 24 日，王淦昌领导的研究小组正式将有关发现的论文提交前苏联的《实验与理论物理期刊》及我国《物理学报》发表。这个发现对反粒子存在的普遍性提供了有力证据，因此受到各国物理学家的赞扬和重视。

王淦昌小组的这一发现首先在中国和苏联引起反响，《人民日报》、《真理报》分别发表消息报道这一发现。苏联的《自然》杂志指出：“实验上发现 $\tilde{\Sigma}^{-}$ 是在微观世界的图像上消灭了一个空白点。”反西格马负超子的发现，把人类对物质微观世界的认识向前推进了一大步。1972 年诺贝尔物理学奖获得者杨振宁教授曾对周恩来总理说：“联合原子核研究所这台加速器上所做的唯一值得称道的工作，就是王淦昌及其小组对反西格马负超子的发现。”为此，1982 年中华人民共和国授予他和他的同事们自然科学一等奖。就当时讲这是自共和国成立三十多年来我国物理学家所获得的最高自然科学奖。这也是对王淦昌先生学术贡献的最高评价。

王淦昌第三个重大科学贡献和成就是隐姓埋名参与研究并组织领导我国原子弹、氢弹的试制和地下核试验。

1960 年 12 月 24 日，王淦昌教授因在杜布纳联合原子核研究所任期届满，离开前苏联回国。1961 年 3 月底，第二机械工业部部长刘杰和副部长钱三强向他转达了中央的决定，拟请他到该部核武器研究所(即九所，后改为九院)参加原子弹研制工作。王淦昌当场以“我愿以身许国”的赤子之心，毫不犹豫地服从祖国需要，投身于研制原子弹的技术攻坚伟大工程。1961 年 4 月 4 日，王淦昌到第二机械工业部报到，更名“王京”，断绝一切海外关系，并任九所副所长，负责核武器实验研究工作。

王淦昌同彭桓武、郭永怀三人一起到第二机械工业部九所报到后，周恩来总理在中南海西花厅接见了他们。1962 年初周恩来总理又向时任九院院长李觉指示：王淦昌同志是我们中国人民的宝贵财富，我国核事业的希望。现在我把他交给你，请把王淦昌同志保护好，尽力使王老生活好、工作好。有一点差错我们向中国人民不好交代。

制造原子弹爆轰实验必不可少，最早的爆轰实验是在河北省怀来县燕山的长城脚下进行的。王淦昌和郭永怀不辞辛苦，亲临一线，一年内他们组织了上千个实验元件的爆轰实验。1963 年 3 月，我国完成第一颗原子弹理论设计方案。随着西北核武器研制基地的建立，王淦昌谎称“去西安工作”，与妻儿告别，来到海拔 3 200 米以上的青海高原和新疆罗布泊大戈壁深处，继续进行缩小比例的聚合爆轰实验，使原子弹的理论设计和一系列试验的结果获得了综合验证，为原子弹设计打下了可靠的基础，做好了原子弹爆炸前的最后准备工作。1964 年 10 月 16 日，我国第一颗原子弹爆炸成功了。过了不到三年(1967 年 6 月 17 日 8 时整)我国又爆炸了第一颗氢弹。原子弹和氢弹的爆炸成功震动了全世界，极大地提高了我国的国际威望。

图 4　王淦昌与聂荣臻(中)、朱光亚院士(右)在核试验基地

1969 年春，王淦昌又接受了主持第一次地下核试验的任务。由于高原缺氧，他经常背着氧气袋坚持工作。在他的领导下，克服重重困难，于 1969 年 9 月 23 日我国又成功地进行了第一次地下核试验。首次地下核试验的成功为我国核试验从大气层试验转入地下试验做出了良好开端；为近区核物理测试探索了地下核试验的规律；为进一步改进完善核武器设计创造了条件。1975—1976 年，王淦昌作为地下核试验现场技术总负责人，遵照周恩来总理指示：“严肃认真，周到细致，稳妥可靠，万无一失”，日夜坚持在工作第一线，继续领导大家扎扎实实地解决一

个又一个难题，圆满地完成了第二、第三次地下核试验任务。在此过程中，他顶着种种政治干扰和四人帮的迫害，组织大家研究改进测试方法，仅用很少次数试验就基本上掌握了地下核试验和测试的各项技术关键。

王淦昌以他活跃的物理思想和丰富的实践经验，在我国原子弹、氢弹原理突破及第一代核武器研制的实验研究中，在爆轰试验、固体炸药和新型炸药研制、射线测量和脉冲中子测试等许多方面进行指导，解决了一系列关键技术问题。他还富有科学预见性地提出建立核爆模拟装置，开展实验室中模拟核爆炸的某些过程及其效应的研究，这对我国核武器研制工作的改进与发展具有重要意义。

王淦昌是中华民族核武器事业的主要奠基人和开拓者之一，他当两弹一星元勋，当之无愧。

王淦昌第四个卓越科学贡献和成就是提出激光惯性约束核聚变的创造性设想。

受控核聚变是当代世界科学技术重大研究课题。激光惯性约束核聚变是当代核聚变研究的重要方向之一。

早在20世纪60年代初，王淦昌就意识到惯性约束核聚变研究在军事和核能开发中的重大意义。在美国科学家1960年制造出世界上第一台红宝石激光器后，王淦昌很快就关注这一科学技术的新方向。1961年9月，中国科学院长春精密机械研究所成功地研制出我国第一台激光器。1964年，上海光学精密机械研究所将高功率钕玻璃激光器的输出功率提高到10^8 W。1964年12月，王淦昌在第三届全国人民代表大会在北京召开期间，向激光专家王之江询问了激光研究的现状和进展，提出了用高功率激光来打靶实现惯性约束核聚变的设想。随后，在1964年10月4日，王淦昌撰写了《利用大能量大功率的光激射器产生中子的建议》的创新论文。文中写到："我们认为，若能使这种光激射器与原子核物理结合起来，发展前途必相当大。其中比较简单易行的就是使光激射与含氘的物质发生作用，使之产生中子……至于利用这种核作用的方法，是否有进行一种新型的可控制热核反应的可能性，暂不在此讨论。"这是一个全新的思想，只有像王淦昌那样既懂物理学，又懂激光的学者才有可能产生这种思想。这篇论文其实已不是一个朦胧的科学设想的提出，而是已经对利用激光驱动热核反应作了基本分析和定量估算，是王淦昌与前苏联学者巴索夫和道森独立提出的类似思想，具有开创性意义。至1964年底王淦昌的这一建议由上海光机所邓锡铭同志反映到中国科学院，立即得到当时中国科学院副院长张劲夫的赞赏和支持，并在邓锡铭的积极支持下，中国科学院上海光学精密机械研究所开展了这项研究工作，而当时的英国、法国、德国、日本都还没有动手呢！1965年冬天，王淦昌与邓锡铭、余文炎在京西宾馆召开激光核聚变小型座谈会，会上得出积极的成果便是提出"用几十路激光束沿 4π 立体角均匀照射靶丸的概念和建造大型激光系统”的设想。同时王淦昌将激光研究者与核聚变工作者两方面科学队伍汇合起来，为我国新能源的开辟聚集了第一支队伍。然而“文化大革命”使这项具有重大意义的科学研究整整耽误了七年，而正是在这七年中，国外的工作有了长足的发展。

“文化大革命”后期，王淦昌与光学专家王大珩一起，继续推进我国激光惯性约束核聚变的研究。在他的指导下，上海光学精密机械研究所和中国工程物理研究院紧密合作，在器件诊断、理论、制靶与实验方面都取得了举世瞩目的进展。在钕玻璃激光器方面从 70 年代以来，先后建立了 10^{11} W 级六路激光等离子体实验装置，10^{11} W 级高功率倍频激光器及 10^{12} W 级大型激光装置，进行了大量激光与等离子体相互作用的基础研究，进行了黑洞物理和直接驱动中子实验，并获得了软 X 射线激光。

1980 年，王淦昌与王大珩两位科学泰斗提出联合建造 10^{13} W 激光装置的设想，并很快付诸实施。这套装置仅用三年六个月就建成，经过两年多的运行考核和打靶实验，于 1987 年 6 月通过国家级鉴定，被正式命名为“神光”装置。

1988 年，王淦昌等五位科学家参加在意大利召开的国际会议，得悉美国计划于 2000 年前在实验室实现微型激光核聚变。鉴于这一技术突破的极端重要性，王淦昌同王大珩、于敏于 1988 年 12 月联名写信给军委主席邓小平和总理李鹏，提出在我国加强高功率激光研究的建议，得到中央领导的重视和支持，并于 1993 年开始，正式列入国家高技术计划(即 863 计划)，从而把我国激光核聚变研究推向新的发展阶段。

图 5　王淦昌在用惯性约束核聚变的氟化氪激光装置前讨论实验工作

1985 年，王淦昌又及时把研究方向从关心电子束惯性约束核聚变转向氟化氪激光核聚变研究，把原有的强流电子加速器改建成泵浦准分子激光的氟化氪激光器，并于1985年和1986年分别获得6 J和12.5 J的氟化氪激光。在此基础上经过进一步改进，到1991年，激光能量已达到百焦耳级。目前已达到400多焦耳能级，属世界先进水平，离王老一开始设想的激光约束核聚变的目标越来越近了。1992年5月31日在钓鱼台国宾馆举行的“中国当代物理学家联谊会”上，诺贝尔物理学奖获得者李政道教授问王淦昌：“王老师，在您所从事的多项科研工作中，您认为哪项是您最满意的?”他说：“我自己对我1964年提出的激光引发氘核出中子的想法比较满意。因为这在当时是一个全新的概念，而且这种想法引出了后来成为惯性约束核聚变的重要科研题目，一旦实现，这将使人类彻底解决能量问题。”

王淦昌开始就对激光约束核聚变充满必胜的信心，独立或与合作者共同发表十几篇学术论文，引领了国内激光聚变的研究方向。1998年，誉为王淦昌“科研自留地”的硕果——“天光Ⅰ号”KrF准分子激光装置建成。该装置在能量效率、双电子束泵浦技术和工作的稳定性方面均处于国际先进水平。王淦昌不愧为我国乃至世界激光约束核聚变研究工作的先驱者和奠基人。他的名字将光荣地载入我国激光惯性约束核聚变的史册。

王淦昌先生“生也千古，死也千古”。“功满中华，德满中华。”我们永远怀念他。

三、王淦昌的浓浓师生情

王淦昌先生不仅是位大科学家，而且是位尊师爱生的模范。1995年1月12日，王淦昌与钱学森、黄汲清、王大珩四位著名科学家荣获首届何梁何利基金优秀奖。在答谢词中，他深情地说：“饮水思源，我还要感谢我的老师们。在浦东中学读书时曾指导过我的周翰澜先生、崔雁冰先生，在清华大学读书时曾指导过我的叶企孙先生、吴有训先生，还有德国的迈特纳教授等等，他们都是我物理学研究工作的启蒙老师。没有他们，就没有我的物理科研工作生涯。”

下面要介绍的主要内容是王淦昌先生求学阶段和从教阶段中发生的一些感人的师生情节与尊师爱生的佳话。

我国物理学大师、近代物理学的开拓者吴有训教授明确称他的高徒门生王淦昌是一位理论与实验兼长的难得的物理学家。说实话，物理学是一门很难学懂、学好的学科，一般人是望尘莫及的。学好物理不仅要有敏锐的洞察力还要有很强的悟性和直觉，更要有扎实的数学理论功底，王淦昌先生就是具备以上条件的人。水有源、树有根，王淦昌之所以能在学术上创大业、成大器，除他本人的天赋以外，与他在中学阶段能接受良好的数学和外语教育是分不开的。1920年，王淦昌13岁已丧双亲，在外婆和大哥的资助下有幸随远房表兄崔雁冰来到上海浦东中学就读。浦东中学建成于1907年1月，位于上海浦东六里桥，当时学校占地40亩。浦东中学是杨斯盛先生创办的，第一位校长是黄炎培先生，1920年王淦昌入学时，校长是朱叔源，他已是第四任校长了。

在浦东中学，王淦昌碰到了第一位敬仰的名师，他就是数学老师周培（号翰澜）(1896—1966)。周翰澜先生是我国著名地质古生物学家周明镇(1918—)的父亲，他曾在国外留学，讲课灵活而不面面俱到，他因材施教，鼓励学生自学。在他的倡导下，王淦昌与班上几个爱好数学的同学自动组成了十个数学自学小组，王淦昌与施士元都是当初数学自学小组活动积极分子，他们经常做一些周老师出的数学题目，不仅提高了解题能力，而且锻炼了锲而不舍、攻克难关的毅力。在周老师的悉心指导下，自学小组在中学阶段就学完了大学一年级的微积分课程。"良好的开端，成功的一半。"正是这一时期，王淦昌树立了学习自然科学的目标，使他日后有能力在科学王国中遨游驰骋并作出杰出贡献。历史上爱因斯坦、杨振宁等世界名人几乎都有像王淦昌这样巧遇名师点拨和熏陶的经历，王淦昌真是"三生有幸"。

讲到浦东中学的周培老师，又不得不提及从生活、学习上给予王淦昌良多关照的崔雁冰老师。如前所述，崔雁冰先生是王淦昌的远房表兄，他在上海浦东中学担任教务主任兼英语老师。在浦东中学，王淦昌最感兴趣的学科是数学，其次是英语，具体执教英语的老师是严琬滋。严老师用一本"How to live in twenty-four hours a day?"作教材，在课堂上除了要求学生用英语回答问题外，还让学生互相问答。这种教学方式使王淦昌的英语进步很快，得益匪浅。毫无疑问，王淦昌在浦东中学对英语感兴趣的原因除严老师外，还与崔雁冰老师对他的影响和帮助是分不开的。感恩的王淦昌对崔老师的亲情加师情的双重关心与帮助终身难忘。1987年6月的一天，已是80高龄的王淦昌利用在上海出差的机会，特地买了蜂王浆等补品去看望他在浦东中学的英语老师崔雁冰先生，崔雁冰先生当时已年逾90，身体尚好。他正要出去散步，见到王淦昌进来，又惊又喜，连连说："你这样一个大人物到我这寒舍来，叫我怎么敢当！"王淦昌谦恭地向老师鞠躬，问寒问暖。劫后余生的崔老先生见到了知己，敞开心扉，向自己的学生王淦昌诉说了"文革"中的悲惨遭遇，王淦昌听了深感痛心和同情。

1987年9月10日，王淦昌为母校浦东中学建校80周年欣然题词，认为"周培、崔雁冰对同学们谆谆教诲的印象似乎仍在我的脑海里，因此，觉得中学时代在人生中是一个十分重要的阶段"。看来，王淦昌对浦东中学的印象确是深刻的，原因显然是他与周、崔两位老师有着深情厚谊。

1925年，王淦昌在浦东中学毕业后报考了清华大学并如愿被录取。王淦昌是清华大学第一届物理系本科毕业生。一起毕业的共有四人，另外三人分别为施士元(后赴法国留学)、周同庆(后赴英国留学)和钟间。王淦昌在清华园度过了四年的大学生活,这四年中有两位恩师使他永远怀念尊敬,他们是叶企孙和吴有训。

清华大学物理系就是叶企孙教授(1898—1977)创建的。他是我国近代物理学先驱,著名的实验物理学家,他本人是清华学校1918年毕业生(梅贻琦学生),后去美国留学。留美期间他先后在芝加哥大学、哈佛大学求学,师从普朗克,并于1923年获哈佛大学博士学位。他在1921年测定的普朗克常数在国际上一直被沿用了16年之久,他回国后,长期担任清华物理系主任。王淦昌入学的第一年,普通物理学的力学课由叶企孙亲自讲授。在一堂力学课上,叶企孙为同学们做了一个物理演示实验:把豌豆放在一个很小的带有管子的漏斗上(漏斗是将一根约10厘米长的麦秆一头破成数片做成的),从麦秆子那头微微吹气,豌豆就会飘浮在漏斗中间,既不掉下去,也不会被吹气冲走。做完演示,叶教授请同学们解释这是怎么回事。开始没有人回答,课堂上沉默了一会儿后,王淦昌站起来回答说:"这可用流体力学中的伯努利方程原理来解释——豌豆上面的气体流速小,压强大,而下面的气体流速大,压强小。"叶企孙听了非常高兴,赞赏王淦昌对问题理解清晰和准确。从此叶企孙对王淦昌格外器重关心。课后叶教授常找王淦昌谈话,了解学习、生活情况,解答王淦昌的一些问题,并告诉王淦昌学习上遇问题随时都可以去找他。在叶企孙的特殊影响下,王淦昌逐渐觉得实验物理更有意思,更具趣味,于是王淦昌决心叩开实验物理学的大门。一年后清华分科,王淦昌如愿以偿进了物理系。二年级、三年级时王淦昌又先后聆听了叶企孙教授的电磁学和光学课程,据王淦昌自己回忆说:"在叶师的循循善诱下,我逐渐觉得物理实验也很有意思,就这样,在进入专业课学习时,我选择了物理,从此决定我半个多世纪以来始终在物理的海洋中遨游。"

叶先生除亲自传授科学知识外,还时常给王淦昌讲科学救国的道理。1925年3月18日,王淦昌参加了在北京天安门举行的"反对八国通牒国民示威大会",目击段祺瑞政府及军警对示威群众的血腥镇压,当晚王淦昌和几名同学到北院7号叶师家,向老师讲述白天亲见的天安门血案。叶教授听后神色激动地盯着王淦昌说:"谁叫你们去的?你们明白自己的使命吗?一个国家,一个民族,为什么会挨打?为什么落后?你们明白吗?如果我们的国家有大唐帝国那般的强盛,这个世界上有谁敢欺侮我们?一个国家与一个人一样,弱肉强食是亘古不变的法则,要想我们的国家不遭到外国人的凌辱,就只有靠科学!科学,只有科学才能拯救我们的民族。"说罢,泪下如雨,叶师的爱国激情,对青年学生所寄托的厚望深情,深深地感染了年轻的王淦昌。据王淦昌自己回忆说:"爱国与科学的紧密相关,从此成为我生命中最重要的东西,决定了我毕生的道路。"

图 6　1931 年，王淦昌在德国留学时与叶企孙老师（中）和曾炯（左）合影

1928 年恩师叶企孙教授出国度假，对学业精深的王淦昌来说，似是莫大损失和遗憾。然而事实证明这种担忧是多余的，因叶教授通过种种努力，终于聘请了才华横溢的吴有训教授到清华物理系主持近代物理课程。与叶企孙一样，吴有训也是闻名国际的物理学家，中国近代物理的先驱者。吴有训不仅是一位实验物理学大师，而且是一位杰出的教育家和科学研究的组织者，是中国物理学会的创始人之一。吴教授曾任中国科学院副院长、学部委员。他 1920 年毕业于南京高等师范学校，1921 年末赴美入芝加哥大学随诺贝尔物理学奖获得者——康普顿教授从事物理学研究，1926 年获博士学位。他关于康普顿效应的实验研究为进一步证实康普顿效应作出了重要贡献。王淦昌等升入大学四年级后，吴有训就教他们近代物理。吴教授在教学中准备充分，选材精炼扼要，科学性和逻辑性强，对问题的剖析深入透彻；他讲课内容新颖，绝大部分是近代重要的物理实验及这些实验结果的意义；他经常介绍一些大科学家的生平事迹，用法拉第、卢瑟福、玻尔的故事启发、开导学生，用这些先辈献身科学的顽强品格鼓舞、激励年轻的后来人踏上科学征途。

很快，吴教授精湛的实验技术、精辟的理论分析征服了王淦昌，吴教授也很快对王淦昌在实验中的操作能力有了深刻的印象。

在吴有训授课后不久，他在一次课堂小考中，出了一题：假定光是由称光子的微粒组成，那么当一个光子辐射到一个静止的电子而被散射到另一个方向时，它们的能量将如何变化？当时同学们还是第一次听到光子这个陌生的概念，但在吴教授的引导下，王淦昌首先推导出正确的答案。吴有训望着王淦昌满意地点点头，并当众表扬了他。

吴有训自己是首先通过实验工作接受近代物理的，他也希望以同样的方式培养、指导王淦昌。1929 年 6 月，王淦昌从物理系毕业后，吴有训就把王淦昌留在身边当助教，同时给了王淦昌一个研究课题："测量清华园周围氡气的强度及每天的变化"。这个题目涉及气象知识和实验方法，当时在国内尚无人涉猎，吴有训就让王淦昌来做。为了选择简单的实验方法，吴有训带领王淦昌一起先花一个月时间查阅外文杂志，建立实验装置。然后王淦昌在吴有训教授的指导下，从 1929 年 11 月到 1930 年 4 月，花了半年多时间，认真细致地做了这项测量实验，收集了大量有关实验数据，记录了大气放射性的平均值与最高值的按月变化情况，经分析得到了北京上空放射性的强度与大气变化的规律。据此，王淦昌撰写了论文《北京上空大气层的放射性》，这是清华大学第一篇用实验报告形式所作的论文。王淦昌通过完成这实验，不但锻炼和培养了动手实验的技术和克服困难的毅力，也提高了对实验结果进行综合分析的能力。吴有训老师对王淦昌出色的工作和实验结果十分满意。后来，吴有训又亲自把论文的题目改成《大气中的放射性和北平气候》并译成英文，发表在清华大学论文集第一期上。王淦昌对吴有训的教学十分敬佩，他曾这样回忆："相隔已半个多世纪，可是它在我脑海中始终历历在目。……在我后来所从事的教学和科研实验中，一直忘不了老师对我的教导，同学对我的帮助，我也力求用同样的方式、思想、态度和方法来对待我的学生，我的工作和我的同事。"

为了培养中国优秀物理学家，叶企孙、吴有训积极鼓励王淦昌出国深造。1930 年夏，王淦昌考取江苏省官费留学研究生，到德国柏林大学威廉皇家化学研究所师从迈特纳(Lise Meitner，1878—1968)，成为这位杰出女物理学家唯一的中国留学生。王淦昌在德国留学期间还先后在格丁根和柏林大学听过玻恩、米泽斯、海特勒、诺特海姆、弗兰克、薛定谔、德拜等世界物理学大师的理论物理学课程。最近清华大学虞昊同志撰文揭示了一件鲜为人知的历史事实：王淦昌在德国深造期间，用半年时间聆听世界物理大师们的理论物理课程还是由他的恩师叶企孙精心安排的。因为王淦昌是叶企孙众多入门弟子中关系最亲密的一位，他们有着不同寻常的师生关系。

吴有训教授评价自己的学生说："王淦昌是个全才，实践与理论都行，清华第一届物理系毕业四人，三人成绩优秀，都去国外留学，其中王淦昌在离校后，经多年努力，取得了更为突出的成就。”

1948年11月中央大学校长吴有训从美国返回上海，告诉浙江大学校长竺可桢说，美国科学促进协会出的百年来科学大事记中，中国人能名列其内者，只有清华大学物理系第一届毕业生王淦昌和第七届毕业生彭桓武。这两件事足以表明吴有训教授对自己高足王淦昌能取得突出的科学成就和享受世界级荣誉打心底里是喜悦自豪的。

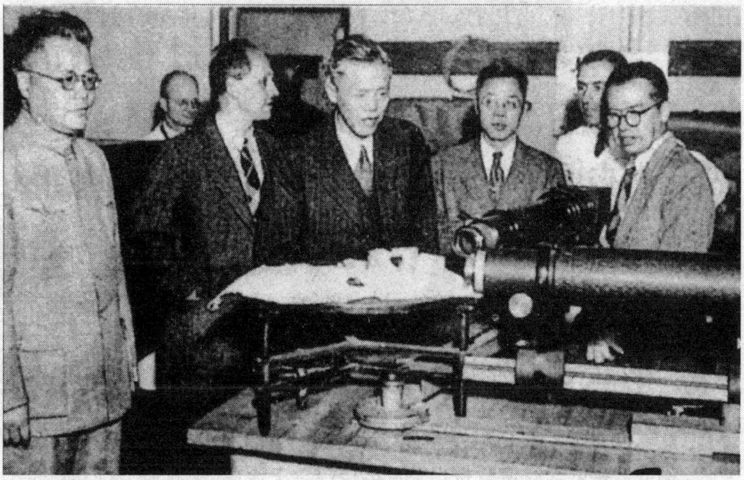

图7 1951年，王淦昌(左四)、吴有训(左三)等在波兰华沙大学参观

作为学生，王淦昌对清华大学两位恩师，既感激又尊敬。

吴有训先生1949年去过杭州，当时国民党政府面临崩溃，拖欠学术界薪金不发，使吴先生一家生活很困难。吴先生抵杭后，王淦昌热情接待并帮助吴先生度过经济难关。

1977年11月，王淦昌在上海出差，从报纸得悉吴有训老师因病在北京逝世的消息后，立即给吴师母发去唁电，对吴老师的逝世表示深切悼念。后来，他回北京后，每年春节都要给吴师母拜年。1994年，吴师母因病去世，王淦昌亲自为老人送别。除吴师母外，王淦昌每个春节还要到严济慈、周培源两位老师的家里拜年，并向他们汇报自己所从事的惯性约束核聚变研究工作的进展情况。

1987年3月2日上午，王淦昌在出席中国物理学会为我国物理学界前辈胡刚复、饶毓泰、叶企孙、吴有训举行的纪念大会上，特作了《深切怀念吴有训先生》的长篇报告。报告中他深情地指出："春蚕到死丝方尽，蜡烛成灰泪始干。"吴有训先生一生献身事业勤奋不已，直到生命的最后时刻，仍念念不忘为后来者铺路，充分反映了他“自古贤亮惜新秀”的崇高的精神境界。这种可贵的品格，很值得我们永远敬仰和学习。吴有训先生的一生说明中国人民是有聪明才智的，是勤奋而有创造力的，不仅中国人的智力可以与其他任何民族相较量，其品质也可以与任何民族相媲美。

图 8　会见李政道教授(1998 年)右起：王淦昌、李政道、蒋心雄

叶企孙和吴有训这两位实验物理学大师，中国近代物理学的先驱，是王淦昌的物理学启蒙老师，也是他踏上物理学研究征途的引路人。王淦昌对这两位老师始终怀着至深的敬意与真挚的感情。当他的学生和范岱年、元方要为他写传，庆祝他的八十寿辰时，他一再表示，他个人不算什么，重要的是要积极准备在 1987 年纪念叶企孙、吴有训这两位物理学前辈逝世十周年。

王淦昌不仅是一位杰出的科学家，也是一位杰出的教育家。他十分重视发现和培养人才，他扶掖后进，不遗余力。他留学回国后，曾在山东大学、浙江大学从事高等教学 20 年，桃李满天下。他像自己的恩师一样去关心、爱护自己的每一位学生，注重学生的基础理论教学和实验训练，由此培养了一大批优秀的科学家。如胡齐民、邹国兴、程开甲、冯平观、何贤杰、汪容、吕敏这样一些物理学家，以及像钱人元这样的物理化学和高分子物理学家，像梅镇安这样的生物物理学家，像许良英这样的物理史学家。解放后，在实际科研工作中，他又培养出了像唐季威、丁大钊、王祝翔、王乃彦等一大批实验物理学家。周光召在杜布纳联合原子核研究所工作期间也曾受益于他的教诲。光中国科学院院士中他的学生和曾在他指导下得到成长的就有14位。更为值得一提的是，1957年获诺贝尔物理学奖的李政道教授就是王淦昌先生在浙江大学任教时的得意门生。1987年5月28日，出于对恩师王淦昌的敬仰，李政道专程从美国赶来祝贺淦昌师八十寿辰并参加首都科技界、教育界为庆贺王淦昌院士八十华诞在北京科学会堂举行的学术报告会。会上李政道作了《对称性与非对称性》学术报告。

王淦昌先生虽于1998年12月10日21时48分在北京与世长辞，但七年后，即2006年1月，90高龄的大气物理学家叶笃正院士荣获2005年国家科学技术大奖，此事无疑是对王淦昌先生在天之灵的莫大告慰。叶笃正在《我的论文启蒙老师王淦昌先生》一文中曾明确说过："王淦昌先生是指导我如何作研究和写论文的启蒙老师。1940年底，我考取了浙江大学研究生，导师是涂长望先生。涂先生要发展中国的大气电学，于是把我介绍给王淦昌先生。王先生当时已是我国知名的物理教授。王先生说要使大气电学在中国生根，首先要在中国开展观察，于是就给了我'湄潭近地层大气电位的观察研究'这个课题。当时正值抗战，仪器非常缺乏，王先生在系里找了个损坏的电位计，指导我进行修复。之后，又帮我选择观察场地，我每天从清晨到太阳升高（约十时左右）这段时间内观察湄潭一米高的大气电位变化，记录各种天气变化对它的影响。王先生经常和我一起观察，进行现场指导。有了比较长时期的观察、记录，就有了硕士论文基础材料，王先生对这份观察资料是很喜欢的。他几次向我说，这是第一手的资料。有了第一手的观察资料，王先生又教我如何查阅文献分析材料，如何写一篇科学论文。我的第一篇可供发表的论文，也就是我的硕士论文，就是王先生手把手教出来的。"叶笃正院士深情地说："从和王先生第一天见面到写出论文，这段时期虽然不算太长，但他严肃认真、一丝不苟的科学态度深深感染着我，在我的脑子中留下了不能忘记的印象，我后来的一生中，能在科学上有点成就，王先生对我的启蒙式的指导是有功劳的，王先生在科学上严格认真，但平时非常和蔼可亲，态度热情，待学生总是那么亲热，有问必答。王先生的这种待人态度也同样深深地感染着我。"

中国有句老话："一日为师，终身为父。"这是几千年传承下来的中国人的遵师观念，这种观念在李政道和叶笃正这两位世界级物理大师和科学大家心目中尤为强烈。当恩师王淦昌先生躺在病榻上已无力说话，但神智还清醒时，1998年11月24日，年迈的学生叶笃正院士及时赶到北京医院看望了他，师生作了最后一次会晤。1998年12月10日21时48分，王淦昌先生在北京医院与世长辞，享年91岁。王淦昌先生的逝世立即在中国科学界乃至整个世界，引起强烈震惊。时隔4天，即12月14日，噩耗传至大洋彼岸，李政道教授特从美国纽约哥伦比亚大学给恩师淦昌院士治丧委员会发来唁电，表示惊悉王淦昌老师不幸病逝，万分悲痛。

唁电中李政道教授深情地称淦昌师是我物理学的启蒙恩师。没有他55年前在浙江大学的教诲，就不可能有我今天在物理学上的成就。我永远感谢和记住他。淦昌师为祖国的科学和教育事业献出了毕生的精力，取得了很大的成就。他为人诚恳热情、正直、坦诚，治学严谨，是祖国近代物理学的一代宗师，后人之楷模。他的逝世是全世界学术界的重大损失。

四、王淦昌的参政议政

王淦昌同志是从常熟虞山福地走出去的一位中国要人、世界名人。他的名字是响当当的，他的科学成就和科学贡献均是沉甸甸的。王淦昌同志是我国最高学府——清华大学物理系第一届(1929年)毕业生，1930年留学德国，27岁就获博士学位。他曾两次与诺贝尔奖擦肩而过；他培养的学生中有一位荣获诺贝尔奖(李政道)，有14位是中国科学院院士，他自己是中国科学院资深院士。王淦昌同志还是第三、四、五、六届全国人大常务委员会委员。由于王淦昌同志对我国科学技术事业和国防建设的卓越贡献，他曾获两项国家自然科学一等奖，一项国有科学技术进步特等奖和首届何梁何利基金成就奖等多项重要奖励。

王淦昌同志的一生是为科学事业献身的一生，是热爱祖国、热爱人民，并为之不懈努力奋斗的一生。他为我们科学工作者树立了科学、道德的典范，无愧为一代师表，深受人们的敬重和爱戴。

王淦昌同志也是一个出色的民主党派成员，他参加的民主党派是“九三学社”。早在1950年10月，由中国著名物理学家、现代物理学研究的开创人之一严济慈先生介绍，王淦昌同志参加了中国的“九三学社”，是年43岁，正值不惑之年。王淦昌同志还是九三学社德高望重的领导人，他历任九三学社常委、中央参议委员会主任、名誉主席。他一贯十分关心九三学社参政议政和自身建设，关心扶持新一代领导成员的成长，多次在社的大会上发表讲话，强调继承和发扬九三学社老一辈的优良传统，高举社会主义和爱国主义旗帜，坚决接受中国共产党的领导，坚持和发展中国共产党领导的多党合作和政治协商制度，弘扬民主和科学精神，积极推进社会主义民主政治建设。他在九三学社的工作，他的崇高品质和高风亮节，在九三学社的新老交替和政治交接中发挥了不可磨灭的积极作用。

中国的民主党派，从诞生那天起，历史就赋予其天责，即要参政议政，且甚讲究质量。王淦昌同志作为一个要人和大家，他一生参政议政事例是众多的，好多具体而生动的参政议政事例都散见于各种书刊，现把它们一并介绍给读者，旨在让读者从这些事例中得到有益的启迪，并能从另一个角度感悟、领略到王淦昌这位大家的风采。

1956年4月2日，王淦昌同志出任中国科学院“和平利用原子能”规划组组长，并主持制定了中国科技发展12年规划中的和平利用原子能的规划。根据这一规划，除了要建造重水反应堆和回旋加速器外，还包括了对发展低能核物理，应用核物理，宇宙线，高能物理，放射化学、辐射化学，同位素制备等研究领域的一系列安排。这个规划成为后来中科院物理所大发展的重要依据。

在我国爆炸第一颗原子弹后不久，即1964年的12月下旬，王淦昌同志在第三届全国人民代表大会在北京召开期间，向激光专家王之江询问了激光研究的现状和进展，提出了用高功率激光束打靶实现惯性约束核聚变的设想。随后，王淦昌同志亲笔写了一份向国务院提出的《利用大能量大功率的光激射器产生中子的建设》报告，并还亲笔写了近20页稿纸的一份学术报告，对利用激光驱动热核反应作了基本分析和定量估算。这是王淦昌同志与前苏联学者巴索夫独立提出的类似新概念、新思想。作为一个学者，他没有把自己的最新学术研究成果在公开刊物上发表，而是直接向国务院书面报告。报告得到了中国科学院副院长张劲夫和上海光机所邓锡铭的支持，在他的建议推动和亲自参与下，我国开拓了惯性约束核聚变的研究工作，此项研究工作的重大意义是探索、实现氢弹爆炸的新途径。

1978年10月2日，王淦昌同志和连培生、张沛霖、赵仁恺、左湖5人署名给邓小平写信，呼吁他"过问一下全国核电发展的统一规划和集中领导的问题"。信中涉及了四个问题：第一，发展核能是十分必要的；第二，我国具有发展核电的条件；第三，当前的混乱状态；第四，我们的建议。他们最后呼吁：

我们迫切希望部以上有一个领导机关负责解决这些问题。核电规划虽然复杂，只要有集中的领导，经过一定时间的调查研究，就能较好地编制出来。对堆型选择的不同意见，决不仅是学术争论，而是关系到核能发展的重大决策问题，需要及早解决。……为了克服核电发展中的混乱和停滞状况，迫切需要一个权力机关，在它的统一组织和统一指挥下，实现统一认识、统一规划和统一行动。

1979年3月29日，美国三里岛核电厂发生事故，正在美国访问的王淦昌同志回答记者提问时指出："在弄清事故的原因后，三里岛所发生的情况是能够避免的。我对核电的发展是充满信心的。"

4月下旬，王淦昌同志在华盛顿各界华人欢迎中国核能代表团的宴会上发表致词。他再次态度鲜明地指出，发展核电事业是解决能源问题的正确方向，不应有所动摇。三里岛这样的事件是可以避免的，核污染是可以防止的。

1979年6月，王淦昌在第五届全国人大第二次会议上又提出了《积极开展原子能发电站及有关的研究工作》的提案。

1980年1月，中共中央依据邓小平关于王淦昌等人呼吁全国核电"统一规划和集中领导"的来信而要求有关部门认真听取专家意见的指示，专门发了2号文件，指出：核电建设不要分散地搞，应集中精力，全面规划，分工协作。和平利用原子能的工作，应由二机部统一归口管理。

1980 年 8 月 14 日，王淦昌同志来到中南海为党中央、国务院和有关部门领导 135 人上课。这次会议由胡耀邦主持，王淦昌同志主讲。讲演题目是《核能——当代重要能源之一》。他从什么是核能讲到核电站的安全性与经济性，从世界核能的发展情况讲到我国发展核电的必要和可能。王淦昌同志从铀资源队伍、科研基础、工业基础等方面，分析了中国已具备发展核电的基本条件。他还提出五条具体建议。

1980 年 9 月 1 日，王淦昌和连培生给中央领导人报告《关于核电造价问题》。

为解决我国能源短缺现状，王淦昌同志锲而不舍地向中央建言。在他的大力呼吁、推动下，我国的三个核电站——秦山、大亚湾、金山核电站终于先后投入施工。

1985 年 1 月，王淦昌同志参加第六届全国人大常委会会议，他在发言中再次强调引进一定要有政策，同月王淦昌同志参加《中共中央关于科学技术体制改革的决定》(草案)的讨论，强调不能忽视基础研究，在引进外国技术时，不要忘了自力更生。

1985 年 4 月，王淦昌同志在六届全国人大第三次会议上，领衔与几十位代表联合提出提案，建议将受控核聚变研究项目列入国家能源开发长远规划。

1986 年 3 月 3 日，王淦昌同志和王大珩、杨嘉墀、陈芳允上书邓小平：为了中国人的 21 世纪，务必尽快发展我们的高科技！这封由王大珩亲笔写的信全文如下：

> 首先向你们致敬！我们四位科学院学部委员（王淦昌、陈芳允、杨嘉墀、王大珩）关注到美国“战略防御倡议”对世界各国引起的反应和采取的对策，认为我国也应采取适当的对策。为此，提出了“关于跟踪研究外国战略性高技术发展的建议”。现经我们签名呈上，敬恳察阅裁夺。我们四人的现任职务分别是
>
> 王淦昌：核工业部科技委副主任
>
> 陈芳允：国防科工委科技委专职委员
>
> 杨嘉墀：航天部空间技术研究院科技委副主任
>
> 王大珩：中国科学院技术科学部主任
>
> 王大珩敬上
>
> 1986 年 3 月 3 日

图 9　向中央提出发展高技术建议"863"计划的 4 位科学家

（右起：王淦昌、杨嘉墀、王大珩、陈芳允）

信中提及的"关于跟踪研究外国战略性高技术发展的建议"文稿，王淦昌他们四人前后共用了一个月时间。在这个"建议"中主要写了以下几个重点问题：

①高科技问题事关国际上的国力竞争，中国对此不能置之不理。

②在关系到国力的高技术方面，首先要争取一个"有"字，有与没有，大不一样。真正的高技术是花钱买不来的。

③鉴于我国的经济情况，从事高技术的规划与范围，无法与工业发达的国家相比。因此，必须"突出重点，有限目标"，强调储备与带动性。

④积极跟踪国际水平，要在能进入所涉及领域的国际俱乐部里，占有一席之地。

⑤发挥现有高技术骨干的作用，通过实践，培养人才，为下一个世纪的发展做好准备。

⑥时不我待，要有紧迫感，发展高技术是需要时间的，抓晚了就等于甘居落后，难于再起。

王淦昌他们四人写于 1986 年 3 月 3 日给邓小平的信及报告如果通过正式渠道，按部就班地一级一级往上走，信和报告到小平同志手上，至少也得几个月。可是时间不等人啊，怎么办，最好的办法就是"走后门"，尽管不合规矩，但考虑到这是为了国家大事可以试试。后来就请王大珩的一个助手叫张宏（即邓楠的爱人），当天就把信和报告亲自送给了邓小平。

邓小平同志看完信后，于1986年3月5日就对王淦昌他们的来信作了批复，全文如下：

"这个建议十分重要，找些专家和有关负责同志讨论，提出意见，以凭决策。此事宜速作出决断，不可拖延。"

邓小平

1986年3月5日

1986年3月8日，国务院召集有关方面负责人，对王淦昌等四位科学家的建议信进行充分讨论。最后决定，由国家科委主任宋健和国防科工委主任丁衡高负责组织论证我国高技术发展计划的具体事宜。接着，国务委员张劲夫邀请王淦昌四人详谈经费问题。王淦昌估算："能省就省，尽量省吧，一年能给2个亿就行。"

1986年4月，全国200多名科学家在北京讨论《国家高科技研究发展计划纲要》。最后《纲要》确定"有限目标，突出重点"的方针，选入7个领域15个主题项目。这7个领域是：生物技术、航天技术、信息技术、激光技术、自动化技术、能源技术、材料技术。

因为《国家高科技研究发展计划纲要》是在王淦昌四人于1986年3月3日写给邓小平同志的信和报告基础上形成的。故后来把此《纲要》干脆就简称为著名的"863计划"。可见，我国的"863计划"是王淦昌他们四人直接上书邓小平的结果，毋庸置疑，其意义是极其深远的，特别是它对我国高技术发展具有重要的战略意义。在这里，我们可从当时的国际、国内形势及"863计划"实施15年以来所取得的科研成效及经济效益来印证这一点。

美国总统里根于1983年3月提出"星球大战计划"，引起了全世界的注意。这个计划既是军备发展计划，又是高科技发展计划；名义上是对付前苏联的，实际上是借此机会把美国在新技术方面推动一下。"星球大战计划"在现实性上比较渺茫，但是从威慑目的出发，提出了战略方向，从而对一系列前沿科学技术展开了论证及可行性的研究。这种形势各发达国家看得很清楚，欧洲、日本和前苏联都动起来了，纷纷提出相应的计划。欧共体提出"尤里卡计划"，日本提出"今后10年振兴科学技术政策大纲"，前苏联在原有计划的基础上及时作了调整和部署，悄悄制定了"加速发展战略"，加速科技成果应用于军事领域。

那么中国怎么办？我们国家曾经搞出了"两弹一星"，在国际上争得了一点地位，同时也建立起我国高技术的初步基础，积累了一定的经验。要是不努力赶上去，就会又落后，前功尽弃。针对世界形势的变化，有关部门已经开始考虑对策问题，组织有关专家进行座谈，提出过要采取对策的设想。但在具体行动上，并未真正落实下来，对高新科技的发展还未予以足够的重视，一些前瞻性和长远的设想更显得不够。这就让有识之士十分焦急。于是，王淦昌他们四人一合计，思想上互相促进，形成了一个给中央领导邓小平的报告，希望以此为契机，为国家的长远发展做点事。

国家“863 计划”选择了生物技术、航天技术、信息技术、激光技术、自动化技术、能源技术、新材料和海洋技术（1996 年新增）8 个高技术领域作为我国高技术研究发展的重点。自 1986 年至 2001 年“863 计划”实施以来，国家在 15 年中共投入经费 110 亿元，约有 200 多个研究机构，100 多所高校，上百个企业的 4 万名科研人员参与了“863 计划”的研究开发工作，发表论文 47 000 多篇，获得国内外专利 2 000 多项。在 6 个领域的 230 多个专题研究方向，共资助研发项目 5 200 余项，累计创造新增产值 560 多亿元，产生间接经济效益达 2 000 多亿元，形成了一支具有较高水平的研发队伍和一批具有先进实验条件的研发中心和产业化基地。

“十五”期间，“863 计划”继续瞄准世界高技术发展前沿，加强创新，实现从重点跟踪到突出跨越的战略转变，着重解决事关国家中长期发展和安全的战略性、前沿性和前瞻性高技术问题，发展具有自主知识产权的高技术，培育高技术产业生长点。通过对重大专项的集成性创新，逐步实现我国高技术从跟踪到跨越的转变。

以上综述及一系列醒目数据，足以说明中国的“863 计划”实施所产生的社会效益和经济效益均是惊人的、巨大的，同时它亦证明了邓小平同志的“科学技术是第一生产力”的英明论断是正确的。然而“因果关系”告诉我们没有王淦昌他们四人，也就没有中国的“863 计划”。“863 计划”已经取得如此大的社会、经济效益，更何况它还在向更深更广的目标进军，可见王淦昌他们四人的建言贡献是巨大的。我们深信王淦昌等四人连同“863 计划”将永远载入我国的历史史册。

纵观上述各例，似可得出如下结论：王淦昌同志的参政议政可谓是高层次的，重量级的，他老人家参政议政的政治热情及参政议政的高质量均为我们学习的楷模。

五、王淦昌的家世与生平简介

为了能让中国人，特别是物理界的晚辈永远记住王淦昌这位帮中国人赢得荣誉的物理学大家，下面有必要向读者介绍王淦昌先生的家世与生平。

1907 年 5 月 28 日，清光绪三十三年阴历丁未年四月十七日，王淦昌生于江苏省常熟县支塘镇枫塘湾。祖父务农，久居支塘镇西石桥村。父亲王以仁，号似山，为当地著名中医。后举家迁至枫塘湾，拥有百亩田产和十余间宅院，曾出资修建“王氏义庄”宗祠。前妻过世后，留下三女。大女、二女出嫁，三女招张姓为婿，改名王舜昌，号绥之，跟随学医。

母亲姓宗，乳名秀宝，读过私塾，年轻漂亮，为王以仁继室。数年未孕，领养王鉽昌，在王家排行第二。一年后有孕生子，起名王淦昌。

图 10 王淦昌在山东大学执教时留影(1934 年)

1911 年清宣统三年，父亲王以仁过世。1913 年，王淦昌 6 岁，在其母亲宗秀宝携带下，与二哥王鉽昌、侄儿王振基到“王氏义庄”读书。私塾先生名叫龚兆林，留有长辫子，让学生敬畏。龚兆林教王淦昌读《论语》、《孟子》，由于王淦昌聪明、用功，做事认真，深得龚兆林老师的称赞。1916 年，王淦昌进沙溪镇(今太仓县)小学学习《古文观止》。1920 年春，王淦昌母亲病逝，王淦昌年仅 13 岁。1920 年夏，王淦昌听从外婆安排，与年长他三岁的吴月琴结婚。吴月琴，时年 17 岁，常熟县董浜镇人，识字不多，不大会写信。1920 年秋，王淦昌在江苏省常熟县沙溪小学毕业。在其大哥王舜昌支持与外婆关照下，随表兄崔雁冰到上海浦东中学读书。王淦昌进入上海浦东中学读书后，在数学老师周翰澜，英语老师盛炎斐、严琬滋培育下进步很快。1924 年夏，王淦昌在上海浦东中学毕业，同时在学校自学小组读完大学一年级微积分课程。1924 年秋，王淦昌进私立海澜英文专修学校，随平海澜夫妇补习英语，只学了一学期，因经济困难学校停办。后来王淦昌又到新闻路汽车学校学开汽车半年。

1925 年夏，王淦昌报考清华这所留美预备学校大学部，被录取为该部第一级生，后改称清华大学第一届本科学生。1926 年秋，王淦昌升学二年级，在物理先辈叶企孙先生影响下分到物理系。1927 年秋，王淦昌在清华大学物理系听著名物理学家吴有训教授讲授近代物理。1929 年 6 月，王淦昌以优异成绩毕业于清华大学物理系，他是清华大学历史上第一届物理系本科毕业生，一起毕业的学生只有 4 人，他们分别是王淦昌、施士元、周同庆、钟间。毕业后，王淦昌留校当清华大学物理系吴有训教授的助教。1930 年夏，王淦昌考取江苏省官费留学研究生，到德国柏林大学威廉皇家化学研究所师从迈特纳。王淦昌曾先后在格丁根和柏林大学听过玻恩、米译斯、海特勒、诺特海姆、弗兰克、薛定谔、德拜等世界物理名人和物理学大师的课。1933 年 12 月 19 日，王淦昌完成博士论文《关于 ThB+C+C″的 β 谱》，寄德国《物理学期刊》。年底通过博士论文答辩，获得博士学位，时年 27 岁。

图 11 浙江大学物理系师生欢迎王淦昌从美国考察归来(1940 年 12 月 1 日)

1934 年 4 月王淦昌回到中国上海，7 月经叶企孙举荐，王淦昌到青岛山东大学物理系任教，教授近代物理。1936 年秋，应浙江大学竺可桢的聘请，与何增禄一起到杭州浙江大学物理系任教授、系主任。1950—1956 年，任中国科学院近代物理研究所研究员、副所长。1955 年，被选聘为中国科学院数理化学部的学部委员(院士)。1956—1960 年，任前苏联杜布纳联合原子核研究所研究员、副所长。1960—1978 年任第二机械工业部(现中国核工业总公司)九院副院长，参与领导核武器研制工作。1978—1982 年任二机部副部长，兼任原子能研究所(现中国原子能科学研究院)所长。1979 年加入中国共产党。1980 年当选为中国科学技术协会第二届全国委员会副主席，中国核学会理事长。1981 年当选为中国科学院主席团成员。1982 年任二机部科学技术委员会副主任。1986 年被授为中国科学技术协会荣誉委员。1988 年任中国核工业总公司科技顾问。

王淦昌同志还是第三、四、五、六届全国人大常务委员会委员，中国核学会荣誉理事长，中国工程物理研究院高级科技顾问，中国原子能科学研究院名誉院长。

王淦昌同志是一位德高望重、科学成就卓著的核物理学家，是我国实验原子核物理、宇宙射线及基本粒子物理研究的主要奠基人和开拓者，在国际上享有很高的声誉。

王淦昌同志参加了我国原子弹、氢弹原理突破及核武器研制的试验研究和组织领导，是我国核武器研制的主要奠基人之一。

王淦昌同志十分重视核能的开发和利用，他是最早在我国介绍核电站的科学家。

王淦昌同志非常关心我国科学技术，特别是高科技事业的发展。1986 年 3 月，他与王大珩、杨嘉墀、陈芳允一起提出了对我国高技术的发展有重要意义的建议，在邓小平同志亲自批示和积极支持下，国务院在听取专家意见的基础上，制定了我国高技术发展的“863 计划”，为我国高技术发展开创了新局面。

王淦昌同志不仅自己是一位中国科学院资深院士，而且十分重视发现和培养人才。他在浙江大学从教十几年，注重对学生的基础理论教育和实验训练，培养了一批优秀的科学家。解放后，他在科研工作中，注意根据每个年轻人的特点安排工作，发挥其特长，培养出了一大批优秀的实验核物理学家。中国科学院院士中有 14 位是他的学生，或受过他的指导，更有甚者，1957 年获诺贝尔物学奖的李政道教授，是王淦昌先生在浙江大学任教时的得意门生，用李政道自己的话讲：“淦昌师是我物理学的启蒙恩师。没有他在浙江大学的教诲，就不可能有我今天在物理学上的成就，我永远感谢和记住他。”

王淦昌同志一生共养育了五个孩子，通过他的言传身教，五个儿女都具有一颗热爱祖国的纯洁之心，他们不怕艰难困苦，不争权势，刚直不阿，各自在科研教育战线上尽职尽责地为祖国、为人民服务。王淦昌为自己的儿女们能够踏实地生活和工作而感到无限的欣慰。

王淦昌五个儿女情况如下：

1925 年 4 月，王淦昌大女儿王慧明出生。1951 年王慧明在上海交通大学财务管理系毕业，留校后曾到中国人民大学进修，随后回交通大学担任党政管理工作于 1985 年退休，现居住在上海。1927 年王淦昌二女王韫明出生。1949 年王韫明毕业于浙江大学生物系，留校任助教，后调往南京师范大学任教，现任教授，虽年近七旬，仍在不辞辛劳地孕育着年青一代，现居住在南京。1930 年 5 月王淦昌长子王懋基出生。王懋基 1952 年因祖国需要，提前一年毕业于浙江大学物理系，分配到中央地质部，后到内蒙白云鄂博探明铁矿藏，1955 年调往大庆探测石油，1959 年又去江汉油田工作。几十年来他为寻找祖国宝藏而南征北战，风餐露宿。他的研究成果《发现大庆过程中的地球科学》获 1982 年国家自然科学一等奖。王懋基为地矿部航空遥测中心研究员及高级工程师，现居住北京。1940年6月，王淦昌三女王遵明出生。1963年王遵明毕业于南京大学生物系，分配在中国科学院动物研究所从事昆虫区系分类的研究，是这个研究所的副研究员，现居住在北京。

小儿子王德基1962年毕业于江苏盐城工业专科学校，分配在机械工业部成套设备局工作，妻子赵素巧是核工业部的干部，1987年她随王淦昌从核武器基地回到北京后，结束了两地分居的生活，从此一家人和父母生活在一块儿，小儿夫妇俩尽心尽力地照顾着双亲的生活。

1998年9月10日，王淦昌因肺炎住进北京医院，随即进行胃镜检查，发现胃癌，已是晚期，估计有一年历史，1998年12月10日21时48分，王淦昌在北京医院因胃癌医治无效逝世，享年91岁。

王淦昌同志病重期间和逝世后，江泽民、李鹏、朱镕基、李瑞环、尉健行、李岚清等党和国家主要领导都前往医院看望或以多种形式表示深切哀悼并向其亲属表示亲切慰问。

1998年12月25日，胡锦涛、周光召、丁石孙、宋健、朱光亚、王文元等同志参加了在北京八宝山革命公墓礼堂举行的王淦昌同志遗体告别仪式。

十里青山，恭迎英灵。2000年4月18日上午，常熟籍著名核物理学家王淦昌院士骨灰安葬仪式在虞山公墓举行。2002年5月28日，是王淦昌诞辰95周年纪念日，这天其故乡的支塘中学更名为王淦昌中学。

1999年4月，中国物理学会设立“王淦昌物理奖”，王淦昌子女遵照父亲意愿，捐资50万元作为基金，奖励对象是在粒子物理和惯性约束聚变研究中作出突出贡献的科研人员，后又在常熟支塘中学捐资10万元设立“王淦昌奖”。

1999年9月17日，国家天文台把1997年发现的小行星(国际永久编号为14558)正式命名为“王淦昌星”，以表彰王淦昌在核物理、宇宙线、粒子物理以及在核武器研制中作出的杰出贡献，从此王淦昌的名字将永载史册，光耀中华。

参考文献

[1]胡济民等编. 王淦昌和他的科学贡献. 北京：科学出版社，1987

[2]李瑞芝等. 核物理学家王淦昌. 北京：原子能出版社，1996

[3]吴水清主编. 追求卓越——王淦昌年表. 北京：经济科学出版社，1999

[4]宁平治，唐贤民，等. 杨振宁演讲集. 天津：南开大学出版社，1989

[5]凌瑞良. 王淦昌的“中微子探测建议”与诺贝尔奖擦肩而过. 物理与工程，2006，16(6)

[6]李瑞芝等编. 核物理学家王淦昌. 北京:原子能出版社,1996

[7]李寿木丹. 一代宗师——王淦昌教授回国工作 60 年. 物理,1994,23(12):745

[8]陈崇斌. 中国激光惯性约束奠基人——王淦昌. 现代物理知识,2007,19(1):56—58

第七讲　中国的居里夫人——吴健雄

诺贝尔物理学奖自1901年开始颁奖至今已有100多年的历史。这100多年正是现代物理学大发展的时期，100多年来的颁奖显示了20世纪物理学发展的轨迹。可以说，诺贝尔物理学奖是20世纪物理学伟大成就的缩影，折射出了现代物理学的发展脉络。100多年来，诺贝尔物理学奖已家喻户晓，诺贝尔物理学奖已取得至高无上的地位。之所以如此，有如下几个原因：首先是它的奖金丰厚。颁奖开始的时候每项奖金可达3万美元，这个数目可以使得一个科学家在20年内不需要任何别的收入而继续他的科学研究。其次，它总是能及时跟踪科技前沿的发展，从而在客观上引导了未来科学研究的方向，对科学进步有举足轻重的作用。最后，但也是最重要的，它几乎没有漏掉公认的最有成就的科学家。请读者注意，以上申述诺贝尔物理学奖之所以能达到至高无上地位的三点理由均出自《20世纪：探究宇宙与生命之谜》一书，很明显作者特别是强调了第三点理由，遗憾的是事实却证明偏偏是这第三点理由屡出问题。其实这也并不奇怪，本来世界上就不存在绝对的事，幸亏作者在申述第三点理由时有意无意地加上了"几乎没有"四个字。别的不说，就咱们中国而言，获得全球科学界最高荣誉的诺贝尔物理学奖的华人科学家已有五位——他们是杨振宁、李政道、丁肇中、朱棣文、崔琦。其实还有一些华人科学家所作出的贡献，并不逊色于这五位诺贝尔物理学奖得主，令人叹惋的是他们与诺贝尔物理学奖擦肩而过，有个别人，就是被漏掉了的公认的最有成就的科学家，此人就是当代世界最伟大的科学女性，著名物理学家吴健雄女士。稍加留心，不难看到，这位世界顶尖级的物理学大师吴健雄女士头上戴有中国的居里夫人、物理科学第一夫人、核物理女皇、诺贝尔物理学奖的保姆、卓越的世界公民等桂冠，真是美誉全世界。

图1　著名物理学家吴健雄

一、吴健雄的家世及其简历

吴健雄教授系江苏省太仓县浏河镇人，1912年5月31日生于上海，小名叫薇薇。

吴健雄是吴家第二个出生的孩子，却是头一个女孩。在吴健雄这一辈，是排健字辈，第二个字则是以“英雄豪杰”顺次采用。在吴健雄之上，有一个1909年生的哥哥，叫健英，后来还有1920年出生的弟弟健豪。吴健雄出生之时，她的祖父，清末中过秀才的吴挹峰老先生还在世，吴健雄的父亲叫吴仲裔，是1888年（清光绪十四年）出生，吴健雄出生时他是24岁。吴仲裔是一个思想极端开明、有见解、有胆识的人物，他和吴健雄最亲近，相当疼爱吴健雄，对吴健雄的一生也有最深远的影响。

吴仲裔小学是在太仓县立第三高等小学念书，毕业后考入上海著名的南洋公学，这个学校就是后来上海交通大学的前身。吴健雄一直表示她对父亲有很深的爱，不仅因为他父亲有很渊博的通过自学获得的科技知识并是一位勤奋的机械工程师而非常尊敬他，而且也为她父亲的令人钦佩的生活方式和在抗日战争期间冒着巨大风险帮助建造当时十分需要的滇缅公路表现出来的爱国热忱所感动。

可以说，吴健雄出生于地道的读书人家，在她幼年人格的成长和发展上无疑受到了她父亲最大的影响，为她成年后能干出惊天动地的大事奠定了扎实的基础。

吴健雄的小学教育是在浏河镇的明德学校接受的。这所学校就是她父亲创建的。由于吴健雄的父亲是一个新观念之人，自然也特别着重教导吴健雄一些新的知识，他常看上海商务印书馆出版的《百科小丛书》，为吴健雄讲述其中有关一些科学家的故事，这使吴健雄很小便对这些奇妙的自然知识的探索，深深感兴趣。

1923年，吴健雄11岁，毕业于浏河小学，就在这一年她离开童年生长的浏河，到离家50里地的苏州女子师范去念书。

吴健雄小学毕业参加了苏州第二女子师范的入学会考，那年苏州女子师范招收了两班师范生和两班普通中学生，吴健雄在接近万人的考生中，以名列第九的成绩，成为入学200人中的一员。

苏州第二女子师范当时是一个相当有名气的学校，原因是苏州女子师范的校长梅诲玉女士，是一位有眼光的教育家，她有很多新的观念，在苏州女师办了多项实验教育，得到海内外教育界的重视。在苏州女师的实验教育中，除了聘有许多优秀的师资，教授新式教材的课程外，学校教育上很特别的一点，就是经常邀请国内外有名的学者来校演讲，当时北京大学才华横溢的年轻教授胡适就是其中一位。吴健雄本来文章写得很好，又对胡适很崇拜。胡适来苏州女师演讲的题目是《摩登的妇女》，吴健雄有幸聆听了这场演讲，胡适的“道德标准是和生活水准有关系的”观点深深地启发了她。

1929年吴健雄以最佳成绩由苏州女师毕业，因成绩很高，她就被南京国立中央大学免试录取。吴健雄念的是师范，照规定要先教书服务一年，才能继续升学。

但是，由于当时师范生服务的规定并没有那么严格，因此，吴健雄在这一年中，没有去教书，反倒是去了上海的中国公学，也因而成了胡适最得意的学生。

说实话，吴健雄师范毕业时，虽说她强烈地感觉到她对研究科学有深的兴趣，但却缺乏中国文学和社会科学的知识，所以她就此事请教了父亲。她父亲告诉她，一位著名的中国学者，即胡适博士，正应邀在上海的中国公学教中国文学课。于是，吴健雄决定在到国立中央大学以前，先到中国公学去读一年书。

其实好学心切的吴健雄，确实是想再多学习一些东西。由于是师范毕业，虽然成绩出众，但却觉得自己学得不够，不但最有兴趣的数学、物理等科学课程，其他文史学习上，也都觉得有欠缺。因此吴健雄到中国公学后，除了选修数学方面的两门课程，此外她还选修了胡适博士的中国文学，中国有名历史学家杨鸿烈教授的历史，有名社会学者马君武的社会学。

胡适当时是举国知名的留美学者，翩翩的风采和广博的才学，深深地吸引着吴健雄。在一开始的时候，胡适当然是不认识吴健雄的，胡适在中国公学知道他有一个极优秀的学生吴健雄，可能是在一次考试之后。那一次考试，吴健雄坐在中间最前面，就在胡适面前，考试是三个小时，吴健雄两个小时就头一个交了卷。

胡适很快地看完了卷子，送到教务室去，正巧杨鸿烈、马君武都在，胡适就说，他从来没有看到一个学生，对清朝三百年思想史懂得那么透彻，我给了她一百分。杨鸿烈、马君武二人也同时表示，班上有一个女生总是考一百分，于是三人各自把这个学生的名字写下来，结果拿出来一对，三人写的都是吴健雄。

吴健雄在中国公学整整学了一年，为自己正式进入大学作了各种准备，使她有了足够的信心。1930 年秋天吴健雄正式进入南京中央大学的数学系。

吴健雄进中央大学之时，近代中国正处于一个纷争动荡的年代，与日本的关系也紧绷如弦，冲突一触即发。

中央大学是民国初年以来，先后由几位教育家的擘画主持，在南京的大石桥区创建起来的。这所学校 1915 年初创办之时，叫做南京高等师范。前任校长是当时一位国学名宿江谦。

吴健雄进中央大学前，学校曾经历一段学潮和频易校长的动荡时期，但由于校方聘来教师俱一时之选，校中学术风气十分浓厚，因此中央大学不但没有停滞，还发展成一所为各方学子仰望的一流学府。

初进中央大学时，吴健雄念的是数学系，一年之后，她转到自己最有兴趣的物理方面。那时中央大学物理系有许多名师，像系主任方光圻研究光学，是一个个头高大的老师，他一向热心提携后进，对吴健雄这个成绩超群的女生，更是奖掖有加，另有在欧洲跟随居里夫人做过研究的施士元，以及后来成为中国著名天文学家，并担任过南京紫金山天文台台长的张钰哲和教电磁学的倪尚达等，皆为一时之选。

任何人只要对近代物理发展过程作一些探究很快就可以明白，像吴健雄这样一个资质优异的年轻学子，为什么那时候必然会对物理发生浓厚的乐趣。30年代初，吴健雄开始她的大学求知生涯之时，近代物理科学在欧洲正进行着前所未有的革命性发展。好多令人兴奋而惊讶的物理科学进展，18岁的吴健雄虽然并不是全部知道，但是她早些年念过居里夫人的故事，对居里夫人的一些工作是知道的。居里夫人是吴健雄的典范，她经常会提到居里夫人如何如何，流露出崇敬的神情。她完全没有想到的是，不到20年后，自己会因为在原子核物理方面杰出的实验工作，而被誉为“中国的居里夫人”，而她的老师及多位外籍诺贝尔奖得主甚至都认为，吴健雄在科学上的贡献，比居里夫人还要大。

吴健雄在中央大学求学时，并不太参与娱乐活动，对她最为爱护的叔父吴琢之在假日经常会开车来接她和同学出去逛逛，或吃一个小馆子，大多时她会推辞不出去，假日留在学校念书。

吴健雄在中央大学时代，还有几个特别相熟的女朋友。一个是念化学的朱汝华，她同吴健雄是同时期赴美求学的太仓同乡人，她后来成为一位杰出的学者，在美国也作出了突出的成就，当选过美国第一任化学学会女性会长。还有就是一位像是手帕交情的女友，叫董若芬。董由于和吴健雄是同乡，两人更是亲昵，后来是一同结伴乘船赴美念书的。

在中央大学四年时光中，吴健雄生活的重心，还是她的求知努力。经由她的师长，像光学的系主任方光圻、后来教授近代物理的施士元的教诲，吴健雄已慢慢超越了她身处的时空，加入了追寻宇宙奥秘的科学知识探索的队伍。

吴健雄在中央大学求知时除了物理之外，她还在理学院旁听其他课程。很快她在同学和师长间都得到极高的赞赏，同学间经常谈论着一位物理系的女生吴健雄是如何地杰出，教授她的老师如施士元、方光圻，对她自是万分欣赏，都认为她前途无量。

据施士元回忆说：“我于1929年到1933年在法国巴黎镭学研究所师从皮埃尔·居里夫人进行核谱学的研究，1933年通过论文答辩获得巴黎大学博士学位。尔后我回到中国受聘为中央大学物理系教授，并担任系主任。当时四年级共有12名学生，吴健雄是其中之一。我注意到她的中国字写得十分刚劲流畅，方正端庄。在中国，字如其人，吴健雄的人正如她的书法风格那样，始终勤奋刻苦，一丝不苟地努力工作着。”

1934年春天，吴健雄由中央大学毕业，她还跟施士元作了毕业论文，论文题目是《晶体中X射线布拉格衍射方程的验证》，毕业的成绩出类拔萃。

吴健雄中央大学毕业后，先去了浙江大学做了一年助教。浙江大学当时吸引了不少年轻一辈学者，在学术上发展很快，当时正在中国的英国学者李约瑟(J. Needham)曾经誉之为“东方的剑桥”。

吴健雄在浙江大学的一年中，王淦昌和李政道都还未去。到了快暑假的时候，物理系的主任张绍中到吴健雄办公室问她，要不要到“中央研究院”去工作，那时一般要进“中央研究院”物理所还要考进去，并不容易，吴健雄当时并不知道是何人推荐她去，当然很高兴地同意了。原来推荐吴健雄进“中央研究院”的不是别人，还是吴健雄的恩师施士元。施先生介绍吴健雄到中央物理研究所的原因有两个，一是作为吴健雄的老师，实在太了解她的才能，二是物理所所长正是施士元先生在清华的老师。那时物理所主任是丁燮林，指导吴健雄的是一位女研究教授顾静薇。在吴健雄快去物理所时，顾静薇一次遇到当时在化学研究所研究的程崇道，还问她认不认识吴健雄，程崇道回答，“是的，我认识她，她是我们同学中的健者，智慧高，能力强，做事认真，性情和善”。顾静薇心中也暗自庆幸，物理所能物色到像吴健雄这样的优秀人才。

吴健雄到了物理研究所，便和由美国密西根大学获得博士回来的顾静薇一块工作。她们的实验室分成两间，大的是暗室，小的是讨论室，这两位有雄心的新女士都想窥探原子内部的奥秘。她们计划在低温下测定某种气体的光谱，因此花了许多工夫进行仪器装置、气体的净化和高真空获得工作，她们朝夕埋首于暗室中，几乎到废寝忘食的地步。这一时期的工作对吴健雄来说太重要了，它为吴健雄日后做重大实验奠定了坚实的基础。

由于那时吴健雄已决心要出国继续深造，因此亦努力学习英文，当时指导她的顾静薇十分的鼓励她。

1936 年 7—8 月间，吴健雄得到她叔叔资助出国的费用，准备到美国密西根大学念书。那时候，越洋赴美，还没有长程客机，必须坐轮船。吴健雄便和同乡董若芬一块以二等舱的票价，住进“胡佛总统号”轮船的头等舱里，横渡太平洋赴美念书。

1936 年 8 月，吴健雄的父母家人亲戚朋友，齐聚黄浦外滩给她送行。由于轮船不能靠黄浦江岸边，要用小船接驳送出去，因此大家在岸边就告别了。

吴健雄还记得那天母亲哭得很伤心，最疼爱她的父亲和叔叔也十分不舍。本认为只是出国几年，很快就可以学成回家的，哪知道一去就是 37 年的离别，也再没有能见到至爱的双亲。

1936 年 8 月，24 岁的吴健雄背井离乡，只身来到美国加州旧金山。原计划她只是在旧金山停留一个礼拜，探望她的一个林姓女同学，一周后便要继续东行，到密西根大学去念书，哪里知道这一留，竟使她改变了原心意，在加州柏克莱留了下来。

图2　1936年吴健雄在柏克莱大学留学

吴健雄到加州大学柏克莱时，学校已经开学。当时学校中有一个华裔学生，中国学生会会长叫 Victor 杨，人很活跃热心，他见到吴健雄，便告诉她说，刚好一个礼拜前才来了一位中国学生，是念物理的，可以带吴健雄参观物理系，那位中国留学生就是袁家骝。袁家骝是清末重臣、民初一方人物袁世凯的孙子。不过当初吴健雄并不知道袁家骝和袁世凯的关系。

吴健雄在袁家骝的带领下参观了建在一个小山丘起伏地形上的柏克莱校区，做过一些X晶体衍射光谱实验的吴健雄，看到柏克莱物理系各种不同的实验及新建的放射性实验室，特别是实验室中新建的一具37英寸的回旋加速器，对于这种可以用于加速带电粒子撞击不同原子核，进行当时最热门原子核实验的奇妙仪器，吴健雄是欣羡莫名的。

当时柏克莱物理系虽然不像美国东海岸的哈佛、耶鲁、哥伦比亚等一些学校有名，但已吸引了一批年轻而具顶尖水准的物理学家，像发明和建造回旋加速器的劳伦斯，当时才35岁，另外在物理系中，还有一位绝顶聪明的年轻理论物理学家奥本海默。

奥本海默在哈佛大学念化学毕业。1925年开始到英国和德国去游学，那正是欧洲量子力学发轫之时，他和波恩(M. Born)、狄拉克(P. Dirac)等一些当时最顶尖物理学家有密切友谊。他的一流物理才分，他的尖锐言辞和喜好质疑，加上强烈的自我表现个性，使他1929年到柏克莱物理系任教后，很快成为一个传奇性的人物，那时奥本海默才28岁。

聪慧过人，对物理科学发展有着极佳眼界，又具强烈成就动机的吴健雄，很快就发现柏克莱物理系有无可抗拒的吸引力，这正是她梦寐以求的探索科学知识的地方，因此，她立即有了留在柏克莱、不去密西根大学的想法。

于是吴健雄在袁家骝的陪同下，去见了当时柏克莱物理系主任柏基(R. Birge)。尽管柏基对中国人和女性有偏见，但这显然并没有阻止他看出吴健雄超凡的物理才华，柏基深知要造就一个好的物理系，除了一流的老师，也要收一流的学生。因此，虽然学校已开学，柏基还是特别破例接受吴健雄的申请，欢迎她进入柏克莱物理研究所就读。

吴健雄在柏克莱停留下来，住进离学校不远的国际学舍里，除了科学，她也努力学习英文和了解美国事务。但是有两件事，她却一直保有中国式品味，其中之一是衣着，吴健雄的衣着总是中国式的高领旗袍，另外一样就是饮食，她长期坚持中餐。

吴健雄在柏克莱念完一年，成绩相当的好，在得到学校奖学金后，她继续留在柏克莱物理系，认真地上课求知。由于她才华出众，发奋努力，加上外貌妩媚，气质高雅，个性又开朗率真，在物理系师生间成为一个焦点人物，物理系的男同学都众星捧月般地仰慕她，公认她是系花美女。

头两年的一般课程上完后，吴健雄开始准备她的博士论文报告，即开始寻找一个指导教授，选定一个实验题目。一开始吴健雄名义上的指导老师是柏克莱放射实验室任主持人的大科学家诺贝尔奖得主劳伦斯，而实际上指导她做实验的是一位20年代跟随大科学家费米(E. Fermi)在罗马做出一些有名原子核实验工作的塞格瑞。

1938年吴健雄的头一个实验工作，由劳伦斯指导，题目是探究放射性铅因产生β衰变放出电子，而激发产生出两种型态X光的现象。

1939年吴健雄由塞格瑞指导进行的实验，是当时世界上科学家特别感兴趣的研究铀原子核分裂的产物。这一系列的实验工作，对吴健雄而言，可以说有两大重要意义。其一是这些实验虽有塞格瑞指导，但是大多数是吴健雄独立完成的，另外则是其中一项结果，为后来美国造原子弹的“曼哈顿计划”提供了关键的贡献。

图3　1940年吴健雄取得博士学位留影

吴健雄是1940年得到博士学位的。她的研究论文就是前面提到的两项研究，两项研究吴健雄不但都写成论文，发表在国际上最重要的《物理评论》期刊上，而且其实验结果在科学上也都有相当重要的意义。吴健雄得了博士学位后，继续在柏克莱做了两年博士后研究。她的实验工作是研究铀元素的分裂产物以及一些元素的放射性同位素。

吴健雄在原子核分裂和放射性同位素方面的杰出工作，当时已经使她成为奥本海默等许多大科学家口中的“权威专家”，经常被请去在讨论会上讲这方面的一些专题。

吴健雄在美国专心致志于科学研究，但她也并没有忘记自己出国的目的。中日战争爆发后，她曾经想过是不是要回到中国去，后来日本发动太平洋战争，航路邮件断绝，更使她望断乡关。也许是她的心根深于中国，平时在和外国好友谈话时，她会不自觉说起中国话来，讲课时，物理公式像中国字一般，在黑板上由右向左写出来。毫无疑问，这时吴健雄已经成为加州大学柏克莱分校的一个传奇人物，当地的报纸都有专文报道，中国国内也有关于她是“中国居里夫人”的说法。

吴健雄是一个真正的东方美女。由于才貌出众，在美国有许多人看中她，包括一些获诺贝尔奖的大科学家，但最后她还是选中了与她志同道合的袁家骝博士作为终身伴侣。

袁家骝出身世家，祖父是袁世凯，父亲叫袁克文。袁家骝自幼一直在老家河南安阳念书。13 岁才到天津南开中学求学，一个月后，再转入英国伦敦传教会办的新学书院。19 岁那年他考上工商大学念工程学。

1930 年袁家骝转到燕京大学念书，又得到中国著名理论物理学家谢玉铭的教授，喜爱无线电。1932 年他由燕京大学毕业入研究院念了两年。1934 年得硕士学位，1936 年袁家骝赴美求学。

吴健雄和袁家骝是在加州理工学院所在的洛杉矶帕沙迪纳结婚的，日期是 1942 年 5 月 30 日，一个星期天，这一天也正好是吴健雄阳历 30 岁生日的前一天。

婚礼是在袁家骝的指导教授密立肯家中举行的。密立肯是因测量出电子的带电荷量而获得诺贝尔奖的美国大科学家，当时是加州理工学院院长，因此有一个很大的住宅。由于时值二次大战，加上美日太平洋战争也已爆发，吴、袁两人在中国的亲友都不能来参加，因此婚礼由密立肯替他们主婚，由一位也是名牧师的加州理工学院教授索瑞斯替他们主持婚礼仪式。

图4　1942年5月30日，吴健雄与袁家骝结婚照

图5　吴健雄与袁家骝婚礼由加州理工学院院长密立肯及其夫人主婚

婚礼简单而隆重，正是吴健雄和袁家骝希望的样子。婚礼后，密立肯太太特别为他们在大宅的花园中，举行了一场婚礼晚餐宴会，吴、袁二人在美国的许多同学好友，都来出席盛会。当时也在加州理工学院求学，担任中国同学会会长，后来在中国发展导弹、卫星计划中有着最大贡献的钱学森，还替他们的婚礼拍了一部

八厘米的电影。

吴健雄和袁家骝结婚后，在洛杉矶稍南一个叫拉姑纳海滩（LaGuanaBeach）的海滨，度了一个礼拜的“蜜月”。

吴健雄与袁家骝结婚后，育有一子，名叫纬承，亦是物理博士。一门三杰，传为美谈。

二、吴健雄对美国“曼哈顿计划”的贡献

在美国，原子弹的制造，出自一个被称为“曼哈顿”的科学计划，之所以叫“曼哈顿计划”，是因为计划总部开始设在纽约市曼哈顿区，其全称应是“曼哈顿工程区域计划”。这个改变人类历史的科学计划，集合了当时同盟国许多第一流的科学头脑，据不完全统计，他们中先后获得诺贝尔奖金的至少在十四人以上，除了上述大科学家之外，还有水平和贡献大体相当的科学家多人。总之，美国第一颗原子弹曾投入了巨大的人力和财力，具体参与人员50多万人，其中科研人员达15万，耗资高达22亿美元，消耗全国1/3的电力。在献身曼哈顿计划的科学精英中，竟然有一位杰出的中国物理学家，她就是吴健雄女士（图6）。

图6　吴健雄在做实验照片

吴健雄能参与“曼哈顿计划”，值得一提的不只是她当时是一位外籍的女性科学家，尤其特别的是，她在“曼哈顿计划”中参与的工作，并非寻常普通，而是相当关键的部分。这一方面是由于她在原子核物理研究上，一开始便有了极其重要的成就，另一方面也由于“曼哈顿计划”的主持人，有美国“原子弹之父”称号的科学家奥本海默，对吴健雄这个曾经是他学生的物理新秀，特别赏识。也就是这个缘故，吴健雄才能以一个初到美国不过几年，不具备美国国籍的外国人身份得到特殊的保密许可，参加如此机密的一个国防科学计划的核心工作。

吴健雄参与“曼哈顿计划”的故事，真应从1936年她由中国乘船越洋，到美国进入加州大学柏克莱分校念书说起。

吴健雄初抵柏克莱分校时，正是物理科学在原子核研究方面大放异彩的年代。几年的科学大发展，使得原子核物理成为当时最具有挑战的前沿科学领域。

1939年1月16日，麦特勒和费许讨论原子核分裂的文章，正式出现在英国《自然》杂志上，于是原子核分裂也成了举世震惊的公开秘密。

吴健雄和导师塞格瑞也正是在这个时候，开始利用柏克莱的回旋加速器，进

行中心撞击铀原子核并分离其产出物的实验。他们的实验从 1939 年做到 1941 年,得出许多重要的结果,实验一开始虽然多是塞格瑞的想法,但是后来的许多工作却都是吴健雄独力完成的。

在那段时间中,吴健雄自己独立地在铀原子核分裂产物碘中观察并且确定了两种放射性惰性气体氙的半衰期、放射数量和同位素数量。她的工作使得东海岸回来的塞格瑞大为激赏,认为吴健雄已经是可以独立做出一流工作的杰出实验物理学家。

吴健雄在实验得到结果后,也立即写了一篇报告,列了塞格瑞和她的名字准备在物理期刊上发表。塞格瑞看了那篇论文,删去了自己的名字,后来这篇文章便以吴健雄一个人的名字,刊登在美国最有地位的《物理评论》之上。

1939 年初,几位在美国的大物理学家对核子分裂知识该不该保密有所争论,而朱立奥和艾琳·居里两人已证实核分裂的连锁反应是可能的。

由于第二次世界大战的欧陆战局日渐吃紧,占据优势的德国对于最早在柏林出现的核分裂反应,也表现出不寻常的兴趣,因此这个时期中,在美国进行原子核分裂的科学家,都心照不宣地将一些最敏感的实验结果保密。像吴健雄和塞格瑞做出来的关于铀原子核分裂出产物的实验结果,虽然 1940 年间也在两篇论文中发表了,但是其中一些有关分裂连锁反应,也就是和制造原子弹最密切相关的知识,则是直到 1945 年第二次世界大战后,才在另一篇论文中发表。

那时候在柏克莱的物理系,理论方面以奥本海默为其翘首,聚集了一批当时最聪明的科学家,这些科学精英不但是后来美国成功制造出原子弹的生力军,也是造就战后美国科学的精英。

这些科学英才在每个礼拜一晚上,都会聚在莱孔特馆底层的图书馆,进行一些讨论会,这些讨论会有时是奥本海默报告他的新理论,有时则由一个年轻科学家报告他的实验结果。这些年轻科学家中要数吴健雄报告的次数最多,并且她报告的均是有关原子核分裂的新发展。也就是说此时年轻的吴健雄已经可以与美国一些最高水准的科学家进行对话,并肩工作。那时候,同盟国的科学家虽然已经在讨论原子弹的可能性,但是还没有正式开始进行制造工作。后来由于同盟国在战事中一再失利,德国又开始禁止由他们占据捷克铀矿区的铀矿出口,使得同盟国意识到,德国可能已经在认真进行原子弹计划。

匈裔科学家齐拉德于是决定采取一些行动,首先他认为要能控制比属刚果的铀矿,于是请求和比利时皇家熟悉的爱因斯坦帮忙,爱因斯坦欣然同意。接着他和银行的沙克斯(A. Sachs)共同具名拟就一信,准备敦促罗斯福总统在美国进行原子弹计划,为了增加这封信的分量,他们也要求爱因斯坦共同具名。爱因斯坦也同意了。这一封有爱因斯坦共同具名的信函,确实是促成原子弹计划的一个关键因素，而这一事到战后曾让爱因斯坦相当的后悔。

1942年6月，美国的原子弹计划正式开始，取名为“曼哈顿工程区域计划”。首先计划是由马歇尔将军(General Marshall)担任主持人，但是不久便由顾伏将军(General L. Groves)负责其事，而后来这个计划的科学主持人便是奥本海默。

这个时候，吴健雄和袁家骝刚于5月底在洛杉矶帕沙迪纳结婚，他们在加州度完短暂蜜月后，袁家骝应聘加入RCA公司战时的雷达发展工作，吴健雄也一同到美国东海岸，应聘在波士顿附近专收女生、相当有名的史密斯学院担任助理教授。

吴健雄在史密斯学院教了一年书。1943年，她转到普林斯顿大学担任讲师，为一些参与国防计划的军官讲授物理学。1944年3月开始，吴健雄进入哥伦比亚大学当资深科学家，并且获特殊的保密许可，以一个外国人身份，参加当时美国最机密的制造原子弹的“曼哈顿计划”。

1944年美国原子弹计划已进入相当成熟的阶段，科学家对于这样一种威力惊人的炸弹，已有了肯定的认识。那时比较关键的问题是如何浓缩铀元素，并使之达到临界质量，另外则是有效引爆的技术问题。吴健雄在哥伦比亚大学参与的工作就是浓缩铀的制造，不过她的工作主要是在发展十分灵敏的射线探测器。“曼哈顿计划”那时的重心，是在新墨西哥州一个小城圣塔菲外不远的洛斯阿洛摩斯实验室，顾伏将军和奥本海默都在那里坐镇主持。实验室主要是进行原子弹本体计算、模拟和制造引爆技术发展。

另外在芝加哥新成立的冶金实验室，当时已得诺贝尔奖的费米和匈裔科学家齐拉德和威格勒几位顶尖科学家，领着许多当时最聪明的年轻物理学家，建立起一个原子反应堆。反应堆一方面用来实验可以控制的核分裂连锁反应，这是和平用途的着眼；另一方面则是生产可用作原子弹原料的一种新的可分裂元素钚。

吴健雄在哥伦比亚大学参与的铀元素气体扩散制程，是在离哥大北方十几米远的136街，一个向汽车公司租来的房子中进行的。另外还有一个实验室，则是在哥大学校里著名的普平物理实验室。那时吴健雄是在哥伦比亚大学中，一个以“特殊同盟材料”为代号的计划中工作。

1944年9月27日费米在华盛顿汉福得建立的反应堆如期开始运作，原子核连锁反应开头进行得很好，但是几个小时后便停止了。只不过这个停下来的反应，过了几个小时又再开始进行。由于观察到这种现象是与时间相关的一种变化，主持者费米和挥勒(J. Wheeler)于是怀疑，是核反应中的某种产物，会吸收大部分中子而造成反应停止。

吴健雄的老师塞格瑞便告诉他们说，“应该去问吴健雄!”因为塞格瑞知道吴健雄在中子吸收截面方面，做过相当深入的研究。于是他们就打了电报到纽约来。

尼柯斯上校接到电报(尼柯斯当时为哥大的“曼哈顿计划”国防部军方人士),就去找吴健雄,他说:“吴小姐,我接了个电报,费米和塞格瑞希望要你在柏克莱作实验结果的那篇文章,你可不可以给我。”

吴健雄和塞格瑞本来早已商议好了,那篇实验结果文章虽然在《物理评论》发表,但其中关键结果,则要等打完仗才发表。所以吴健雄说:“除非费米、塞格瑞亲口告诉我,我不能给你。”

尼柯斯上校没办法,只有去找理论组组长莫菲教授,莫菲还约了和吴健雄熟悉的黑波斯一起来看吴健雄。他说:“吴小姐,你和我很熟。尼柯斯博士对我们很帮忙,现在洛斯阿洛摩斯要这个资料,是不是可以给他们。”

吴健雄于是在黑波斯作保守秘密的保证之下才同意提供那篇实验结果的数据,并由尼柯斯开车送吴健雄回到她的公寓。文章早打好了,吴健雄把文章交给尼柯斯,再送到洛斯阿洛摩斯去。

吴健雄的这篇关于铀原子核分裂后,产生的氙气对中子吸收截面的资料,对“曼哈顿计划”的顺利进展,有相当大的贡献。

1945 年 7 月 16 日,在新墨西哥外的一个沙漠中,人类第一颗原子弹试爆成功。其惊人的威力、使人目盲的闪光和巨大的蘑菇状云层,象征一个新时代的降临。

原子弹是 20 世纪科学家协同努力的产物,它所展现的悲惨毁灭景象,使人惊骇,许多参与“曼哈顿计划”的科学家,也有屠杀生灵的罪疚,但是,在美国发展原子弹之时,德国也在进行类似的计划,这些科学家认为,如果不抢先完成计划,万一纳粹德国得到成功,恐怕是更大的一场浩劫。

有人认为,吴健雄对“曼哈顿计划”的贡献,对中国有着难以估量的重大贡献,因为,日本的提早投降,使得中国战场上牺牲的中国人少了很多。

三、吴健雄的重要科学贡献

关于吴健雄女士对原子弹的贡献,在前一节我们已向读者作了较为详细的介绍,至于吴健雄作为一个世界著名的实验物理学家,她一生对科学的贡献实在太多太大了,这一节我们主要介绍吴健雄在 β 衰变领域里最主要的三项贡献,其中任何一项都足以使人名垂史册。

对于原子核物理知识,作者本人未作过深入研究,对其历史与内容了解又甚少,故涉及吴健雄在 β 衰变领域里的三项主要突出贡献有两项无把握阐述。好在常熟籍中科院院士、南京紫金山天文台研究员陆埮先生为纪念吴健雄逝世一周年曾在《现代物理知识》第 10 卷第 2 期(第 56 期)上发表《吴健雄的主要科学贡献》

一文，文中他较为专业性地介绍了吴健雄在β衰变领域里的最主要的三项贡献，看了很过瘾。为弥补自己在这方面知识的缺陷，其中两项主要贡献在这里就借陆埮先生在文中的精彩描述与评说转介绍给大家。为此，作者谨对陆先生深表谢意，同时对读者表示歉意。

1. β谱的研究

β衰变是三种放射性现象中最神奇、最微妙，也最富有革新内容的一种，它是核物理中的一种典型弱作用过程。它的连续谱特性甚至使玻尔等人怀疑能量是否守恒！为了挽救能量守恒，泡利提出了令人难以捉摸的中微子假设。在吴健雄开始研究β衰变时，人们已经知道费米在中微子假设基础上提出的β衰变理论，但是这个理论还没有被证实，中微子也还没有被发现。费米理论所预言的β能谱包括有允许谱以及各级禁戒谱，那时人们的实验结果甚至与最简单的允许谱也不相符合，特别是其低能端有过剩电子。吴健雄与艾伯特合作，将放射源做得足够均匀，足够薄，对^{64}Cu的β谱进行了仔细的测量，消除了低能电子过剩，得到的结果与费米理论预言的允许谱符合得非常好。这个结果很快得到了许多人的证实。为了对费米理论进行彻底检验，还必须对各种禁戒谱进行测量。吴健雄与她的合作者进行了一系列的实验，对禁戒谱（特别是唯一禁戒谱）的测量，也支持了费米的β衰变理论。吴健雄的这些工作澄清了当时存在的许多严重分歧，对于β衰变机制的确立起了关键性的作用。

2. 首次证明弱相互作用中宇称不守恒

1957年诺贝尔物理学奖授予美国新泽西州普林斯顿高等研究所来自中国的杨振宁和美国纽约哥伦比亚大学来自中国的李政道，以表彰他们对所谓宇称定律的透彻研究，这些研究导致了与基本粒子有关的一些重要发现。杨振宁和李政道对所谓宇称定律的透彻研究，是指他们两人提出弱相互作用下宇称不守恒的理论，这一理论的首次实验证明就是由吴健雄女士完成的，这一实验的成功使得20世纪的物理进展发生了革命性的重大改变。

为了对吴健雄实验的伟大意义有深刻认识，下面我们有必要先作一些物理知识的铺垫。

首先要介绍“守恒定律与对称性”。守恒定律在物理学上有相当长的历史，在牛顿的时候，物理学家已了解到许多守恒定律，比如说动量守恒，或者角动量守恒，或者力学中的能量守恒。这许多很重要的定律，几百年来在物理里占有非常重要的地位。到了20世纪初，才有人了解，原来守恒的观念与对称性有密切的关系。从20世纪初到1930年左右，通过一系列的研究，大家才知道原来对称性与守恒定律可以说是同一回事。比如说动量守恒原来与物理现象在位移之下不改变(空间是均匀的)这个对称性有密切的关系。角动量守恒与物理现象在转动以后不改变(空间各向同性)这个对称性有密切的关系。

到了20世纪(尤其是1925年量子力学出现了以后)守恒定律与对称性在物理中占了更重要的地位,比如宇称守恒与左右对称。宇称是描写粒子在空间反演下变换性质的物理量,有正负之分,若在空间反演下波函数不变,则粒子具有正宇称(偶宇称),若改变符号,则为负宇称(奇宇称),其他情况称无确切宇称。粒子系统的宇称等于各粒子宇称的乘积,还要乘上轨道运动的宇称。如果粒子或粒子系统在相互作用前后宇称不改变,就叫做宇称守恒,它反映了物理规律在空间反演下的对称性。宏观物理规律在空间反演下具有不变性,即宇称守恒早已为人们所熟知。在微观领域,由于量子理论的发展,宇称守恒的原理迅速被推广到其他许多新的领域,例如核反应、β衰变、介子相互作用以及奇异粒子物理,都遵循空间反演下的不变性,即宇称守恒定律。于是大家在50年代初觉得宇称守恒定律,即空间反演下的对称性是绝对的。简单地讲,物理学里有个规律,每个守恒定律都跟一个对称有密切的关系,宇称守恒定律对应的对称实为平常所说的左右对称。20世纪50年代以前,大家都认为左右对称是绝对的。举例说,假若在香港有一辆汽车跟美国的一辆汽车是彼此的镜中的影子,不但方向盘一个在右,一个在左,而且一切都相反;美国的汽车,车刹掣是在油门左边的,这辆香港车,刹掣就在油门的右边。(这样的一辆汽车,开的时候当然要非常小心)。左右对称原理说:“把这两辆汽车的油门用同样的力量踩,二者的速度一定相等。”这说法并不是想当然,而是有准确的实验证明的。可是50年代的实验证明,这个左右对称原理在汽车上所以是对的,是因为汽车用的是汽油,汽油的相互作用是化学的,是电磁相互作用的结果,而在电磁的相互作用里,左右是对称的,即宇称是守恒的。可是在弱相互作用里左右不一定对称,宇称也就不一定守恒。

讲宇称不一定守恒,可不是闹着玩的,杨振宁和李政道就是向这一金科玉律大胆地提出质疑的人。

事情还得从历史上的“$\theta—\tau$之谜”讲起。

从1953年到1954年,戴利兹(R. Dalitz)和法布里(E. Fabri)分别指出,从θ介子和τ介子衰变过程:

$$\theta \to \pi^{+} + \pi^{0}$$

$$\tau \to \pi^{+} + \pi^{+} + \pi^{0}$$

可以分别获得这两种介子的自旋和宇称的信息。初步看来,这两种介子的宇称是一正一负。为了进一步确证,许多实验室测量研究了π介子的动量分布和角分布。到了1956年春,积累的实验数据肯定θ和τ确是具有不同的宇称,因此不可能是同一种粒子。然而,这两种粒子却具有相同的质量和寿命,应该属于同一种粒子。这就形成一个明显的矛盾，此为当时物理界面临的一个难题：θ—τ 之谜。

开始，物理学家，包括李政道和杨振宁，都试图在常规理论的框架内处理这一疑案。1955 年，李政道和奥利尔(J. Orear)猜测是不是较重的介子先衰变为较轻的。1956 年 4 月 3 日到 6 日在罗彻斯特(Rochester)召开的第 6 届罗彻斯特会议上，阿尔瓦雷斯(L. W. Alvarez)报告说，没有观察到李政道和奥利尔所预言的射线脉冲。

于是李政道和杨振宁提出了另一种解释 θ 和 τ 介子质量相等的建议。他们设想每一种奇异粒子都是宇称的双子，形成另一对称性。他们称之为宇称共轭(parity conjugation)。于是其他各种奇异粒子，例如 Λ_1^0 和 Λ_2^0 等等均应有相反的宇称。然而不久有实验说明 Λ^0 粒子没有这类现象。

在第 6 届罗彻斯特会议上，马夏克(E. R. Marshark)还提出另一设想，会不会单个 θ、τ 粒子具有更大的自旋值。不久奥利尔等人又确证这是不可能的。

物理学家开展了广泛而热烈的讨论，众说纷纭，莫衷一是。但也有人敞怀遐想。就在李、杨提出宇称双子的建议时，费因曼(R. Feynman)发言说，他和同室的布洛克(M. Block)讨论过好几夜，布洛克提出了一个问题，会不会 θ、τ 是同一类粒子而又具有不同的宇称态。杨振宁回答，他和李政道考虑过这个看法，但还没有作出定论。那位首先提出宇称守恒原理(定律)的维格勒教授也表示或许一种粒子有两种宇称。如果不是主席奥本海默(J. R. Oppenheimer)宣布休会，讨论还会继续进行下去。

李政道和杨振宁受到著名物理学家热情的鼓励，感到有必要对宇称守恒定律的实验基础作一番详细的调研。他们认真分析了已有的实验资料，发现在基本粒子弱相互作用的领域内，没有一个例子证明宇称是守恒的。于是他们大胆设想，在弱相互作用的领域内，宇称可以不守恒，他们还研究了几个有关的现象，提出利用这些现象可以进行实验，对他们的假说进行了验证。这些现象就是 β 衰变、介子衰变和超子衰变。

李政道在哥伦比亚大学有一位精通 β 衰变实验的同事，她就是吴健雄博士。1956 年春，李政道找吴健雄请教，向她提出了一系列有关 β 衰变方面的实验现状问题，并且向她介绍了 θ—τ 之谜以及对 β 衰变感兴趣的原因，说明如果在极化核的 β 衰变中测出空间分布的不对称性，就可以对宇称的守恒性作出判断。但是必须测量赝标量 $\langle\sigma\cdot\rho\rangle$(其中 σ 是核的自旋，ρ 是电子角动量)，看 $\langle\sigma\cdot\rho\rangle$ 的符号是否对称。吴健雄当时无法提供任何有关 $\langle\sigma\cdot\rho\rangle$ 的信息，也还没有人对这方面进行过测量。吴健雄问李政道，有没有人想到要去做实验研究这个问题。李政道回答说，有人建议用核反应得到的极化核或从反应堆取出的极化慢中子束做实验。吴健雄对 β 衰变实验有丰富的经验，她建议不要采用那些办法，最好还是用钴

60(^{60}Co)作为β衰变放射源去进行实验，它可以经去磁法极化，极化率可高达65%。

经过长时间讨论研究，杨振宁和李政道在1956年6月间完成了一篇论文，题目叫做《在弱相互作用中宇称是守恒的吗?》，论文中不但理论上提出对宇称守恒在弱相互作用中的质疑，也提出了好几种检验这种想法的实验。在他们文章的结尾，感谢了五位物理学家，其中包括了高德哈伯和吴健雄。论文在6月22日寄到了美国物理最权威的期刊《物理评论》，并且在10月1日那期刊出。

不过由于《物理评论》编辑部规定不用疑问式题目，因此论文题目改成《对弱相互作用中宇称守恒的质疑》。这篇论文使杨、李两人得到第二年的诺贝尔奖，文章本身也成为科学文献中不朽的经典著作。

如前所述，宇称守恒就是左右对称，这个“定律”，一直被认为是天经地义的，是自然成立的，甚至人们在测量β粒子角分布时，往往只测左边一半，认为右边一半根据宇称守恒定律一定是同样的，不必再测！因此在杨振宁和李政道提出宇称可能不守恒后，并不是马上就有人响应去做实验。大物理学家泡利甚至跟人打赌，如果宇称不守恒，他愿意输钱。吴健雄却独具慧眼，认为宇称守恒即使不能被推翻，这一基本定律也还是应该进行检验的。

1956年春季，吴健雄与丈夫袁家骝本计划好要到日内瓦参加高能物理国际会议，然后到远东作一次演讲旅行。他们两人都是1936年离开中国的，正好过了20年。他们的船票都已订好，是英国的“伊丽莎白女王号”。吴健雄突然意识到，在物理学界尚未认识到这个“实验”的重要性之前，她必须立刻抢先做。于是，吴健雄恳求袁家骝让她留下，作为物理学家的丈夫完全了解时间因素的重要性，终于同意单独前往。

在这期间，吴健雄已经为她决意要进行的实验做了相当周全的准备。这个实验要在极低温度下测量极化^{60}Co的β粒子计数，但哥伦比亚大学的制冷设备不够好，那时华盛顿特区的国家标准局实验室有一台美国最好的制冷系统，于是她就立刻与美国国家标准局的四位学者(安勃勒、海华德、豪泊斯和胡德森)合作，一起用这台制冷设备来做实验。在哥伦比亚吴健雄自己的实验室内，她早已设计和制作了放射源、探测器系统和相关设备，并把它们运往华盛顿的国家标准局，再安装起来，她每周都从纽约赶到华盛顿去做实验，每周的工作时间在华盛顿过，只在周末才回到纽约。经过约半年的努力，在1957年1月9日凌晨两点钟，吴健雄他们终于将预定要进行的实验查证全都做完，实验明确地测出了沿^{60}Co的自旋方向和相反方向发射出来的β粒子计数率相差很大，从而得到了宇称不守恒的确凿结论。这个实验同时也确凿地推翻了电荷共轭对称性。之后，吴健雄独自完成了实验报告，署名五人，吴健雄排在首位。

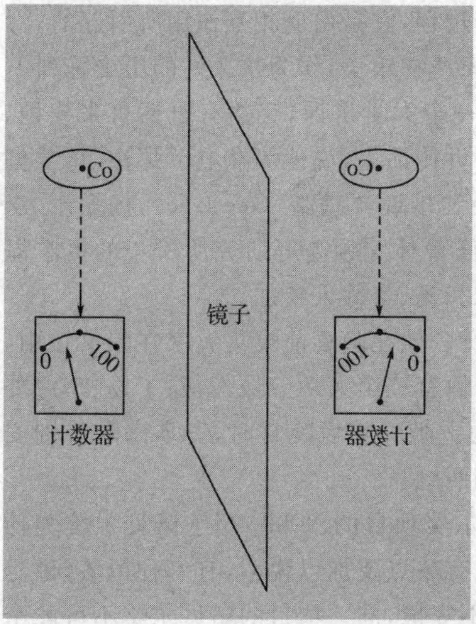

(a)

(b)

图7 吴健雄验证宇称不守恒实验装置图

1957年1月15日，实验报告论文寄到《物理评论》，在2月15日那一期刊出。吴健雄完成实验后，非常兴奋，有两个星期完全无法入睡。

1957年1月16日，也就是吴健雄等人的两篇历史性论文寄到《物理评论》的第二天，哥伦比亚大学举行记者招待会，宣布推翻了宇称守恒定律，引起了世界物理学界的震惊。记者招待会是那天下午两点在普平物理实验大楼举行的，和这个科学新发现有关的各大科学家，包括吴健雄、李政道、李德曼、加文等人都出席了。

记者招待会召开的第二天，在世界舆论界享有崇高地位的《纽约时报》，以头版刊出了新闻，报道这件科学大事，他们用的标题是"物理的基本观念宣称已经由实验而推翻"。另外美国一些重要的杂志如《时代》、《生活》，也都大篇幅地报道了这个科学上的大事。

图7(a)所示的左右两个实验装置，都有β衰变(弱相互作用)。这两个装置是不同的，但是是对称的，请注意图中的环绕钴元素的两个带电的线圈是必要的，假如没有这两个线圈，那么左右两个装置是相同的，实验就不可能给出不同样的结果。别看这个实验装置很简单，吴健雄他们为准备此实验整整花去了半年多，并且这是一个很困难的实验。图7(b)是实际上使用的仪器照片。钴试样装在前面的管子中。后面的大磁铁是冷却仪器的一部分。实验的结果是在图7(a)所示的两个电表上，读数之间存在着非常大的差异。仪器其他部分的性质既然都是左右

对称的，那么不对称只能起因于钴的蜕变过程，它是由弱相互作用所引起的。

此实验装置现已存放在华盛顿的国家博物馆里，作为永久性的历史陈列。

1957 年 10 月，吴健雄在纽约外北部一个大学讲课，突然有电话打来找她，通知的人说是奥本海默打来的，奥本海默告诉传话人，说他等在电话那边，待吴健雄讲完课再来听，奥本海默在电话中告诉吴健雄说："基基(Gee Gee)，杨振宁、李政道得到了今年的诺贝尔奖。"那时候还担任普林斯顿高等研究所所长的奥本海默为此还特别举行了一次晚宴，邀请吴健雄和杨、李等人参加。

奥本海默的那次晚宴在普林斯顿举行。他在晚宴前聚集大家在图书馆中，先作了简短的讲话，表示这次证明宇称不守恒有三个人功劳最大，除了杨、李之外就是吴健雄，他特别强调不可忽略吴健雄的贡献。随后晚宴时，奥本海默特别安排吴健雄坐在他身旁，显示出对她的赏识和照顾。

吴健雄的这一工作完全达到了诺贝尔奖项目的水平。至于诺贝尔奖为什么没有授予她，众说纷纭，这里不去评说，但有一点要加以说明，有一种说法，说是因为当时有许多实验几乎同时都证明宇称不守恒，同一项目的诺贝尔奖不可能给许多人，比如与吴健雄的文章发表在同一期刊物上，紧靠着，仅一页之差，就有另一篇加尔文、勒德曼和温利希的验证宇称不守恒的文章。不过，请注意，在加尔文等人的文章中明确写明，他们是在得知吴健雄实验的初步结果后才决定开始做实验的。同一刊物的下一期发表的伏利德曼和特勒格迪的文章又写明是在得知加尔文等人的结果后完成的。所以，吴健雄无疑是第一个验证宇称不守恒的人，她在这个问题上的首创性是没有任何疑问的。

3. 首次证明弱作用的矢量流守恒

在宇称不守恒被发现以后，弱作用的正确形式很快确定了下来，它是由矢量流和轴矢量流产生的。众所周知，电磁作用是由电流与电磁势相耦合产生的，电流是一种矢量流，这种流是守恒的(即电荷守恒)。最早，葛尔希坦和泽尔多维奇于 1955 年就提出了弱矢量流也守恒的可能性，但那时人们甚至还不知道弱作用中是否有矢量流参与，只有到宇称不守恒被确立以后，人们才知道弱流由矢量流和轴矢量流组成(所谓的 V—A 理论)。1958 年，费曼和盖尔曼才再一次提出弱矢量流守恒的假设。

1963 年，吴健雄和她的合作者对 ^{12}B 和 ^{12}N 衰变的 β 能谱进行了细致的测量，比较了它们的形状修正因子，虽然已有人做过这种实验，但终未获确切结论。吴健雄和她的合作者首次成功地完成了这个实验，确证了弱矢量流守恒。1977 年，吴健雄等又仔细分析了 1963 年的实验，用更好的 β^+ 衰变费米函数，以及分支比和 ft 等参数的新值，重新作了计算，再一次确认了弱矢量流守恒的结论。这个实验意义非常深刻，不仅建立了一条新的守恒定律，而且也为弱作用与电磁作用的统一成功地铺设了第一块里程碑。

吴健雄的科学贡献除上面所述外还有许多，比如，在内轫致辐射、$^{135}_{54}Xe_{81}$对核裂变链式反应的重大影响、双β衰变、第二类弱流、奇特原子、穆斯堡尔谱学、血红蛋白、量子力学的隐参量问题、正电子偶素、超低温核物理、核能级图、仪器以及探测方法等方面都做过不少工作。

吴健雄获得了除诺贝尔奖以外的几乎所有大奖，包括美国国家总统科学奖（1975）。44年的物理研究生涯，吴健雄博士共发表了近两百篇论文，特别在核子物理学上，对物理科学发展影响深远。

吴健雄博士不仅在学术领域里成就辉煌，她在物理学界的人缘亦甚佳。1973年，她被推选为美国物理学会的预备副会长，1974年担任副会长，1975年被选为第一位美国物理学会女性会长，打破了一向由男性科学家担任此项职务的传统。

吴博士无疑地已成为世界级的物理导师，科学拓荒的先驱，女性的典范。西方科学家称吴博士是中国的居里夫人，垂帘听政的核子物理学女皇。

1990年3月11日国际小行星中心和小行星命名委员会公布了将中国南京紫金山天文台1965年9月20日发现的2752号小行星命名为“吴健雄星”，东南大学特建造吴健雄图书馆，真的是“天上有吴健雄星，地上有吴健雄图书馆”。

四、吴健雄的几件鲜为人知的事

1. 吴健雄心灵深处的诺贝尔奖情结

1957年那一年，瑞典皇家科学院的诺贝尔委员会没有把诺贝尔物理学奖颁给吴健雄，这使许多人感到意外和不满。至于为什么诺贝尔奖没有授予吴健雄，众说纷纭。按诺贝尔奖的档案50年后才能解密的规定，今天已是2009年6月，但仍未见吴健雄未能获得当年诺贝尔物理学奖的报导，能见到的只是2007年2月9日发表在清风明声——搜狐博客网站上的“吴健雄教授没能获得诺贝尔奖今年有望揭密”的短文。文中对吴健雄未能获得诺贝尔奖的原因有新说。据说主要原因是得罪了英国剑桥大学的一些人。当时吴教授的实验是在美国标准局做的，因为要用低温设备，故实验是与剑桥大学的安培勒（E. Ambler）、海华特（R. W. HayWard）、霍浦斯（D. D. Hoppes）和赫德逊（R. P. Hudson）四人一起做的。当实验完成后在论文的署名上，Ambler等人是想按照字母顺序来写，这样他就自然是论文的第一作者，实际上低温装置只是一个工具而已，主要的物理思想还是吴健雄教授的。吴教授据理力争，她就是论文的第一作者。在吴健雄教授去世的那年，还看到美国Physics Today上有人写文章，把这事情写成了Lady first，即吴教授署名第一是这位安先生对吴健雄女士的谦让，对此，马上就有许多人出来写文章反驳。以后尽管曾经多次提名吴健雄教授应获诺贝尔奖，包括杨振宁先生，但吴健雄教授并没有获得。和吴健雄在哥伦比亚长时间同事情谊的史坦伯格(1921年5月25日生于德国的巴特基辛根，后加入美国籍，1942年毕业于芝加哥大学，1950—1971年在哥伦比亚大学工作。1988年67岁的史坦伯格因为“中微子束方法以及由于发现μ子型中微子而证实了轻子的双谱线结构”，与莱德曼和施瓦茨分享了诺贝尔物理学奖)就认为，那年诺贝尔奖没有同时颁给吴健雄，是诺贝尔委员会最大的失误，原因是宇称不守恒的构想虽然是杨振宁、李政道提出的，但是却是吴健雄做实验发现的。

史坦伯格对吴健雄未能获得当年的诺贝尔奖的意见和态度是坚决的、一贯的，因为他太了解吴健雄的能力和水平了。

事隔几十年，当史坦伯格80多岁时，有人问他：“您曾经为吴健雄抱不平，认为她应该和李政道、杨振宁一起分享诺贝尔奖，当时您是什么看法?”史坦伯格回答说：“当年颁奖没有把她包含进去这是个大遗憾，李政道和杨振宁提理论构想，但是宇称不守恒毕竟是由她做实验发现的，我认为这是更重要的，而且在此之前，她已经在我们的领域有突出成就。我非常不能理解授奖委员会的决策。”

据吴健雄的独生子袁纬承说，吴健雄从未在自己面前提起过她没有获得诺贝尔奖之事，也似乎没有显出任何抱怨之情。吴健雄博士对诺贝尔奖的态度，似乎验证了诗圣杜甫“细推物理须行乐，何用浮名绊此身”的名句。或许，她把无缘诺贝尔奖的不快早已深深埋在心底，连自己儿子都没有察觉。

诚然，吴健雄对自己没有得到诺贝尔奖，多年来从未公开表露过意见，但1989年1月她在回复史坦伯格的一封信中，除了恭贺他1988年荣获诺贝尔奖外，还对于史坦伯格在信中，以及在《科学》杂志文章中对她成就的赞扬，表示深受感动和极为感谢。吴健雄在信中说：“像你这样一位近代物理的伟大批评者，所给予我这样一个罕见的称赞，是比我任何所期望或重视的科学奖还要更有价值的。我的一生，全然投入于弱相互作用方面的研究，也乐在其中。尽管我从来没有为了得奖而去做研究工作，但是，当我的工作因为某种原因而被人忽视，依然是深深地伤害了我。”

真可惜！真同情！看来，吴健雄博士是带着莫大的心灵创伤而走的。

2.吴健雄永恒的中国情怀

1936年8月，年仅24岁的吴健雄在父母家人和亲戚朋友的目送下，从上海黄浦外滩乘坐“胡佛总统号”轮船，横渡太平洋，背井离乡，只身来到美国留学深造。本认为只是出国几年，很快就可以学成回家的，哪知一去就是37年的阔别，当中美关系“解冻”后，吴健雄1973年首次回国时，她至爱的双亲早已谢世，这也是吴健雄一生中最大遗憾之一。

图 8　吴健雄夫妇受到国务院总理周恩来的亲切接见

吴健雄博士，在美国生活了 60 多年，并于 1954 年加入美国国籍，但她始终身在海外，心系中华，对祖国有着强烈的爱与情。她始终关心着祖国的科学、教育事业的发展，特别是对她的小学母校，她父亲创办的明德学校更是独具关怀。从 1973 年起，吴健雄博士先后曾五次回到中国，四次回家乡江苏太仓浏河。为了把她家乡的明德学校办成全国一流中学，培养出杰出人才，吴健雄博士用她自己的私人积蓄于 1988 年设立了“纽约吴仲裔奖学基金”，奖励明德学校的优秀学生和教师，亦即太仓市的优秀学生。1995 年吴博士又从美国的英特公司订购了 30 台电脑，赠送给明德学校建立计算机中心。经初步统计，吴健雄博士自 1984 年起至她去世时已累计为她家乡的明德学校捐资近 180 万元人民币。对于一个终身从事科学研究、教育事业的老人来说，这是一个不小的数目，这是她一生的私人积蓄啊！吴健雄是袁家骝的爱妻，共同生活的 55 年中，他们无论在事业上或精神上都已融为不可分离的一体。吴健雄去世两年后，耄耋之年的袁家骝先生抚慰失妻之痛的方式是带着 200 万人民币再次到爱妻生前为家乡捐助的明德学校去了却她要为明德学校建一座科技大楼的遗愿。另有报导说：“吴健雄、袁家骝夫妇，一生把精力全投入了物理科学事业，更难能可贵的是，夫妇俩虽在美国整整生活了 60 多年，但从未买过房子，把积蓄的 200 万美元全部都设置专家讲学金。”

吴健雄几次回到中国，不但多次到中国的南京大学、东南大学等著名高校讲课，还为中国年青一代的科学家出国深造到处奔走。由于她在促进中美友谊和了解方面所作的重要贡献，1985 年获美华协会颁赠的青云奖，1986 年香港亿利达工业发展集团有限公司为纪念她在物理学界的贡献，特以她的名字设立了吴健雄物理奖。同年 10 月，美国自由女神像建立一百周年庆典时，吴健雄又获艾丽斯岛荣誉奖。

中国有句“入乡随俗”的老话，可是吴健雄虽在美国生活长达 60 多年，但一直保留两样中国式的品味不变。其中之一是衣着，吴健雄的衣着总是中国的高领旗袍，穿着旗袍，代表着她对中国永远未忘之心。另外一样是饮食。吴健雄对美国学生餐厅里的洋式食物极不欣赏，甚至勉强填饱肚子也不愿意。为此，她经一个朋友帮忙，找到一个中国饭馆（Tea garden），饭馆老板很好，答应吴健雄可以只收美金两毛五分钱供吃一顿饭，共有四个菜一个汤，饭随你吃，只是不能点菜，由老板看有什么给什么。

现任美国能源部部长的朱棣文博士获 1997 年度诺贝尔物理学奖殊荣，是因为他与法国科学家克洛德・科恩-格努去，以及美国马里兰国家标准与技术研究所工程师威廉・菲利普斯一起成功地发明了用激光冷却捕获原子的方法。朱棣文是继杨振宁、李政道、丁肇中、李远哲后，获得诺贝尔奖的第五位美籍华人科学家。朱棣文本人及父母辈，与许多杰出的华裔科学家都有着密切的交往与联系。朱棣文与吴健雄关系更非同一般。朱棣文的父亲朱汝瑾是台湾第五届“中央研究院院士”，国际著名的化学工程专家，吴健雄与朱汝瑾是表姐弟关系，朱棣文是吴健雄的表侄。或许是同乡加亲戚的关系，或许同是从事物理研究的关系，吴健雄生前一直看好朱棣文的研究并鼓励他只问耕耘、莫问收获。朱棣文教授曾一度从事原子宇称不守恒实验，这个实验与吴健雄博士曾悉心研究的 β 衰变宇称不守恒性多少有些相关，因此吴健雄对这位侄子辈同乡另眼看待，鼓励有加，多次称赞朱棣文有出息。

朱棣文获诺贝尔奖，吴健雄能不高兴吗？当年她与朱棣文父亲朱汝瑾、朱棣文姑妈朱汝华、朱汝蓉是同一时期先后到达美国的。50 年代末，吴健雄虽然未获得诺贝尔奖，但如今自己的表弟朱汝瑾的儿子朱棣文荣获诺贝尔奖，这自然是最令她快慰的事。

1997 年 2 月 14 日吴健雄从美国打电话告诉家乡明德中学名誉校长，她的侄子吴颐教授，提议由她出资为明德中学盖一座现代化实验楼。没想到，2 月 16 日再次中风，吴健雄博士，这个世界级的伟大女性与世长辞，2 月 14 日的美国长途电话，竟成了吴健雄博士临终对明德中学的嘱托。

“树高千丈，叶落归根”，1998 年，吴健雄魂归故里，其骨灰盒已安放在她的故乡——太仓市明德中学校园内的紫薇树下。

吴健雄的墓地由东南大学设计，世界著名建筑大师贝聿铭审定。墓地新颖别致，圆形的瞻仰台，圆柱带切面的墓穴以及墓穴前两个大型花岗岩石球喷出一高一低的水柱，体现着“弱相互作用宇称不守恒”的理论精神。黑色花岗岩铺砌的墓地，在鲜花和雪松的簇拥下，既庄严肃穆，又不失亲切。回首仰望那棵伴随吴健雄一生的紫薇树，令人感慨万千。让我们永远记住这位伟大的科学女性，她是世界的骄傲！更是咱们中国的骄傲！

图9 吴健雄的大理石墓

图10 墓园中的吴健雄雕塑像

3.吴健雄获沃尔夫奖的趣闻轶事

1978年的2月间，吴健雄收到一封寄自以色列的信，发信者是一个叫做沃尔夫基金会的组织，信上告知吴健雄，他们已经选择她成为第一届沃尔夫物理奖的得主。信上并告知颁奖典礼将于4月10日在以色列的国会举行。

对于吴健雄而言，她除诺贝尔物理学奖该得到而由于某种原因未得到外，几乎获得了世界上所有的大奖。也许是她获的奖实在太多之故，也许是她应得诺贝尔奖而未得到之故，吴健雄对眼前的获奖告知信，不以为然，加上沃尔夫奖是一个全然陌生的奖项，忙碌的她匆匆看了一下来信，并没有意识到这个奖的特殊意义。其实沃尔夫奖和世界瞩目的诺贝尔奖一样，也有着一笔奖金，金额高达十万美元之多，和当时诺贝尔奖的奖金可说不相上下。难怪此奖又称为“以色列诺贝尔奖”。

但是在沃尔夫基金会寄给吴健雄的信上，奖金的写法却是十分奇特，他们将十万美元写成US＄100.000，这样的写法大不同于一般用逗号作为千位分隔的办法，乍一看，很容易使人误以为奖金是一百美元。所以吴健雄还曾经和她的同事与学生开玩笑地说，她可不会为了一百美元，老远跑到以色列去领奖。后来还是吴健雄的秘书提醒，才得知是十万美金。

沃尔夫奖是世界上具有较高学术声望的学科国际奖。1976年由以色列议会设立，1978年首次颁奖。设立沃尔夫奖的目的是为了促进全世界科学、艺术的发展，造福于人类。沃尔夫科学基金是在R·沃尔夫及其夫人的倡导下设立的，基金来自 R·沃尔夫及其家族一千万美元的捐赠。董事会由 5 名沃尔夫家族成员组成，理事会由以色列文化教育部部长负责，若干名以色列学者和官员组成。

沃尔夫奖的确非同寻常，还不仅只是其奖金数目高，奖项本身的代表意义亦不同凡响，沃尔夫奖发的物理、化学、数学、农业、医学五个奖项(1981 年又增设艺术奖)，都各由一个委员会负责挑选，每个委员会成员有 3～5 名，由来自不同国籍的著名教授组成，这中间有多位是诺贝尔奖得主，逐年更换。

当时沃尔夫奖颁奖的一个原则，乃是挑选那些应该得诺贝尔奖而没有得到的杰出科学家，由于他们挑选得主的高标准，加上其委员会成员的国际色彩，使得这个奖很快就建立起国际的名声。

吴健雄不热衷外来奖项，并不仅只指 1978 年的沃尔夫奖这一个例子，这其实是她几十年来专注工作的一贯态度，而这也只是许多事例的一端而已。

4. 吴健雄一家的琐碎故事

吴健雄的丈夫袁家骝博士是世界著名的高能物理学家，1912 年 4 月 5 日生于河南安阳，祖父为中国历史人物袁世凯。袁先生 1932 年毕业于燕京大学物理系，1934 年获该校硕士学位。他同陈仁烈先生、王承书先生等 20 人都是谢玉铭先生的研究生。谢玉铭先生是我国著名固体物理学家、复旦大学原校长谢希德教授的父亲，而谢玉铭先生自己的导师就是著名物理学家迈克尔逊。1936 年袁家骝赴美求学，1940 年获博士学位，在美国国家科学实验室和普林斯顿大学长期从事基础物理研究。袁博士曾获全美华人协会杰出成就奖。他也曾受邀担任法国、前苏联等多个国家和地区的核物理、高能物理研究机构与大学的访问教授，先后被南京大学、东南大学、中国科技大学等十余所大学聘为名誉教授。2003 年 2 月 11 日袁先生因多脏器衰竭在北京协和医院逝世，享年 91 岁。袁家骝在北京住院期间，袁纬承曾五次由美国飞来北京，探望病中的父亲，平时则通过越洋电话与父亲保持联系。他发觉病房的电视机距离父亲的床头太远，便由美国带来一台液晶电视放在父亲的床头柜上。父子情深，可见一斑。按照袁先生遗愿，骨灰盒已由其儿子亲手放入吴健雄的大理石墓穴，一对风雨同舟六十载的科学伉俪一起长眠于紫薇树下。

吴健雄与袁家骝两位都是世界著名物理学家，除了各自的研究方向和专业外，都有自己的业余爱好。吴健雄的业余爱好是写作和书法，另据其儿子讲，吴健雄平时也看电视，但不是看连续剧，而是看关于金融方面的节目。吴健雄有一定的私人积蓄，按理需理财师作具体指导，她的理财知识就是从看电视中学会的。袁家骝先生的业余爱好似比吴健雄博士多一些。据其儿子透露，袁先生喜爱无线电，吴健雄家第一台电视机不是买的，而是袁先生自己亲手制作的，这一点是吴健雄不及的。袁先生还懂莫尔斯电码，会拍电报，而吴健雄不会。袁先生平时对评剧、国乐都饶有兴趣，而且也是一位拉二胡能手，这些吴健雄都不及。

吴健雄和袁家骝有一个独生儿子名叫袁纬承。他出生那天，伟大的爱因斯坦曾专程前往，看望吴健雄和他的儿子。袁纬承于1967年和1977年在哥伦比亚大学获得理学士和物理学博士学位。吴健雄一家是名符其实的“一门三博士”，且都是从事物理学研究。当记者问袁纬承博士学术上能否超过母亲时，袁博士谦虚地说，可能性不大。袁博士还再三强调：自己喜欢数学和理科，是自己选择了物理作为自己的事业。母亲从来没有强迫自己做物理学家，也从未做出任何的暗示要自己跟随她的足迹，甚至她也从来没有表示过我已经是一个物理学家了。她总是让我做我的天性最适合做的事情。看来，吴健雄不愧为是一个伟大的知识女性，家庭教育是相当民主的。对吴健雄一生影响最大的人有两位，一个是吴健雄自己的父亲吴仲裔先生，另一位是原北京大学校长胡适先生。据袁纬承博士说，小时候似曾见过胡适先生，但印象模糊，外公未见过，因为外公是1959年去世，而袁纬承第一次踏上中国土地已是1977年了。

图11　袁纬承接受记者采访照片

吴健雄有一个孙女，叫袁婕达(Jada. Yuan)，她并未继承父辈事业，现以写作为生，曾是耶鲁大学一份文学刊物的一员，毕业后在《纽约》杂志(New Yark Magazine)担任社论编辑助理。

参考文献

[1]江才健．吴健雄——物理科学的第一夫人．上海：复旦大学出版社，1997

[2]陆埮．吴健雄的主要科学贡献——为纪念吴健雄逝世一周年而作．现代物理知识，1998，10(2)

[3]袁家骝．忆健雄二三事．现代物理知识，1998，10(2)

[4]施士元．怀念我的学生——吴健雄．现代物理知识，1998，10(2)

[5]杨振宁．基本粒子发现简史．上海：上海科学技术出版社，1963

第八讲　氢弹理论研究领头人——于敏

早在1963年9月，聂荣臻元帅就下令让邓稼先领导的九院理论部研究原子弹的全班人马，转去承担中国第一颗氢弹的理论设计任务。因此，我国第一颗氢弹的代号就叫做“639”。以后，在1965年初，为加快氢弹研究的步伐，又从原子能所正式调进了于敏等一批科学骨干力量到九院理论部来工作。

图1　晚年的于敏在工作中

提到于敏，我们不得不对他作些介绍，因为此人不像以前我们所知道的那些一连串名人那样耳熟铭心，但此人对我国氢弹的研制工作贡献实在太大了。说真的，他才是名符其实的氢弹功臣，中国的“氢弹之父”。

于敏是一个神秘人物，曾经“隐身”三十年之久，直到1988年他的名字才得以解禁。1999年9月18日，在表彰为研制“两弹一星”作出突出贡献的科技专家大会上，他第一个被中央军委主席江泽民授予由五百五十克黄金铸就的“两弹一星功勋奖章”，并代表科学家发言。于敏是核物理学家，中国科学院院士，历任二机部第九研究院理论部副主任、理论研究所副所长、所长、研究院副院长、院科技委副主任、院高级科学顾问等职，1982年荣获国家自然科学奖一等奖，1985年荣获“五一劳动奖章”，1985年、1987年和1989年各获一项国家科技进步奖特等奖，1987年获“全国劳动模范”称号，1992年获“光华奖”特等奖。由于保密的原因，这位核物理家、中国科学院院士的著述多未公开发表，业外知名度也不高，连他的妻子都说：“没想到老于是搞这么高级的秘密工作的。”不过他的杰出工作仍有蛛丝马迹可寻，原中顾委常委、国务委员张劲夫在《请历史记住他们——关于中国科学院与“两弹一星”的回忆》中提到：“研制氢弹的工作主要是于敏他们做的，方案是于敏提的，也得过大奖。”在《中国军事百科全书——核武器分册》中“于敏”的条目下写着“在氢弹原理突破中起了关键作用”。

1926年8月16日，于敏生于河北省宁河县芦台镇(今属天津市)。父亲是当时天津市的一位小职员，母亲出生于普通百姓家庭。于敏的青少年时代是在抗日战争时期的沦陷区度过的。童年亡国奴的屈辱生活给他留下了惨痛的记忆。他先在天津木斋中学学习，后转到天津耀华中学学习，在高中，他以门门功课第一闻名全校。高中毕业前夕，其父失业。1944年，在同学的父亲资助下，刚刚18岁的于敏考进了北京大学工学院机电系，1946年转到理学院物理系，并将自己的专业方向定为理论物理。1949年于敏在北大本科毕业，考取了张宗遂先生的研究生。张宗遂是我国物理学界前辈叶企逊、吴有训两位先生的学生。张先生病后，胡宁教授担负起指导于敏的责任。胡宁是中国物理学家周培源的学生，而周又是爱因斯坦的学生。在两位先生的悉心指导下，1951年于敏以优异的成绩毕业于北京大学。不久他被慧眼识才的"伯乐"钱三强、彭桓武调到中科院近代物理研究所(后改名为原子能研究所)。这个所1950年成立，由钱三强任所长，王淦昌和彭桓武(都是叶企孙的学生)任副所长。

氢弹研究，是现代科技尖端中的尖端，中国的氢弹，一切都是从零开始。研究氢弹理论，涉及核物理、中子物理、等离子体物理、辐射流体力学、爆轰物理等一系列科学，因此美国核科学家把氢弹称为"超级物理学"。中国科学家攻下氢弹理论关，在西方人眼中等于天方夜谭。

氢弹不是常人所想象的那样，在制造原子弹的基础上提高一步就行了，这是与实际情况差得太远的想法。从最基本的科学原理来看，原子弹是靠原子核一连串的裂变，由此释放出巨大的能量，叫作核裂变。而氢弹则恰恰相反，它是把两个原子核聚合成一个原子核，在聚合的同时放出巨大的能量，叫作核聚变。一个是裂变，一个是聚变，也就是说一个是打碎而一个是合并，所以制造原子弹和制造氢弹是根本不同的。从基本化学公式来看，氢原子核只有一个质子，带正电；核外只有一个电子带负电，氘是氢的同位素，不同点是其原子核内有一个质子和一个中子，因此比氢重两倍。氚也是氢的同位素，但它的原子核里有一个质子和两个中子，因此比氢重三倍。氘和氚在一定的条件下可以产生核聚变，形成另一个元素氦，同时放出一个中子和巨大的能量来。这个一定的条件是什么呢？人们抬头就见到天上的太阳，太阳为什么那样热，那么亮？就是因为核聚变反应的结果。可是在我们的地球上，怎样才能真像太阳那样般高温的大火球来使氘核、氚核聚变成一个核呢？有，就是原子弹。在原子弹爆炸的一瞬间所产生的高温，足以达到这个条件。打个通俗的比喻，点燃香烟要用火柴，点燃氢弹要用原子弹。这就是为什么必须造出原子弹来才可能有氢弹的缘故(只是当时的认识)。尽管如此，事实上在我国研制第一枚原子弹

图2　中国氢弹之父于敏先生回忆

尚未成功时，1960 年底，我国有关部门根据著名科学家钱三强关于“在研制原子弹的同时，探索氢弹”的建议，就部署一部分人成立一个组，先走一步进行氢弹原理探索，由理论物理学家黄祖洽任组长。

钱三强，五四运动期间著名语言文字学家钱玄同之子。1936 年清华大学物理系毕业，1937 年赴法国留学，曾在法国和约里奥—居里夫妇共同从事理论物理研究。他的研究方向是 γ 射线和 α 射线及铀裂变，1940 年获法国国家博士学位，1948 年回国，曾任第二机械工业部副部长、原子能研究所所长。钱三强善于识才、用才、爱才，不搞“武大郎开店”。钱三强胸襟宽广而坦荡，在加快氢弹理论研究的进程中，他借助老一辈科学家的智慧，又大胆依靠新一代人才，心地无私就不怕有风险。当初，钱三强启用于敏就很不容易。于敏没有出国留过学，是土生土长的中国博士。1955 年，由于于敏在原子核理论研究方面取得的进展，他被授予“全国青年社会主义建设积极分子”的称号。1956 年，他被晋升为副研究员。1957 年，以朝永振一郎(后获诺贝尔物理奖)为团长的日本原子核物理和场论方面的访华代表团来华访问，年轻的于敏参加了接待。于敏的才华给对方留下了深刻印象。他们回国后，发表文章称于敏为中国的“国产土专家一号”。由此，于敏“国产土专家”的称号不胫而走。在 50 年代的原子核理论上，于敏有很大贡献，但周围对于敏的非议很多。不只一次，业务上拔尖的于敏被批评为“专而不红”，虽不至于说他是“白专道路”，也说他是“粉红色道路”，还批他是“知识私有”的典型。于敏当然不服气，为自己声辩，有人就说他“顽固不化”。

在确定氢弹理论研究人选时，何祚庥和黄祖洽都向钱三强推荐了于敏。钱三强认为于敏人才难得，应该推到副组长的位置上来。于是，1960 年底钱三强找自己研究所的于敏谈话，让他参加氢弹原理研究并任副组长，于敏毫不犹豫地答应了。在钱三强的组织下，以于敏等为主的一群年轻科学工作者，悄悄地开始了氢弹理论探索。曾经参加过这个工作的还有朱洪元、何祚庥等 40 余人。

一、于敏是氢弹理论研究的“加速基因”

当时国内很少有人熟悉原子能理论，是钱三强、王淦昌、彭桓武和于敏等创建了新中国第一个核科学技术研究基地。于敏没有出过国，拜过洋师，啃过洋面包，在研究制造核武器的权威物理学家中，他几乎是唯一一个未曾留过学的人。但是这并没有妨碍他站到世界科技的高峰。彭桓武院士曾说：“于敏的工作完全是靠自己，没有老师，因为国内当时没有人熟悉原子核理论，他是开创性的。”钱三强称，于敏的工作“填补了我国原子核理论的空白”。于敏几乎从一张白纸开始，他拼命学习，拼命地汲取国外的信息，在当时遭受重重封锁的情况下，他只有依靠自己的勤奋，举一反三进行理论探索。从原子弹到氢弹，按照突破原理试验的时间比较，美国人用了七年零三个月，英国人用了四年零三个月，法国人用了近八年零六个月，前苏联人将近用了四年时间。主要原因就在于计算的繁复。而我们的设备更无法可比，国内当时仅有一台每秒万次的电子管计算机，并且95%的时间分配给有关原子弹的计算，只剩下5%的时间留给于敏负责的氢弹设计。穷人有穷人的办法，于敏记忆力惊人，他领导下的工作组人手一把计算尺，废寝忘食地计算。一篇又一篇的论文交到了钱三强的手里，一个又一个未知的领域被攻克。四年中，于敏、黄祖洽等科技人员提出研究成果报告共69篇，对氢弹的许多基本现象和规律有了深刻的认识。

1964年10月16日下午3点钟，我国第一颗原子弹在西部爆炸成功，在世界上引起轰动。1965年1月，毛泽东主席在听取国家计委关于远景规划设想的汇报时指出："原子弹要有，氢弹也要快。"周恩来总理代表党中央和国务院下达命令：把氢弹的理论研究放首位。就是在这一年，即1965年1月，于敏等一批原中国科学院原子能研究所的科研骨干力量，被调入二机部第九研究院，会同原子弹之父邓稼先领导的一帮科研骨干一起夜以继日地工作着，探索氢弹理论设计方案。真的是群策群力绞尽脑汁。他们想出了各种点子、奇招和谁也不知道是对还是错的办法。把这比喻成在茫茫大海中捞几根绣花针，那是一点不过分的。然而他们从中选择和归纳，在邓稼先主持下决定拿出几个初步方案来。于是他们便兵分几路，分头上计算机去实际运算研制氢弹的可能途径。其中有一路队伍由邓稼先的38岁老伙伴、理论部副主任于敏率领，在1965年9月赶往上海华东计算技术研究所，利用那里的J501每秒5万次的高性能计算机进行计算和探索。

于敏一开始带领小分队抓紧计算了一批氢弹模型。但这种模型重量大，威力比低、聚变比低，不符合要求。于敏马上总结经验，带领科技人员又计算了一批氢弹模型，发现了热核材料自持燃烧的关键，解决了氢弹原理方案的重要课题。于敏高兴地说："我们到底牵住了牛鼻子！"他当即给在青海正全面掌握着各路为探索氢弹原理方案进行计算进程的邓稼先打了一个耐人寻味的电话。为了保密，于敏使用的是只有他们才能听懂的隐语(暗指氢弹理论研究有了突破)："我们几个人去打了一次猎……打上了一只松鼠。"邓稼先听出是好消息："你们美美地吃了一餐野味？""不，现在还不能把它煮熟……要留做标本。……但我们又新奇地发现它身体结构特别，需要做进一步的解剖研究，可是……我们人手不够。""好，我立即赶到你那里去。"通话后，邓稼先立即带了一帮人飞往上海。一到上海，没顾上休息，邓稼先和于敏带着他们的助手在计算所就开始了紧张的连轴转的工作。晚上，他们多是在机房地板上和衣而卧，有时是通宵不眠。这向来是这些不要命的科学家的工作习惯。尽管人们公认他们是从聪明人里头挑选出来的聪明人，但他们要攻克科学上的一道道难关，没有这种精神是难以想象的。邓稼先组织大家分摊难点寻找解决问题的入口处，终于形成了一个有充分论证根据的方案。后来，外国人称之为研制氢弹的邓—于理论方案诞生了。外国人写道：

The design group's principal work on the H-bomb took fourteen months. At first, the research calculations and experiments at the Qinghai Ninth Academy and elsewhere were centered on the possible designs for the hydrogen bomb's igniter as a first step in understanding the entire detonation process. In round the clock shifts, scientists under Deng Jiaxian worked out the theoretical basis for the most promising plans by the end of 1965, when the Chinese discovered some key points relating to the internal cause and external requirements for burning thermonuclear materials. This discovery hinged on the successful completion of extensive calculations and required the use of China's best computing facilities. Some time in late September 1965, the academy sent Yu Min, the deputy director of the Theoretical Department, to Shanghai to make these calculations, and within about two months he cabled Qinghai that he had "found a shortcut" to thd super weapon. This optimistic report prompted Deng Jiaxian to join Yu in Shanghai, where he confirmed Yu's findings. The two then discussed their results with ministry officials...(China Builds the Bomb, STANDFORD UNIVERSITY PRESS, USA, 1988)

秋天的上海，雨后已带有一丝凉意。有一天，邓稼先和于敏等人走在河边的马路上，四周草润花香，比起干旱缺氧的西北高原，这是一处幽雅宜人的所在。因为有喜事在心，他们感觉到江南格外的秀美。本来大家议论说要于敏请客，但是于敏的脑子来得快，抢着说："谁的工资高谁请客，这是老规矩。"邓稼先笑了，并不推辞。请客也是一种发泄情绪的方法，把喜悦泻出去一部分，人们才能保持平衡。晚上，他们美美地在馆子里吃了一顿螃蟹。

邓稼先和于敏把这个方案向二机部领导报告了，刘西尧副部长支持他们立即做冷试验，不久后进行的几次冷试验证明了邓—于方案的正确。于是结束分兵探索，集中全部力量按照邓—于方案进行。周恩来总理领导的中央专委决定进行两次热试验。第一次是在 1966 年 5 月 9 日，这是我国的第三次核试验，用轰-6 中程轰炸机空投一枚炸弹，它是一枚 20 万～30 万吨当量的铀 235 原子弹，含有热核材料锂-6，取得成功。第二次是 1966 年 12 月 28 日在罗布泊进行的我国第五次核试验，检验了热核爆炸的基本原理，用的是一枚 30 万～50 万吨当量的铀—锂核弹，又获得成功，它的冲击波在世界上引起的连锁反应，不亚于第一颗原子弹，因为它标志着中国实现了核武器研制的第二次飞跃。这两次热核爆炸试验证明了邓—于理论方案是正确的。因此，15 人的中央专门委员会决定直接进行多级热核弹的试验。对于这个过程，外国人在上面的一段文字之后继续写道：

The two then discussed their results with ministry officials and convinced vice-minister Liu Xiyao to order a battery of "cold tests". in a test on May 9, 1966, when a Hong 6 medium bomber dropped a 200-300 kiloton uranium device that contained lithium-6. This test focused on the performance of the thermonuclear materials, and on December 28, 1966, a follow on test examined the "fundamentals of a thermonuclear explosion" in a 300-500 kiloton uranium-lithium device. The two detonations proved the validity of the Deng-Yu "theoretical plan", and with their success, the Fifteen-Member Special Commission decided to proceed directly to the testing of a multistage thermonuclear bomb, a three-megaton device, on June 17, 1967 (China Builds the Bomb, STANFORD UNIVERSITY PRESS, USA, 1988)

于敏是氢弹理论研究的"加速基因"。"没有于敏，氢弹理论研究至少要推迟两年时间。"何祚庥中肯地说：于敏有极好的物理直觉，善于发现主要矛盾。"不怕不识货，就怕货比货。"他的方法值得我学习，我是"可望而不可即"。

在氢弹理论研究中，于敏的贡献是突出的，也是别人比不了的。

二、中国氢弹的爆炸及其国际影响

1967年6月17日8时整，空军飞行员徐克江驾驶载有氢弹的飞机进入罗布泊空投区。随着指挥员"起爆"的指令，机舱随即打开，氢弹携着降落伞从空中急速落下。弹体降到距地面两千九百多米的高度时，只听一声巨响，碧蓝的天空随即翻腾起熊熊烈火，传来滚滚的雷鸣声……红色烟尘向空中急剧翻卷，愈来愈大，火球也愈来愈红。火球上方渐渐形成了草帽状云雾，与地面卷起的尘柱形成了巨大的蘑菇云。强烈的光辐射将距爆心投影点四百米处的钢板制件烧化，水汲构件的表面被烙；布放在八千米以内的狗，十千米以内的兔子，当场死亡一半；七百米处的轻型坦克被完全破坏，车内动物全部炭化；冲击波把距爆心投影点近三千米、重约五十四吨的火车吹出十八米，近四千米处的半地下仓库被揭去半截，十四千米处的砖

图3 1967年6月17日，中国第一颗氢弹爆炸的蘑菇云

房被吹散。科技人员把爆炸当量的数据送上来了——三百三十万吨(TNT)。当日,新华社向全世界发布了《新闻公报》,庄严宣告:“我国在两年八个月时间内进行了五次核试验之后,今天,中国的第一颗氢弹在中国的西部地区上空爆炸成功!”从原子弹爆炸试验成功到第一颗氢弹爆炸成功,中国人只用了两年零八个月的时间,创造了研制氢弹的世界纪录! 后来,诺贝尔奖得主核物理学家玻尔访华时,同于敏晤面,称赞于敏是“一个出类拔萃的人”,是“中国的氢弹之父”。

世界上习惯于用从原子弹到氢弹的时间间隔来衡量各国核武器的发展速度,从第一次原子弹爆炸到氢弹试验成功,中国的速度是世界上最快的。

从制成原子弹到制成氢弹并试验成功,美国的间隔是七年零四个月(1945 年 7 月—1952 年 11 月);前苏联四年(1949 年 8 月—1953 年 8 月);英国四年零七个月(1952 年 10 月—1957 年 5 月);法国八年零六个月(1960 年 2 月—1968 年 8 月);而我们中国只用了两年零八个月(1964 年 10 月—1967 年 6 月),并且研制氢弹最后一年的工作,是在十年动乱的艰难环境中完成的。实际上,我国从第一颗原子弹试验成功到第一颗氢弹原理试验成功仅用了“两年零两个月”(1964 年 10 月—1966 年 12 月)。

震动最大的还是法国。法国第一颗原子弹爆炸试验是 1960 年 2 月,比中国早四年零八个月,但他们到 1968 年 8 月才进行第一颗氢弹试验,据说戴高乐总统听说中国的氢弹爆炸了,把原子能总署的人狠狠批了一顿。凭着法国的老牌发达国家的实力,氢弹居然会落在中国人的后面! 法国专家真的想不通,中国有什么“绝招”!

1952 年,美国进行了 45 次原子弹爆炸试验后,在太平洋上的埃尼威托克岛试爆炸第一颗氢弹。这颗氢弹重有 64 吨,体积像一辆运货载重汽车那样大,美国著名核科学家阿格纽先生形容它“大得像个怪物”。他承认,“过了好久,我们才摸索到了缩小体积的技术”。

前苏联在 1953 年 8 月爆炸试验的第一颗氢弹,也不过是一种单级的助爆型裂变结构,注定是一个粗糙的大家伙。

中国第一颗氢弹研制速度超前,设计是先进的,体积是小型的。过了半年,就有了空投氢弹试验。两年后,就有了可由导弹运载的氢弹弹头。世界各国首批氢弹设计技术的时间排列表上,中国位居榜首。

三、核武器研究的两大特点

研制核武器先要有物理思想,根据物理思想建立相应的模型,然后论证其可行性,在可行性得到肯定后再进行概念设计。在这一过程的每一步骤中,都必须对研究对象所包含的物理现象和规律有非常清楚的了解,解决随时随地遇到的各种物理、力学与数学问题，为此又常常必须进行一些基础性的研究。核武器研究的特点是：①理论研究非常重要，由于核材料非常昂贵，核试验兴师动众，耗资巨大，因此不像发展有的科学技术那样可以依靠反复试验，核武器研制要求可以通过其他手段（如理论计算、实验室实验、爆轰实验等）解决的问题不留到核试验中，理论设计又是其他工作的第一步，因此，当年主管核武器研制的领导同志把理论部形象地叫做“龙头”，意思是只有龙头先动起来，龙身子才能跟着动。②计算机十分重要，由于研究对象中所包含的物理过程的复杂性，无论是进行分解研究还是总体研究都离不开计算机的帮助——依靠高速、大存储量计算机进行大规律科学计算，只有这样才能掌握物理过程的变化规律，从“量”上把握住全过程的变化发展。我国在两弹攻关阶段集中了一批权威物理学家和数学家，其中物理学家有：朱亚光，在1946—1949年在美国执安大学研究生院物理系学习并获得博士学位，1950年4月回国；王淦昌，于1934年在德国柏林大学获博士学位，同年回国；彭桓武，在1938年赴英，获英国爱丁堡大学哲学博士和科学博士学位，于1947年底回国；程开甲，在1946年留英，1948年在英国爱丁堡大学获哲学博士学位，1950年回国；郭永怀，于1945年获美国加利福尼亚州理工学院博士学位；陈能宽，在1950年获美国耶鲁大学研究院物理冶金博士学位，1955年回国；邓稼先，在1950年获美国普渡大学物理学博士学位，同年回国；周光召，于1954年北京大学物理系研究生毕业；于敏，1951年北京大学物理系研究生毕业；黄祖洽，1950年清华大学物理系研究生毕业；等等。数学家有：1944年赴美，1947年获哈佛大学文理学院博士的秦元勋；1957年于莫斯科大学获博士学位的周毓麟；1960年于莫斯科大学获副博士学位的李德元；等等。

参考文献

[1]傅宁军.科学之剑——何祚庥院士传奇.南京：江苏人民出版社，2000

[2]舒平，罗少华.中国“氢弹之父”.名人传记，2004(4)

第九讲　物质的微观结构及其规律

“物理学是一门相当广泛的科学，可分为宏观物理学和微观物理学。所谓微观物理学，研究的是物质的最小基本构造，有两个基本方面：一个是研究物质的最基本构造，最后是一些所谓基本粒子，到底有哪些基本粒子？另一个是单知道哪些基本粒子还不够，还需要知道基本粒子间彼此是怎样相互作用的，即是怎样的力量把它们联系在一起的，可以用一句简单的话来说，就是：基本粒子的性质和它们的相互作用肯定是微观物理学中两个最主要的问题。”这一段话是诺贝尔物理学奖获得者——杨振宁先生，1978 年 7 月 6 日在上海物理学会上作《从历史角度看四种相互作用的统一》演讲的第一节。这里我们直接运用作为本讲引言的开场语，但愿能起到作用。

古代思想家和哲学家对物质结构的认识，只是靠思辨和猜想，真正对物质结构进行科学的研究和解释，是近二三百年来的事情。

300 年前，英国科学家 R · 玻意耳提出化学元素的概念，100 多年前，俄国科学家 D · 门捷列夫从已发现的元素中发现了规律性，制成了元素周期表，预测了未发现的元素的特性。从此人们认识到，我们周围的一切物质都是由元素组成的，每一种元素都有化学性质相同的原子。

近百年来，在科学实验的基础上，物理学家发现了电子、质子和原子核并逐步形成了原子模型，认识到原子是由原子核与核外运动的电子所组成的。最初的认识是原子核由质子组成，一定数目的电子和相同数目的质子组成原子，不同电子数和不同质子数的原子构成不同的元素。

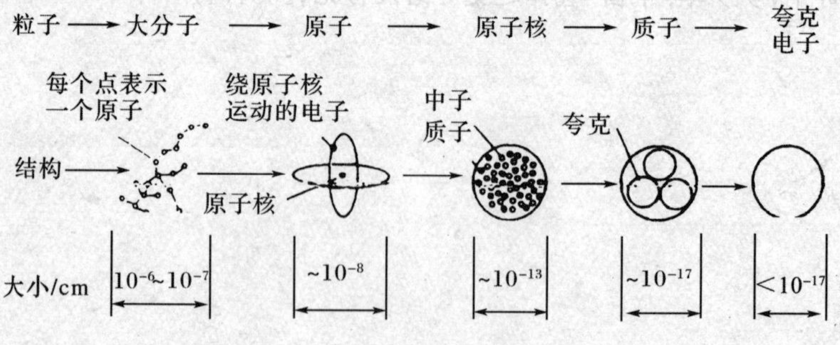

图 1　从分子到夸克和电子

20 世纪 30 年代，科学家们又陆续发现了中子、正电子，后来在宇宙射线中又发现了子、介子和奇异粒子。20 世纪 50 年代以后，通过高能加速器又发现了大批新粒子，这里所说的“粒子”是指比原子核更小的下一层次的微小颗粒。到目前为止，已发现的粒子有 300 多种，它们当中绝大多数在自然界中不存在，是在高能实验室里产生出来的。

按照目前近代物理研究的最新成果，物质的最小构成单元不再是分子、原子、质子，而是夸克和轻子(电子是其中的一种)。人们对微观世界的认识尺度一下子深入到原来的十亿分之一，具体可看从分子到夸克和电子的附图 1。这几百种粒子之间有什么联系？它们之中哪些是更基本的？各自的性质又如何？这些都是微观物理学要回答的问题。

一、基本粒子的分类及其性质

大千世界，诸相纷呈；千姿百态，无奇不有。远在古代人们就开始思索着世界的本原是什么？由于没有科学的基础，实验的条件，虽然说法种种，但是纯属主观的臆测和猜想，没有一种说法是正确的。只有待人类的科学思想、科学方法和科学抽象能力发展到一定程度，加上科学的实验条件具备之时，人们才能客观本质地认识宏观世界和微观世界。随着 20 世纪科学的大踏步前进，特别是由于相对论和量子力学的建立，以及一些特殊的实验手段和仪器的陆续采用，如云室、高能粒子加速器等的发明，人们才揭开了微观世界的面纱，开始了对原子的结构以及基本粒子的深入研究。时至今日，物理学家像剥笋壳似的已剥开了物质的 5 个层次，即分子、原子、核子、强子、轻子和夸克。或者可以这么说：世界是物质的，物质是由分子组成的，分子是由原子组成的，原子是由原子核和绕核旋转的电子组成的，原子核是由质子和中子组成的，质子、中子是由夸克组成的。

根据作用力的特点，粒子可分强子、轻子和传播子三大类，强子是所有参与强力作用的粒子的总称，它们由夸克组成。已发现的夸克有六种：上夸克、下夸克、奇异夸克、粲夸克、底夸克、顶夸克。现有微观粒子中，绝大部分是强子，如质子、中子、π 介子都源于强子。强子按其自旋又区分为两类：自旋为半整数的强子统称重子或反重子，如质子、中子、超子、Σ^+、Σ^0、Σ^+ 及 Ω 超等；自旋为整数的强子统称为介子，如 K、π 介子等。

轻子只参与弱力、电磁力和引力作用，而不参与强相互作用。轻子共有六种，它们是电子、电子中微子、μ 子、μ 子中微子、τ 子、τ 子中微子(尚未发现)，连同它们的反粒子共有 12 种。电子、μ 子和 τ 子是带电的，所有的中微子都不带电。τ 子是 1975 年发现的重要粒子，质量很重，是电子的 3 600 倍，是质子的 1.8 倍，但不参与强作用，仍属轻子，因而又称重轻子。

传播子也属于基本粒子。所谓传播子即传递相互作用的基本粒子。像大家所熟悉的那样，光子就是电磁相互作用传递的媒介或承担者，基本的电磁作用过程表现为放出和吸收光子。传递强相互作用的胶子共有8种，它们于1979年观察到的三喷注现象中被间接发现，它们可以组成胶子球，但至今尚未被直接观测到。传递弱相互作用的 W^+、W^- 和 Z^0 中间玻色子是1983年发现的，质量非常大，是质子的80～90倍。

基本粒子的大小比原子、分子小得多，用现有最大放大倍数的电子显微镜也不能观察到。

原子的尺寸为 10^{-10} m，即1亿个原子排列在一起才有1 cm。质子、中子的大小为 10^{-15} m，也就是说，只有原子的十万分之一。轻子和夸克的尺寸更小，都小于 10^{-19} m，即不到质子、中子的万分之一。

微观粒子的质量是粒子的重要特征量。现有的粒子质量范围很大，从0～90 GeV。

光子、胶子是无质量的；电子质量很小，只有 0.5×10^6 eV，π介子质量为电子质量的280倍，质子、中子都很重，接近电子质量的2 000倍，约为1 GeV。已知质量最大的粒子是 Z^0，其质量为90 GeV。

已发现的六种夸克，从上夸克到顶夸克，质量从轻到重，具体可参看表1。

表1　三代夸克特性简表

世代	自旋	特色	中英文名称	符号	带电量/e	质量/MeV·C^{-2}
1	+1/2	Lz=+1/2	上夸克(Up quark)	u	+2/3	1.5～4.0
1	−1/2	Lz=−1/2	下夸克(Down quark)	d	−1/3	4～8
2	−1/2	S=−1	奇异夸克(Strange quark)	s	−1/3	80～130
2	+1/2	C=1	魅(粲)夸克(Charm quark)	c	+2/3	1 150～1 350
3	−1/2	B′=−1	底(美)夸克(Bottom quark)	b	−1/3	4 100～4 400
3	+1/2	T=1	顶(真)夸克(Top quark)	t	+2/3	171 400±2 100

质量的大小不是粒子是否基本的判据。例如底夸克是基本的，但其质量约为质子(不具基本的)的5倍，为π介子(也不是基本的)的30多倍。

中微子有无质量？这是理论和实验都十分关心的问题，不但对粒子物理而且对宇宙学和天体物理都有很大影响。目前给出三种中微子质量的上限越来越小，例如已测得电子中微子的质量小于7 eV，即为电子质量的七万分之一，已非常接近于零。

粒子的寿命也不相同。电子、质子、中微子是稳定的，称为“长寿命”粒子，而其他绝大多数的粒子是不稳定的，即可以衰变。例如：一个自由的中子衰变成一个质子、一个电子和一个中微子；一个介子衰变成一个 μ 子和一个中微子，其寿命是以强度衰减到一半的时间来定义的。微观粒子的寿命大多数是"短命"的，其短促的程度，以作用力的形式而定，在 $10^{-6} \sim 10^{-23}$ s 范围。以一个小质量强子为例，其典型的寿命是：弱力衰变为 10^{-10} s 左右；电磁力衰变为 10^{-20} s 左右，强力衰变则是 10^{-23} s 左右。要在这样短的时间内去"抓住"它们进行研究，是一件极不容易的事情。

质子的稳定性虽曾受到理论的挑战，但实验已测得的质子寿命大于 10^{33} 年，也就是说，那些预言质子不稳定的论断没有得到已有实验的支持。

1895 年，J·J·汤姆逊在研究阴极射线时，发现了电子，并测得了它的质量 $(9.109 \times 10^{-31}$ kg) 和所带负电荷值 $(1.602 \times 10^{-19}$ C)。1932 年，安德森在宇宙射线中发现了一个与电子质量相同但带一个单位正电荷的粒子，称为正电子，这是首次发现的一种粒子的反粒子。1955 年，意大利科学家赛格里和美国科学家钱伯林合作，利用高能加速器发现了反质子，它的质量和质子相同，但带有一个单位负电荷。从大量实验测量和理论分析中得知，粒子世界具有对称性：有一个粒子，必存在一个反粒子，夸克和轻子都是这样。

一对正、反粒子相碰可以湮灭，变成携带能量的光子，即粒子质量转变为能量。反之，两个高能粒子碰撞时有可能产生一对新的正、反粒子，即能量也可以转变成具有质量的粒子。

粒子还有另一种属性——自旋。自旋为半整数的粒子称为费米子，自旋为整数的称为玻色子。所有微观粒子都具有波粒二象性，其运动规律都遵循量子力学规律。

二、夸克模型

近代科学第一个站得住脚的物质结构理论要数道尔顿的原子论。所谓原子论，就是把表现迥异的各种物质形态归结为由某些极其微小、不可再分割的原子所组成。后来，意大利人阿伏伽德罗提出分子学说，补充了道尔顿的原子论。于是很长一段时期内，人们形成了这样一种概念：物质由分子组成，分子由原子组成，原子不可分割。

原子果真不可分割吗？早在中国古代，就有人提出过"一尺之锤，日取其半，万世不竭"的思想，只是缺乏实验证据。19 世纪后半叶，人们研究真空放电管时发现了一种阴极射线，阴极射线究竟是什么？人们的看法莫衷一是。在经过了近半个世纪的探索后，英国科学家 J·J·汤姆逊最终确定阴极射线是一种比原子小得多的粒子——电子。

电子的发现打破了原子不可分割的古老神话。不久，卢瑟福通过有名的α粒子散射实验证明了原子由原子核和绕核旋转的核外电子组成。

进一步的实验表明，原子核是由更基本的粒子质子和中子组成。与此同时，又发现了与质子、中子、电子属同一层次的为数不多的几个粒子，它们是正电子、中微子、μ子、τ子等。于是物理学家们以为大功告成，他们把这些粒子命名为基本粒子，把它们看作是组成物质世界的“基石”。然而，实验的发展再一次否定了物质分割有极限的思想，大量寿命极短的不稳定粒子的出现促使人们去考虑所谓的基本粒子是否是由更深层次的粒子所构成的。如前所述，当时人们把基本粒子分作两类：一类是轻子（包括电子、中微子等），不参与强相互作用，另一类是占据基本粒子家族绝大多数的强子（包括质子、中子等），它们参与强相互作用。实验发现，强子还有内部结构，“基本粒子”不再基本。

其实，对于所谓的基本粒子，特别是参与强相互作用的强子是否可进一步分，物理学家从20世纪40年代就开始进行实验和理论探索了。

1953年，美国物理学家霍夫斯塔特用能量很高的电子轰击质子，由于电子与质子之间不存在电磁斥力，所以电子可以深入质子内部并发生相互作用。这种名为“电子深度非弹性散射”的实验发现，质子内部电荷、质量和磁矩的分布并不是“铁板”一块均匀的，质子的电荷分布在半径为8×10^{-16} m的空间范围内，即使是中子，也有一个电荷分布半径，也有磁矩。由实验可推断出，一个中子其外部带正电，中部带负电，在整体上呈现中性，电子内电荷分布半径也在8×10^{-16} m左右。理论计算进一步发现，质子和中子不仅有半径，而且内部还有3个质量和电荷相对密集的“硬核”，这充分说明质子和中子内部确实还有更低层次的粒子。20世纪50年代，费米、杨振宁和日本学者坂田昌一都提出基本粒子是“复合粒子”的思想。

1964年，美国物理学家盖尔曼（M. Gell-Mann，1929—　），在运用对称性的基础上，对基本粒子进行了分类整理，提出了强子结构的“夸克模型”，认为当时发现的所有强子都是由更基本的粒子——夸克组成的。“夸克”这名称完全是人为的，传说由于当初的假设，质子、中子和其他重子（强子）分别由3个粒子组成，盖尔曼就想起了作家乔伊斯的《芬尼根斯·韦克》中的一句话（作者为要弄文学技巧，故意在这本书中玩文字游戏）：“三个夸克才顶得上一个马克。”因此，盖尔曼就把这些假设中的粒子命名为“夸克”。又传说，把假设构成强子的更基本单元叫做“夸克”，纯属盖尔曼灵机一动，他从一首民谣中海鸟“叫三声夸克”受到启发，因为构成质子、中子的更小部分也有3个，因而就叫“夸克”。1965—1966年，中国的高能物理学工作者也做了类似的探索，并提出了强子的相对论性结构模型——层子模型。其实层子就是“夸克”。

20世纪70年代初期：强子结构理论取得的成功，以及比较直接显示强子内部结构的实验进展，使许多高能物理学家逐渐接受了强子有内部结构的观点。到20世纪70年代中期，由于实验和理论研究工作取得了一系列重大的进展，使大家对强子内部结构规律的认识逐渐明朗和深入。

在盖尔曼建立的夸克模型中，一切强子都是由3种夸克和它们的伙伴3种反夸克(即夸克的带异号电荷的反物质)所组成的。这三种夸克称为“上夸克”、“下夸克”和“奇异夸克”。物理学家们发现，用字母给粒子命名是方便的，于是他们把上夸克、下夸克和奇异夸克分别用u(up)、d(down)和s(strange)表示，而3种反夸克则用$\bar{u}$、$\bar{d}$和$\bar{s}$表示。上夸克、下夸克、奇异夸克的重子数为$\frac{1}{3}$，它们的自旋为$+\frac{1}{2}$、$-\frac{1}{2}$和$-\frac{1}{2}$，它们同位旋的第三分量分别为$\frac{1}{2}$、$-\frac{1}{2}$、0，夸克的一个最令人惊奇之处，就是它们带有非整数的电荷。上夸克、下夸克和奇异夸克，所带的电荷分别为$+\frac{2}{3}e$、$-\frac{1}{3}e$和$-\frac{1}{3}e$。

“上”、“下”和“奇异”是夸克的味道——这是“味道”一词的特殊用法。物理学家们出于一时的古怪念头，曾经用“巧克力”、“香草”和“草莓”来称呼这3种夸克，而不是用“上”、“下”和“奇异”，因而才使用“味道”这个词来表示。

显然，夸克模型只用3种味道(上、下、奇异)的夸克已能解释当时已观测到的强子，可是一些理论物理学家们不满足，他们早在20世纪60年代就曾预料还有未被发现的夸克，并坚持探索。

大约在1974年11月，美国东、西海岸的两个实验室同时宣布发现了一种新的J/Ψ粒子，在美国东海岸的布鲁克海文实验室发现J粒子的是华裔美籍物理学家丁肇中为首的马萨诸塞理工学院小组；在美国西海岸加利福尼亚州的斯坦福直线加速器中心发现Ψ粒子的是美国物理学家伯尔顿、利克特领导的合作组。这两组实验工作者彼此独立地发现了一种新介子，即由一个新的第4种夸克——魅夸克c(charm)和一个反夸克$\bar{c}$组成的强子。很快从德国的一个实验室传来了证实这一个发现的消息。1977年发现了重轻子τ，1978年又发现了γ粒子，推断还存在第五种第六种夸克，即底夸克b(bottom)、顶夸克t(top)。c、b、t夸克的质量很大，称为重夸克，用一个共同的符号Q表示，而原有的3种夸克则称为轻夸克，用符号q表示。

自1964年盖尔曼首次提出夸克模型以来，理论和实验已证实了上述六种夸克的存在。第六种夸克，即“顶夸克”是在1994年被发现的，相信是最后一种，它的发现令科学家得出有关夸克的完整图像，有助研究在宇宙大爆炸之初少于一秒之内宇宙如何演化，因为大爆炸最初产生的高热，会产生顶夸克粒子。

组成强子的夸克有6味，每种味的夸克按其在强相互作用中的地位又区分为三种“色”，即每种味的夸克带有不同的“色荷”，分别称为“红”、“蓝”、“绿”。由夸克的6种味、3种色，并考虑到反夸克，可得到36种夸克，这正是大统一理论的要求。

夸克与夸克之间，通过不同色荷之间的超强相互作用而结合在一起，形成强子。传递夸克之间结合力的中性粒子称为色胶子，简称胶子。

介子由一个夸克和一个反夸克组成，重子由三个夸克组成，反重子由三个反夸克组成。例如 K^0 介子由反奇异夸克和下夸克组成；中子由一个上夸克和两个下夸克组成，质子由两个上夸克和一个下夸克组成。

夸克理论还预言了存在一种由三个奇异夸克组成的粒子(SSS)，这种粒子于1964年在氢气泡室中观察到，叫做负 ω 粒子。1997年俄国物理学家戴阿科诺夫等人预测，存在一种由五个夸克组成的粒子，质量比氢原子大50%。2003年，日本物理学家在春天八号同步辐射设施上以伽马射线轰击一片塑料时，发现了五夸克粒子(penta-quark)存在的证据。随后得到了美国托马斯·杰裴逊国家加速器实验室和莫斯科理论和实验物理研究所的物理学家们的证实。这种五夸克粒子是由2个上夸克、2个下夸克和1个反奇异夸克组成的，它并不违背粒子物理的标准模型。这是第一次发现多于3个夸克组成的粒子。研究人员认为，这种粒子可能仅是“五夸克”粒子家族中第一个被发现的成员，还有可能存在由4个或6个夸克组成的粒子。然虽至今陆陆续续共有九个实验群组宣称发现了penta-quark的证据。但是在其他高能的实验组包括德国DESY的ZEUS实验、日本KEK的Belle与美国SLAC的BaBar两大B介子工厂实验，以及使用强子对撞器的美国费米实验室中的CDF与 D_{Γ} 实验，都没有观察到应该存在的证据。因此，所谓的五夸克粒子(penta-quark)存在与否，还是一个极具争论性的话题。

自夸克模型提出后，科学家一直在设法寻找自由夸克，但始终未能将夸克从强子内部分离出来，这就是所谓的“夸克幽禁”或“禁闭问题”。

既然不能直接找到自由夸克，物理学家就改变了策略，企图间接地搜寻它。因为根据理论推测，夸克带有所谓的“分数电荷”，这使物理学家看到了一线希望。他们认为只要找到了“分数电荷”的携带者，那就是夸克的化身了。因此物理学家在粒子加速器、宇宙射线、陨石、月球、地下深井和海底等许多地方张罗织网，到处寻找具有“分数电荷”的粒子，可是，除了个别有疑问的报道外，迄今还没有可靠的证据表明夸克能自由地存在。

鉴于夸克显然是永远被禁闭在强子内，故谈论它们能不能再细分，有各种看法。格拉肖认为“如果夸克禁闭的解释是对的，那就提出了一条捷径来结束这种向物质更细致结构的显然是无限的回归。原子可分解为电子和原子核，原子核可分解为质子和中子，而质子和中子则可分解为夸克，但夸克禁闭理论建议这个系列就到此为止了。如果一种粒子是产生不出来的，那就很难想象这种粒子怎么还会有内部结构。"现在的证据都支持夸克是物质的"岩基"的观点。但这并非定论，还待进一步探索。

三、四种相互作用力

万物世界的千变万化都来自物质间的相互作用，而现代物理学通过许多实验分析和理论研究，已搞清了自然界中一切物质间的相互作用，可以归结为四种，即强相互作用力、电磁相互作用力、弱相互作用力和万有引力。这四种基本相互作用的强度之比为

强力：电磁力：弱力：引力$=1:10^{-2}:10^{-13}:10^{-38}$(具体可见表2)。

表2 四种相互作用

四种相互作用	强 度
强	1
电磁	10^{-2}
弱	10^{-13}
引力	10^{-38}

这四种相互作用中，电磁相互作用和引力相互作用，是大家已经熟悉的，电磁相互作用就是电力和磁力，引力相互作用就是万有引力，是物理学中发现最早的相互作用。强相互作用和弱相互作用可能知道的人比较少，或知道得甚少，下面我们将会详细介绍。

表2右边的这些数字大致给出了四种相互作用的强度的相对大小。如果认为强相互作用的大小是1的话，那么电磁相互作用只有百分之一，弱相互作用就小得多了，只有10^{-13}，而引力相互作用是10^{-38}。这个10^{-38}的意思就是说，假如两个质子相距r，那么它们之间的引力相互作用与电磁相互作用大小之比就是10^{-36}。我们知道，在日常生活中引力相互作用是非常重要的，因为人类最早了解的力就是引力。可是引力相互作用是非常之小的，这是什么道理呢？原因是引力相互作用永远是相加的，而电磁相互作用、弱相互作用和强相互作用都是既有相斥的，也有相吸的力，所以把许多物质放在一起，它们之间既有排斥力也有吸引力，彼此抵消掉了。只有引力是继续不断地加上去的，所以日常生活中，我们跟地球之间的引力是很大的。当然另外还有个道理，这四种相互作用里，电磁力和引力是所谓长程力，而弱相互作用和强相互作用是短程的相互作用。

人类对四种相互作用的认识、了解是有先后的。第一个有所了解的是引力相

互作用。这是在17世纪，牛顿(Newton)把在他之前的实验天文学家所得到的实验数据拿来分析、研究得出一个结论：假如两个质量为 m_1 和 m_2 的质点，相距 r，那么它们之间有相吸引的力，其大小可用公式表示：$F=G\frac{m_1m_2}{r^2}$。这个公式就是大家所熟悉的万有引力公式，牛顿把它的意义写在他的非常重要的《自然哲学中的数学原理》一书中，通过此公式，可以解释行星绕太阳运动的轨道。

人类对于相互作用的第二个了解始于对电磁学中的静电力的了解。这是库仑(Coulomb，1736—1806)在1785年研究出来的，所以把它叫作库仑定律(见表3)。真空中两个静止的点电荷 q_1 和 q_2，假如相距 r，那么它们之间的作用力就是 q_1 与 q_2 相乘被 r^2 除。库仑当初的实验装置很简单，实验也很粗糙，杨振宁先生曾经看过库仑的文章，发现库仑写出的那个公式同实验的误差达到30%以上。估计库仑当初写出这个公式时，一部分是猜出来的，猜测的道理是因为他已经知道了牛顿公式。事实上所有物理和数学的最前沿的研究工作，很大一部分力量要花在猜想上，意思是说，猜想亦是科研的一种重要方法。

表 3

引力	牛顿(17世纪)	$F=-G\frac{m_1m_2}{r^2}$	m_1m_2
电磁	库仑定律	$F=\frac{q_1q_2}{r^2}$	(18世纪末)
	高斯定律	$F=\frac{m_1m_2}{r^2}$	(18世纪末)
	安培定律	动电→磁力	(19世纪初)
场	法拉第定律 (1791—1867)	动磁→电力	(19世纪初)
	麦克斯韦 (1831—1879)	电场，磁场	
		$\nabla\cdot E=4\pi\rho$	
		$\nabla\cdot H=0$	
		$\nabla\times H=4\pi j+\dot{E}$	
		$\nabla\times H=-\frac{1}{c^2}\dot{H}$	
		物理观念←→数学表示	
		光＝电磁波	～1860

续表

弱	贝克勒尔，居里		~1898
	中微子，费米理论		~1932
	多种弱相互作用的发现		1946
	各种弱相互作用的共同强度		1949
	温伯格—萨拉姆理论		1967
强	核的发现		1913
	汤川理论		1935
引力	引力=几何现象(非欧几何)		1916

电磁力方面的第二个基本定律是高斯(Gauss)定律，这也是18世纪末、19世纪初的一个重要发展。高斯定律跟库仑定律属同一类，它反映了两个磁极之间的作用力规律，这跟库仑的公式是非常相似的(见表3)。

19世纪初，安培(Ampere)发现了电磁学的第三个基本定律，即安培定律。它揭示通电导线周围有一个磁力，这个基本观念说明动的电要产生磁的力。安培定律给出了磁跟电之间的定量关系的根据，是19世纪的重要发现。

电磁学里第四个重要的定律是物理学家法拉第(Faraday)的贡献，这个贡献实为安培定律的相反作用。法拉第用实验方法证明了动的磁也要产生电的力。

这四个定律是电磁学中的基本定律，到了法拉第的时候，认为对这四个定律的了解已经完成。法拉第是个没有受过很多数学教育的物理学家，他对于太多的数学采取不信任态度。今天很多有重大贡献的科学家也采取法拉第的态度。

应该说，首先用(电磁)力线来形象直观地表示场的也是法拉第。19世纪最伟大的两个物理学家，毫无疑问的应该是法拉第和麦克斯伟(Maxwell)，他们两位相差40岁，麦克斯韦还年轻的时候，法拉第已是一个地位非常显著的物理学家。麦克斯韦对法拉第的贡献非常佩服，所以他在20岁就下了一个决心，要把法拉第的一些物理想法写成定量化的数学公式。他曾写过一封信给法拉第，把这一想法告诉了法拉第。文献上有一封很有意思的信，是法拉第给麦克斯韦的一封回信，这封信是在麦克斯韦已经把他的工作差不多完成了的时候写的。信的大意是这样:在当初听说你要把物理的想法写成数学的公式时，我很害怕，怕这样一来把所有的物理意义都丧失掉了。可是，现在看见你所写的公式，我觉得原先的害怕是不必要的，因为我发现这些物理的想法虽然受到了数学公式的攻击，但还是完整的。这些话说明了即使法拉第看见了麦克斯韦方程以后，还是对数学不太信任。

麦克斯韦到底做了什么事情呢？他就是把上面所讲的电磁学里的四个定律写成了四个方程式——麦克斯韦方程组(这里是微分形式见表 3)。第一个方程就是库仑定律,第二个方程就是高斯定律,第三个方程就是安培定律,第四个方程就是法拉第定律,其中 E 是电场,H 是磁场。

法拉第的物理直觉确是一流的,不过他不相信数学,不信任麦克斯韦,似乎是太偏激了一些。因为麦克斯韦把这四个定律用方程的形式写出来后发现了一个问题,这个问题在方程式写出之前大家都没有注意到,法拉第没有注意到,麦克斯韦也没有注意到。麦克斯韦最初写出的四个定律没有$\dot{E}$这项,写出后他才发现这四个公式实际是不相容的,里面彼此要发生矛盾。如不把它写成数学的公式,单看这四个定律,那就不太容易了解它们之间是不相容的。可是写成了数学公式,便可以运用数学中积累了好几个世纪的一些知识,作一些运算,这样麦克斯韦就发现它们的不相容。为了使它们相容,他加进了一项$\dot{E}$,就是电场对时间的导数。加了这一项,四个公式就相容了,而且不违反原来的法拉第定律和安培定律。这是物理学史上一个非常重要的发现。

麦克斯韦把$\dot{E}$加上去以后,他就发现这组公式要产生电磁波。他从这组公式里算出了电磁波的速度,发现跟那时已经知道的光波的速度是一样的,所以他肯定光就是电磁波。这是 1860 年的一个极其重大的贡献。这一发现把物理学中关于电、磁、光之间的关系整个地改观了。如果你想到今天对电子学的了解,对光学的了解,或想到今天的通信工程,今天的无线电工程,今天的电视等,就可知道这一发现在技术上是多么重大的一次革命。这个发现的由来:一个是法拉第的物理观念——场,另一个是麦克斯韦把它变成数学公式。这两件事是缺一不可的。在表 3 中,列出了物理的观念和数学的表示,两者之间要保持正确的联系、正确的平衡,只有在这样的情况下才会有重要的进展。

人类第三个认识、了解的相互作用是弱相互作用。弱相互作用有很多种,最早是在 1898 年前后,由法国人贝克勒尔(Becquerel)、居里(Curie)夫妇三人所发现的,即所谓的 β 射线。此后,大家对放射性做了许多工作,在 1930 年到 1932 年间泡利(Pauli)提出了中微子解释。这是因为在 20 世纪头 30 年对 β 衰变做了很多试验以后,发现其中的能量似乎不守恒。玻尔(Bohr)是一个极力主张在 β 衰变中能量不守恒的物理学家。泡利觉得这个想法不见得正确,他认为能量还是守恒的,我们见到的似乎不守恒现象,是因为有一个到现在还没有被发现的粒子,把剩余的能量给带走了。这个粒子后来大家叫它中微子,现在已经被正式证实存在了。同时在 1932 年前后,费米(Fermi)提出了 β 衰变的基本理论,叫做费米理论。从 20 世纪 30 年代到第二次世界大战之间,通过费米理论对 β 衰变做了很多的研究工作,费米理论多次被证明与实验密切相符合。1946 年前后,又发现了很多新的基本粒子，这些粒子有种种不同的衰变，这些衰变都是弱相互作用，因为它们的强度都相差不多。1946 年前只知道一种弱相互作用，就是β衰变，从 1946 年开始发现了多种弱相互作用。1949 年，通过一些理论上的考虑，发现这多种弱相互作用都有一个共同的相互作用强度。总的说来，今天知道的弱相互作用的知识很多，但还不能写成牛顿引力定律 $F=G\frac{m_1m_2}{r^2}$ 那样一个大家都同意的正确公式。

强相互作用虽然是最强的力量，但却是物理学家最后才了解的。这并不奇怪，因为太强的力量有个倾向，要把东西聚在一起，聚在最小的范围之内，就是在核内，小到这个程度，一时就不容易找到。这样，最强的力量反而倒是物理学家最后了解的。

既然原子核是由质子和中子组成的(统称核子)，而且原子核一般又是很稳定的，那么，是什么力量把质子和中子，特别是质子与质子结合在一起的呢？显然万有引力和电磁力都不可能胜任，一方面因为它们的质量太小，另一方面质子带正电，核子间存在的是库仑斥力，在 10^{-13} cm 的核半径范围内，这种斥力是相当大的。以铀核为例，那里有 92 粒质子聚集在 10^{-13} cm 这样一个直径的空间中，两粒质子之间的库仑推斥力大约等于 250 N！在铀核边缘的一个质子会受到其他 91 个质子的推斥力，总的斥力约在 10 000 N 左右！在核子间一定存在一种更强的相互吸引力，这种力就是核力。核力比电磁力强得多，大约为电磁作用的 10^3 倍。那么如此强大的核力是怎样产生的呢？

为了对核力的特殊性质作出合理的解释，海森堡提出了“交换力”概念，认为中子同质子之间的核力是由两者之间不断地交换一个电子而实现的，这就如同原子通过不断地相互交换电子而形成化学键一样。日本物理学家汤川秀树(1907—1981)于 1934 年发展了海森堡的思想，成功地创立了介子理论。他设想在质子和中子间存在一种新的基本的相互作用即强相互作用，这种相互作用比电磁作用强几百倍，但力程只有 10^{-15} m，所以它只能存在于核内，对核外部没有影响；这种相互作用是质子和中子通过交换一种基本粒子实现的，由于这种粒子的质量约为电子的 200 倍，处于电子与核子之间，故名“介子”。这种理论由日本的坂田昌一(1911—1972)稍作修改后，被拉泰斯等人在宇宙射线中发现了。这种介子用希腊字母 π 表示，俗称 π 介子或简称 π 子。1948 年，当有了新的回旋加速器以后，π 子已能在实验室里人工创造出来。π 介子有 3 种，即 π^+、π^0 和 π^-，分别带一个单位正电荷、不带电和带一个单位负电荷。

对强相互作用，今天人们了解的程度还没有到对弱相互作用的了解的圆满程度。总的来说，弱相互作用和强相互作用都还是不完全清楚的相互作用。

四种相互作用力的基本特征可进一步比较如下：

表 4　四种基本力

力的类型	引　力	弱　力	电磁力	强力或核力
发生作用的距离	延伸到非常大的距离	约小于 10^{-17} cm	延伸到非常大的距离	约小于 10^{-13} cm
力的强度	10^{-38}	10^{-13}	10^{-2}	1
传递此力的粒子	没有发现	中间玻色子 W^+、W^- 和 Z^0	光子	胶子
粒子的质量	不知道	约 90 GeV	0	假定为 0

世界上一切有质量的物体(质)都受到引力的作用,但比起强作用力,它的大小几乎可以完全忽略不计,但其作用的范围很大,按平方反比关系可延伸到无限远处。由于引力的作用太弱,在研究原子核的粒子过程中,一般不考虑引力作用。

电磁力在宏观物理过程和原子构成分子过程中起着重要作用,另光子和带电粒子的相互作用力一般也都是电磁相互作用力,电磁相互作用力的范围与引力一样亦可按平方反比关系延伸到无限远处。

弱力只存在于基本粒子的非电磁衰变中,即一般都在中子及其他中微子衰变过程中出现,其强度比引力强,但比电磁力弱得多,比核力弱得更多。

在原子核内,核子、介子之间相互作用一般都是强相互作用,今天我们又知道夸克之间的相互作用力也是强力,其强度最大,就是由此力使夸克组成了强子。

由此可见,弱力和强力在宏观世界中是不能直接观察到的,弱力的作用范围约 10^{-17} cm,强力的作用范围约 10^{-13} cm。

物体之间的四种相互作用力本质上都是通过相互交换某种物质来实现的,这种交换作用的粒子统称为传递子,又称交换子。自然界有四种作用力,相应就有四类交换子。

传递强力的粒子是胶子,胶子的质量为 0 ,胶子之间有强力作用,胶子共有 8 种,1979 年在三喷注现象中被间接发现,它们可以组成胶子球,但至今尚未直接观察到。

传递弱力的粒子是中间玻色子 W^+、W^- 和 Z^0,它们的质量是已知粒子中最重的,是质子的 80～90 倍,于 1983 年被发现。

传递电磁相应作用力的粒子是光子。光子既没有强相互作用,又没有弱相互作用,它的质量是零,自旋为 1,属玻色子,寿命无限长。光子具有电磁和引力相互作用。

传递引力作用的粒子是引力子。由于作用太弱——实验极难探测到它,据报道，目前已找到它存在的间接证据。引力子不带电荷，没有质量，自旋为2。

四、统一场论

古代提出朴素的元素论和原子论的目的在于用一种统一的观点去解释整个世界。这也是世世代代科学家共同追求的目标。

爱因斯坦是一个对统一性或简单性思想执著追求的科学家。他始终认为，科学家应该服从公理化的要求，要从尽可能少的假设或公理出发，通过逻辑的演绎，概括尽可能多的经验事实，即统一性地描述更多的现象。

而英国的杰出物理学家麦克斯韦(1831—1879)应该说是历史上首先对统一性或简单性思想赋予实践并取得成功的一位世界级物理顶尖人物。

1865年麦克斯韦发表了著名的论文《电磁场的动力学理论》，这标志着麦克斯韦电磁理论的正式诞生。在这篇文章中麦克斯韦总结了前人和他自己关于电磁理论方面的研究成果，成功地统一了电磁现象，建立了麦克斯韦方程组，并预言了电磁波的存在，指出光也是一种电磁波。麦克斯韦的预言，不久就被实验证实。这样，原先似“风马牛不相及”的电现象、磁现象、光现象都被麦克斯韦的电磁理论——麦克斯韦方程组给统一了。麦克斯韦的电磁理论可以说是迄今人们所得到的最完美、最和谐，应用也最广泛的一种理论。它适用于从原子分子线度一直到宏观领域的一切电磁现象。在漫长的距离间互相通话；坐在家中可以欣赏千里之外的悦耳音乐，观看世界各国的名山大川及世界顶级赛事；甚至在实验室里可观赏宇宙飞船及月球上宇航员的工作情景，探测到与我们相距几十亿光年的宇宙远方星系的信息……所有这一切都是因为有了麦克斯韦电磁理论。

麦克斯韦于1879年逝世，这位科学巨匠也许太辛苦、劳累了，享年仅仅49岁。但是十分巧合，正是这一年，在德国南部一个小镇——乌耳姆市诞生了又一位科学上的一代伟人——爱因斯坦。正是由于对麦克斯韦电磁理论的信念，促使爱因斯坦建立了相对论。

上一节我们曾介绍了自然界中千变万化的现象，也许都可归因于四种相互作用力，且知道这四种基本相互作用力是有不同性质的。但是长期来人们仍然梦想寻求一种更为基本的力，以便让这四种基本相互作用力仅仅是这种基本力在不同情况下的表现。说白了就是企图寻找出一种能囊括并解释四种已知相互作用力的理论。这种将自然界中的基本力统一起来，以便获得更深入了解物质世界的尝试，也许是近代物理学中最为雄心勃勃的一个目标。

历史上，首次尝试此项工作的还是爱因斯坦。1923年爱因斯坦在完成广义相对论之后，他发现在广义相对论中，事实上存在三个独立的要素，这就是不连续的有质量的物质、连续的电磁场和引力场。这是爱因斯坦无法容忍的，因为它们明显违背了自然界中的“统一性”或“简单性思想”。作为他的追求，爱因斯坦很自然地想到了电磁场与引力场的统一问题，并以极大的热情把自己的后半生全部精力都投入寻求引力和电磁力的统一工作中去。遗憾的是爱因斯坦的这一尝试没有成功，因为当时仅知道电磁场与引力场，对微观世界中的两种强相互作用和弱相互作用，物理学还没有认识到；而已知的电磁相互作用和引力相互作用二者在强度量级上又较悬殊，要想把它们统一起，难度之大是显而易见的，失败也是不可避免的。

20 世纪 60 年代后科学家们认识到，要想把四种已知的相互作用用统一的理论作出解释，就必须在众多的物理规律中找出其共同性的规律来，这就是它们共同表现出来的对称性。尔后，科学家们又把对称性、守恒与规范场一一对应起来，因为科学家们凭借他们特有的直觉和猜想，相信规范场理论似乎可以为统一描述自然界的基本力提供一个适当的框架。因此目前有不少物理学家常常把规范场论叫做统一场论。

规范场理论通常是指在定域规范变换下保持不变的理论。例如麦克斯韦电磁理论是人们最早认识的一种规范场理论。学过电磁场理论的人都知道，可以用电磁势(A,ϕ)代替电磁场强度 E 和 B 来描述电磁场。还可以证明，这种电磁势并不是唯一的。例如，某电磁场可以用一组(A,ϕ)描述，那么，通过下面的变换所得到的另一组电磁势(A',ϕ')也将描述同一电磁场

$$A \longrightarrow A' = A + \nabla \Psi \tag{1}$$

$$\varphi \longrightarrow \phi' = \phi - \frac{\partial \Psi}{\partial t} \tag{2}$$

其中 Ψ 为一任意的空间坐标函数。变换(1)和(2)称为“规范变换”，在规范变换下电磁场强度及其所满足的基本运动方程(即麦克斯韦方程组)保持不变的性质称为“规范不变性”，相应的场称为“规范场”。所以电磁场是一种规范场，若引入数学中的群来表示场的各种规范变换，则电磁场又称 $U(1)$规范场。光子就是这种规范场的量子。我们已经知道，电磁相互作用正是通过交换这种规范场的量子而实现的。

20 世纪 60 年代，格拉肖(S. Glashow，1923—)、温伯格(S. Weinberg，1933—)和萨拉姆(A. Salam，1926—)等人同时各自独立得到了一个弱力和电磁力的统一模型(称为温伯格-萨拉姆模型或“SU(2)×U(1)模型”)。在这个模型中存在四种传递相互作用的规范场：三种静质量不为零的规范场($W_\mu^\pm$，Z_μ^0)和一种静质量等于零的规范场 A_μ。他们认为前三种规范场传递弱作用，后一种静质量为零的规范场即为电磁场，它传递电磁作用。按照这种弱电统一模型，弱力和电磁力的作用强度原来是一样的，只是因为传递弱作用的规范场粒子 $W^\pm$

和 Z^0 的静质量很大，在低能情况下要使它们有足够大的动能，以便从一处运动到另一处以传递作用力的可能性很小，所以通过它们传递所实现的相互作用的强度便显得比电磁力小得多。其次，弱玻色子的静质量很大，寿命短，很容易衰变，因此由它们传递的力只能在短距离上起作用。迄今，温伯格—萨拉姆弱电统一模型已获得了大量实验的支持。该理论所预言的三种弱中间玻色子 W^+、W^- 和 Z^0，已经分别于 1982 年和 1983 年在大型加速器实验中发现，它们的质量分别为 80 GeV和 95 GeV，与理论预言较为符合。中间玻色子的发现标志着弱电统一理论的巨大成功，它被誉为 20 世纪最伟大的科学成就之一。

爱因斯坦统一场论的梦想终于在弱相互作用和电磁相互作用方面首先实现！

鉴于弱电统一模型的成功，从 1978 年以来不少物理学家进一步尝试建立包括强相互作用的扩大的统一模型。

物理学家目前较普遍地认为描述强相互作用的规范理论是“量子色动力学”。在这一理论中，夸克之间的强作用是通过一种称为“胶子”的基本粒子传递的。原子核内核子之间的核力可归结为它们的夸克组分之间作用力的综合。强相互作用规范理论满足 SU(3)对称性，与这个理论相联系的规范场就是 SU(3)规范场，胶子就是这种规范场的量子。胶子的静质量现在通常假定为零，自旋为 1，这些性质与光子类似。我们知道，电磁力的源是电荷，类似地强力的源是“色荷”。所以，夸克是带有色荷的粒子。色荷与电荷有许多本质差别。电荷有正、负两种，但色荷却有“红”、“黄”、“蓝”以及“反红”、“反黄”、“反蓝”共六种。此外，由于在电荷之间传递电磁力的光子是 U(1)规范场量子，它是中性的，且只有一种；但是在色荷之间传递强力的 SU(3)规范场量子，即胶子本身也带有色荷，且有八种，所以电磁力与强力在性质上存在着某些根本性的差别。

描写弱电作用和强作用的理论现在物理学界称之为“大统一理论”。根据这种理论，参与作用粒子的能量增高时，弱作用逐渐变强，强作用逐渐变弱，而电磁作用强度则缓慢增强，从而在足够高的能量($10^{14}\sim10^{16}$ GeV)下，三者合而为一，成为统一的一种相互作用，可用一个耦合强度表示。大统一理论得到某些现有理论所不能得到的结果，例如，大统一理论对电荷量子化能给出较自然的解释。此外，这类理论还预言质子会衰变(寿命为 10^{31} 年)。目前，许多国家的实验小组正在进行探测质子衰变的实验，这对大统一理论无疑是一个关键性的考验。

大统一理论还没有包括引力相互作用在内。进一步将引力相互作用和大统一理论中的其他三种基本相互作用统一起来的理论，物理学界称之为超大统一理论。可以预言，这个理论必须是量子化的规范理论。但是，企图把引力理论同量子论结合起来的尝试至今还没有取得重大进展，或者仅是一种推测，还没有实验检验。这一课题的研究可算是当代物理学最困难的前沿问题之一。

参考文献

[1]宋健.现代科学技术基本知识.北京:科学出版社,1994

[2]胡显军,曾国屏.科学技术概论.北京:高等教育出版社,1998

[3]林德宏.现代科学技术概论.苏州:苏州大学出版社,2001

[4]胡炳生.现代科学技术基础.南京:南京大学出版社,2001

[5]宁平治.杨振宁演讲集.天津:南开大学出版社,1989

[6]凌瑞良,张国清.中学物理教学精细研究.上海:上海科学技术文献出版社,1998

[7]陈鹏万.揭开物质世界的奥秘.北京:中国华侨出版社,1995

第十讲　大爆炸宇宙学

在自然界中，研究地球以外宇宙环境中各种天体的运动、结构、起源和演化的基础学科叫做天文学。严格说来，宇宙学是天文学的一个分支，宇宙学是一门从整体上研究宇宙的结构和演化的天文学分支。

宇宙是指人们认知的整个天体系统，它只涉及现在人们可以用科学手段直接或间接地观察到的范围，此范围大约是 100～200 亿光年。今天的天文学家，用最先进的天文望远镜，已经能观察到距离我们大约 200 亿光年的特别明亮的个别天体。

宇宙包括自然界的一切物质，这是人们能研究的最大客体，自古以来的许多思想家、哲学家都对它发挥过自己的想象力，以期探索它的本质，可是，在既缺乏观测资料也缺乏物理理论的条件下，这种哲理性探索仅是猜测性的，从而并不具有可信性。把宇宙当做现代自然科学的对象来研究是从 20 世纪 20～30 年代才开始的，随着实验条件的日趋改进和完善，物理理论的深入发展，天文学家已获得一大批关键性资料，宇宙学也有了蓬勃的发展。

一、宇宙学中的几个基本概念

1. 宇观

我国天文学家戴文赛先生根据现代天文学的观测结果，引入“宇观”这个概念来表征宇宙规模的物质过程。宇观物体就是像太阳、恒星、行星这样的天体，它们的最大特征是其表面由万有引力起支配作用。

宇观概念建立后，就可以把人们研究的客体从小到大分为四个层次，即微观、介观、宏观和宇观。

宇观物体的质量一般以太阳质量 $m_{太}$ 为单位。

太阳质量 $= 2.00 \times 10^{30}$ kg $= 1m_{太}$；地球质量 $= 5.97 \times 10^{24}$ kg $= 10^{-6}m_{太}$；月球质量 $= 7.35 \times 10^{22}$ kg $= 10^{-8}m_{太}$；地球周围大气层总质量 $= 5.92 \times 10^{18}$ kg $= 10^{-12}m_{太}$；一般球状星团质量 $= 10^{6}m_{太}$；一个星系总质量 $= 10^{11}m_{太}$；银河系的总质量 $= 10^{12}m_{太}$；至今已测到的整个宇宙的质量 $= 10^{21}m_{太}$。

宇宙学中的长度单位常用光年、天文单位和秒差距三种。

2. 光年

1 光年是指光线在一年内所通过的距离。

1 光年 $= 3\times 10^{8}\times 365\times 3\ 600\times 24$ m $\approx 9.5\times 10^{15}$ m，以 Ly 表示。

3. 天文单位

天文学上把地球绕太阳公转的椭圆轨道的长半轴作为天文单位，记为 AU，1 AU $= 1.50\times 10^{16}$ m 。

4. 秒差距

秒差距指的是从某天体看太阳系时正交于视线上 1 AU 所张的角度为 1[(角)秒]时的距离，记为 PC。

$$1\ \text{PC} = 2.06\ \text{AU} = 3.09\times 10^{16}\ \text{m} = 3.26\ \text{Ly}$$

二、宇宙是均匀介质

地球在宇宙中只是一个十分渺小的局部，因此，地球上的一切并没有宇宙学意义。我们研究宇宙时要注意的是地球之外广袤空间中的物体。天穹上的无数光点正是宇宙的一个表观形象，可惜我们感受不到这些光点的远近差别，因为它只是一个二维形象。为了了解宇宙的三维立体形象，天文学家必须有能力测定各个光点的远近，这种能力是从 20 世纪上半叶才开始逐渐具备的。

随着天文测距能力的提高，人们获得第一个重要信息——恒星的结团性。

已探明，太阳周围约 10 万光年的范围内，集积着大约 2 千亿个恒星，这一恒星集团就是银河系。人在地球上用肉眼能看到的星星，绝大多数是银河系中的恒星。银河系的直径约 10 万光年，发光部分直径约 7 万光年，中心最大厚度约 1.6 万光年。银河系从远处看好像是一个中央突起、四周扁平的旋转铁饼。之所以称之为“旋转铁饼”，是因为银河系在旋转着，属旋转结构。银河系旋转的速度 $v=250$ km/s，有旋臂三条。银河系中每颗恒星都在围绕银河系中心(银心)旋转，同时各恒星又具有各自的特殊运动。恒星绕银心的旋转轨道并非正圆，而是呈椭圆形，因此，每颗恒星到银心的距离都是变化的。太阳只是银河系中的一颗普通恒星，离银河系中心约 8 000 PC，即 2.5×10^{20} m 。

除银河系的这些成员外，天穹上还有大量光点，但它们并不是恒星，而是处于更远处的类似于银河系的恒星集团，称河外星系。因河外星系距我们约有 10 万光年以上，所以它们虽然是大量恒星的集合体，但表观上也只是一个光点。到目前为止，用天文望远镜(包括光学的和射电的)已经在银河系以外发现约 10^{11} 个星系，其中大的星系内包含有 10^{13} 颗恒星，小的星系有 10^{6} 颗恒星。

我们知道，普通气体由分子组成，但分子本身还有结构，它并不是最小单位。同理，天文学上，通过大范围、高深度的巡天观测，发现宇宙好像是大量星系构成的“气体”，而恒星只是星系内部的细节。正因为如此，宇宙学中星系才被看成是宇宙物质的基本单元。

星系在宇宙空间中的分布并不完全均匀，由于引力的作用，它们也有弱的结团性，它们有的成双，有的成群。宇宙学中通常把几十个星系结成的集团叫星系群，几百个星系结成的集团叫星系团，星系群与星系团又进一步结成超星系团，大小在5亿光年以上，大的星系团甚至包含有成百上千个星系。

如把空间的单位体积取的比超星系团还大，则计算表明，空间各处的星系数平均密度接近均匀。从这个意义上看，宇宙被描绘成充满空间的，以星系为基元的均匀介质。至今，各方面实测表明，它是真实宇宙的很好写照。

三、宇宙的膨胀

宇宙除其物质分布具有均匀性外，还具有一个重要的观测事实——膨胀性。

宇宙在膨胀的含义并不是指宇宙中一切物体的胀大，它的本意是指远处星系在系统地向远离我们的方向上退行(见图1)。

1. 哥白尼原理

所有宗教的宇宙模型都是有中心的。西方宗教如此，东方宗教也如此。北京名刹雍和宫的教学殿前有一泥塑的宇宙模型，表现着佛教的观点：宇宙中心是在须弥山。

现代宇宙学的一个基本的出发点是认为宇宙没有中心，更确切地说是：宇宙中没有任何一点具有优越性，所有的位置都是平权的。这个论断被称为哥白尼原理。其实，在哥白尼的经典里，并没有这条论断。之所以以哥白尼命名，是纪念他率先否定“地心说”。

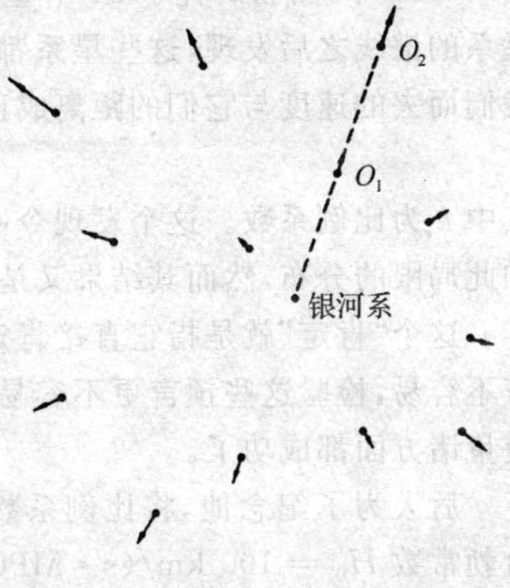

图1

哥白尼否定“地心说”，但主张“日心说”，即在他的宇宙模型中，也有中心。后来发现，太阳也不是宇宙的中心。固然，在太阳系中，太阳的地位是优越的，而从更大的范围来看，太阳不过是颗很普通的恒星，它的位置并无任何优越性。进一步认识到，宇宙中没有任何一个点具有特别的优越性，这就是哥白尼原理的思想渊源。

根据引力的性质可知，只有当宇宙间的物质均匀分布时，它对落体、行星的作用总和才可能为零。更一般地说，在力学中我们之所以能把一个个体系孤立起来处理，不考虑宇宙其他部分的影响，正是因为宇宙是均匀的，无特殊点的。

2. 红移定律

事实表明，星系间的距离在增大，宇宙“气体”的密度在降低，若“宇宙”气体要在膨胀的过程中保持均匀性，那么，远处星系的退行速度 v 应当与距离 R 成正比地增大。图1中 O_2 离我们的距离（银河系）比 O_1 远一倍，O_2 的退行速度也应比 O_1 大一倍。事实上能直接证明宇宙的规律膨胀是美国天文学家哈勃所发现的河外星系的谱线红移。

20世纪20年代，哈勃证明了旋涡星系并不是本星系中的天体，而是与我们星系十分相似的独立的恒星系统，并认识到宇宙中充满着一个个的星系。

随后，哈勃对我们周围许多星系的光谱进行了研究。大多数星体的光谱中都有一些暗线，它们表示一些确定波长的光波被恒星大气中的原子吸收掉了。每种化学元素都产生一些特征的吸收线，这些谱线的波长已由实验室的测量所确定。

当星系向离开观察者的方向运动时，每条谱线的波长都会增加，这就是所谓的多普勒效应。谱线波长增加，即所有的谱线都向长波方向移动了一段距离，此现象称为红移。因此，测量出谱线的红移大小就可以计算出星系退行的速度。如果星系朝着观测者运动，谱线的波长应减小，这也是多普勒效应。谱线波长减小，谱线向光谱的蓝端移动，此现象称为蓝移。

1929年，哈勃研究了24个星系，这些星系的距离都是已知的。他测量这些星系的谱线之后发现，这些星系都是在远离我们而去。而且发现，这些星系远离我们而去的速度与它们的距离成正比，即

$$v = kR \tag{1}$$

其中 k 为比例系数。这个发现令哈勃异常激动，当时，他写道：如此之少的资料，如此局限的分布，然而其结果又是如此的肯定。

这个“肯定”就是指它直接肯定了宇宙膨胀的预言。在天文学中作确定的预言不容易，检验这些预言更不容易。可是，对若大宇宙的膨胀预言，居然在定性、定量诸方面都成功了。

后人为了纪念他，将比例系数 k 写成 H_0，并称之为哈勃常数。最早定出的哈勃常数 $H_0 = 100\ \mathrm{km/(s \cdot MPC)}$。20世纪50年代末以后的天文学家发现哈勃在测距方法上有系统错误，改进后用多种测量定出的最好哈勃常数值是 $H_0 = 150\ \mathrm{km/(s \cdot MPC)}$，即离我们 1.0×10^7 Ly 的星体，其退行速度约为 150 km/s。(1)式天文学上称之为“红移定律”或“哈勃关系”。

这一经验规律以无可辩驳的事实证明了当今的宇宙正在以保持物质均匀性的方式膨胀。另外这一经验规律也说明，在均匀宇宙中各星系处于平权地位，宇宙并不存在一个中心，即银河系在宇宙中完全没有特殊地位，这正是哥白尼思想在宇宙学中的体现。

一位天文学家曾说：哈勃关系已被认识到是20世纪天文学中最杰出的发现，它使人们对宇宙的概念，自四百多年前哥白尼革命以来，又一次发生了巨大的变

化，它代替了一幅永远静止的宇宙图景，肯定了宇宙膨胀这一令人惊讶的事实。这是一个很恰当的总结。

四、宇宙的有限或无限

前面几节我们着重介绍了宇宙介质的均匀性、宇宙的膨胀性，同时结合宇宙的膨胀性，我们又介绍了能直接证明宇宙膨胀的重要经验定律——红移定律。本节所涉及的将是宇宙空间是有限还是无限的内容。

广义相对论论证了引力的效果是造成时空的弯曲。如前所述，宇宙中物质分布是均匀的，均匀的引力效应使宇宙空间成了一个等曲率的弯曲空间。理论上可以进一步论证，宇宙空间的曲率（k）可正、可负、也可以为零，而实际宇宙的空间曲率 k 属于哪一种，只能由实践来回答。

按弯曲空间的黎曼几何，零曲率或负曲率空间的总体积都是无限的，而正曲率空间的总体积却是有限的，因此，若实际宇宙的曲率为正，则宇宙的总体和总质量将都是有限的。广义相对论与黎曼几何告知，宇宙在理论上可能是有限的，也可能是无限的。

由爱因斯坦广义相对论导出的宇宙膨胀动力学方程为

$$\frac{\dot{R}^2}{2}-\frac{4\pi G\rho R^2}{3}=-\frac{k}{2} \tag{2}$$

此式非常类似于牛顿力学中的能量守恒式 $\left(\frac{1}{2}mv^2-\frac{GMm}{R}=E\right)$，左边第一项为动能（单位质量物质的，下同），第二项为引力势能，但是方程右边不是总能量，式中出现的 k 正是宇宙的空间曲率。

在这里，我们可用实测的哈勃常数 $H_0=\frac{v}{R}$，即 $H_0=\frac{\dot{R}}{R}$ 定义一个临界密度 ρ_c，即

$$\rho_c=\frac{3H_0^2}{8\pi G}$$

于是(2)式可改写成

$$k=8\pi G(\rho-\rho_c)/3 \tag{3}$$

式中 ρ 是宇宙实际密度（平均值），G 是牛顿万有引力常数[$G=6.67\times10^{-11}\ \mathrm{m^3/(s^2\cdot kg)}$]。

可见，当 ρ 和 H_0 能正确测定时，我们就可根据(3)式推出宇宙的空间曲率 k。

当 $\rho>\rho_c$ 时，$k>0$，即宇宙有限；

当 $\rho=\rho_c$ 时，$k=0$，即宇宙无限；

当 $\rho<\rho_c$ 时，$k<0$，即宇宙无限。

由上面的分析可见，宇宙的有限或无限是一个只能由实测来回答的物理问题，而不是一个哲学问题。若主观地断言宇宙应是无限的，则等于断言宇宙物质密度小于或等于宇宙的临界密度，这是毫无根据的。

由实测的 H_0 值[$H_0 = 50 \sim 100$ km/(s·MPC)]可算出宇宙的临界密度为

$$\rho_c = (0.5 \sim 2) \times 10^{-29} \ \mathrm{g/cm^3}$$

这是一个很低的密度，大体相当于每立方米的容积有 10 个氢原子的质量。另外，必须指出，这里的 H_0 并没有采用其最好测量值。

至此，可能有的读者认为，有了(3)式，判断宇宙空间的有限与无限是一个比较容易的事了。其实不然，根据上述分析，判断宇宙的有限或无限，关键是要判断宇宙的空间曲率 k 的正负，而宇宙的空间曲率 k 的正负的判断又涉及宇宙的实际密度 ρ 的判断，遗憾的是，ρ 的判断目前还存在着相当难度。

天文观测表明，若只计及宇宙中一切星系中发光区内的物质，则实测推断的宇宙平均密度 $\rho \leqslant \frac{1}{100}\rho_c$ 。而星系发光区之外存在大量的不发光物质——量系的暗晕，暗晕的尺度比发光区大许多倍，它蕴含的物质比发光区多 3～10 倍，所以宇宙中的暗物质是主体，一切发光体的总质量只占很小的比例。

由此可见，测定宇宙中暗物质的总质量才是确定宇宙密度的关键。

迄今为止，已确切测到的物质的总平均密度仅是临界密度的 20%左右，即 $\rho \approx \frac{20}{100}\rho_c$ ，但有迹象表明，可能还有若干倍的暗物质尚未被测到。从最新的观点看，这若干倍于暗物质的质量就是所谓的“暗能量”。因此，ρ 是大于还是小于 ρ_c ，即宇宙是有限还是无限的问题尚没有答案。但随着理论和实测的进步，相信终会得到明确的答案的。

五、宇宙的年龄

按经验的时间尺度看，宇宙的膨胀是一个很缓慢的过程。两星系间的距离每年只增大百亿分之一。宇宙面貌发生显著变化的时间须用几亿至几十亿年的尺度来衡量。

逆时间顺序来追溯宇宙演化历史，第一个推论是宇宙密度应越早越高，直至无穷。为此我们定义当宇宙平均密度 $\rho \to \infty$ 的时刻作为时间的零点，即 $t = 0$ ，那么今天的宇宙必有一个有限大年龄。

由广义相对论提供的宇宙膨胀方程，易算出宇宙年龄理论值为

$$t_0 = \frac{1}{H_0} \frac{\rho}{\rho_c} \qquad (4)$$

把实测 H_0 及 ρ 值代入上式，可得

$$t_0 = 100 \sim 200\,(\text{亿年})$$

从实测讲，宇宙年龄没有一个直接的测定方法，但通过下面的原理图可对宇宙年龄的理论值作检验。

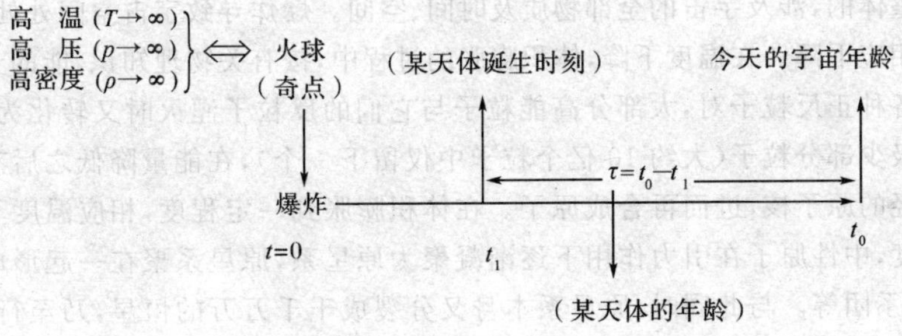

图 2 宇宙年龄推测原理图

由上述时间原理图可推出两点：

(1)任何天体的年龄 τ 均小于宇宙的年龄 t_0；

(2)若某天体的诞生时间很早，即很古老，以至 $t_1 \leqslant t_0$，则它的年龄应与宇宙的年龄近似。

上述第(2)点是很有用途的，它实际上为我们估测宇宙年龄提供了一个可循的原则和依据。因为有些天体的年龄是可根据科学理论直接测定的，所以某些天体的年龄能为宇宙的年龄提供一个下限。

20 世纪 50 年代之前，哈勃由于距离定标的错误，定出的 H_0 值比今天的值大了 5～10 倍，故由它预言的宇宙年龄仅为 20 亿年。当时人们已知地球的年龄为 45 亿年，这就出现宇宙年龄短于地球年龄的现象，这显然是不合理的。这一矛盾就是当时许多人不愿接受宇宙膨胀理论的一个重要原因。当获得最好的哈勃常数 H_0 值后，这疑点自然也就消除了。但同时也说明，为检验宇宙年龄，地球和太阳都不是足够古老的天体。

现被用于推断宇宙年龄的古老天体是“球状星团”。它的年龄可由其内部的恒星组分(即丰度)来定出。实测结果为 $t_1 = 150 \pm 30$ 亿年，一般是 $t_1 \geqslant 120$ 亿年，此值与宇宙年龄的理论值相洽。

六、宇宙大爆炸的概念

要想刨根究底知道宇宙是怎么来的，恐怕比知道“先有鸡还是先有蛋”要难得多。

关于宇宙的起源，大多数宇宙科学家都认定，宇宙诞生于距今约 150 亿年的一次大爆炸。这个思想最早出现于 20 世纪 20 年代。1948 年，美国物理学家伽莫夫等人根据爱因斯坦的相对论，提出了一个与膨胀模型相类似的宇宙大爆炸模型。他们认为宇宙起源于一个“原始火球”，在原始火球里，温度、压强和密度都高得无法想象(所谓的超高温、超高压和超密度状态)，那时物质所处的状态至今还无法描述。这种状态可能极不稳定，最后终于有机会使原始火球发生爆炸。这种爆炸是整体的，涉及宇宙的全部物质及时间、空间。爆炸导致宇宙空间处处膨胀，温度则相应下降。在温度下降，体积膨胀的过程中，按有关物理知识，能的光子可转变为各种正反粒子对，大部分高能粒子与它们的反粒子湮灭时又转化为光子，余下的极少部分粒子(大约 10 亿个粒子中仅留下一个)，在能量降低之后有机会结合成轻的原子核，进而再合成原子。在体积膨胀到一定程度，相应温度下降到一定程度，中性原子在引力作用下逐渐凝聚为原星系，原星系聚在一起形成星系团、超星系团等。与此同时，原星系本身又分裂成千千万万的恒星，乃至行星等。大爆炸宇宙论现被称为宇宙学的标准理论，支持该理论的依据主要有三大观测事实。

第一，20 世纪 20 年代哈勃发现宇宙中所有星系光谱都有“红移”现象，即星系光谱均向长波方向偏移，红移量的大小由哈勃定律描写($v=H_0R$)，从而证明了宇宙在膨胀。

第二，美国贝尔电话实验室的彭齐亚斯和威尔逊，于 1965 年发现的宇宙微波背景辐射。

第三，宇宙物质的化学组成。

迄今人们发现的化学元素已有 112 种，天然元素只有 92 种，以后所发现的元素都是人造元素。在地球上元素序号为 2 的氦元素很少，但在宇宙中氦的含量高居第二位，仅次于 1 号元素氢。宇宙中，氢占 3/4，氦约占 1/4，其他所有元素的含量还不到 2%。若认为氦是由于宇宙中通过恒星内部核反应产生的(4 个氢原子聚变形成 1 个氦原子)，则我们可以估计一下，银河系自诞生以来一共产生了多少氦。计算表明，它仅提供了银河系中现有氦的 1/10 都不到。这就说明氦不可能是在一代代恒星生生灭灭的过程中产生的，而只能是宇宙形成时的原始物质组成。根据大爆炸宇宙理论推算，今天宇宙中 9/10 的氦都是在宇宙诞生后最初 3 分钟内形成的。

七、3K 微波背景辐射

根据 20 世纪 40 年代由伽莫夫等人开创的对于宇宙早期高密度状态的研究，人们现在普遍认为早期宇宙非常炽热，在大爆炸前一秒钟，宇宙的温度高于 100 亿 K(地球温度仅是 300 K)。那时不仅不可能存在星系、恒星、地球，甚至除氢核外没有其他任何化学元素，只有处于热平衡状态下的由质子、中子、电子、光子等基本粒子混合而成的“宇宙汤”。

在大爆炸半小时后，由于大量正、反粒子的湮灭，从而产生大量的光子。所以，当时宇宙是光子的海洋。这时温度仍然很高，光子有足够的能量去击碎任何短暂形成的原子。但是随着宇宙的膨胀，光子的能量不断减小，这是多普勒效应的结果（由于宇宙的膨胀，光子到达任何一点时，都将因退行引起的多普勒效应而使其波长变长和能量减小，因为光子能量为 $E=h\nu$）。退行速度随着宇宙的膨胀而逐渐增大，这些光子的波长也就不断增大，能量也就不断减小。大约经过100万年，这些在大爆炸初期产生的光子的能量就降低到不足以击碎原子，甚至不足以激发原子的程度。于是，宇宙中的原子和光子变成没有耦合的两种独立组分。有些人认为中性原子与光子作用几率很小，光子自由飞行距离很长，甚至在几百亿年的飞行中也不会被中性原子吸收。以后，原子气体的变化将对光子气体不发生影响。这时宇宙就进入所谓的“退耦代”，宇宙变得完全透明，宇宙的温度约降低到 3 000 K，这时原子有条件开始形成。

从退耦代开始，宇宙中脱离耦合的光子气体叫做宇宙背景光子。这些由大爆炸初期产生的光子随着宇宙的膨胀，能量不断地减少，但辐射强度随波长的分布始终处于热动平衡状态时的普朗克分布——黑体谱。伽莫夫据此提出一百几十亿年以后，这种显示大爆炸遗迹的背景光子应该仍然存在，他还算出这种光子现在的波长应该是 1 mm，相当于无线电微波，和这种光相对应的温度应该是 5 K 左右。这一预言在 1965 年由美国贝尔实验室的两位工程师彭齐亚斯和威尔逊所证实。正是因为伽莫夫的预言被实验惊人地证实，所以大爆炸宇宙模型很快成为人们公认的最好的宇宙模型——标准模型。

彭齐亚斯和威尔逊所发现的信息，就是宇宙的微波背景辐射。

这项发现相当偶然。1964 年，美国科学家彭齐亚斯和威尔逊用贝尔电话实验室在新泽西州中的小镇霍姆代尔的一架噪声极低的反射式天线去测量研究某一区域星系发出的射电波强度，这种测量的困难在于如何将要测的信号与天线结构、放大器、电路和地球大气层的干扰噪声区别开来。为此，要提高通信的质量，就要设法压低噪声的水平。对于无线电噪声水平，常常用温度来标志。因为无线电噪声是由电子的无规则运动造成的，温度越高，电子运动越剧烈，噪声也越大。噪声的水平与温度有确定的关系。比如，地面温度约为 300 K，即约有 300 K 的噪声水平。

彭齐亚斯和威尔逊用的那架天线，性能很好。它设计成喇叭形状，当喇叭口指向天空时，地面 300 K 噪声在天线中只造成 0.3 K 的水平，而在一般射电望远镜中会引起 20～30 K 的水平。

1964 年 5 月，彭齐亚斯和威尔逊开始用这架喇叭形天线测量来自天顶的噪声，结果是 6.7 K，如果扣除大气的吸收以及天线自身的影响之后，还有 3.5 K 应是来自天上的！这个值太大了，彭齐亚斯和威尔逊不相信这个结果，他们怀疑天线有毛病，于是两人再次检查天线金属板的每一个接缝，清扫了天线，结果仍然不能消除这个 3.5 K。在此后的近一年时间里，不仅当喇叭口指向天顶时有如此大的噪声，而且天线指向其他方向时也大体有如此大的噪声，此外，这个噪声也不随季节而变化。这就表明，这个 3.5 K 不是由地面造成的，不是由太阳系造成的，也不是由某个射电源造成的，而是弥漫在整个宇宙空间中的热辐射。这种热辐射就是宇宙早期原始火球大爆炸后 100 万年宇宙进入"退耦代"时，宇宙中脱离耦合的光子气体(称宇宙背景光子)经宇宙膨胀一百几十亿年至今对应 3.5 K 的光辐射。当然亦是宇宙大爆炸早期高温热平衡辐射留下的遗迹。这被人们认为是宇宙大爆炸理论最关键性的证据，彭齐亚斯和威尔逊为此荣获了 1978 年度的诺贝尔物理学奖。瑞典科学院在颁奖的决定中指出："彭齐亚斯和威尔逊的发现，是一项带有根本意义的发现，它使我们能获得很久以前，在宇宙创生时期所发生的宇宙过程的信息。"1989 年 11 月美国宇航局专门为此发射了宇宙背景探测者卫星，探测卫星上天后，测得更为精确的热辐射温度为 $T=(2.736\pm0.016)\ \mathrm{K}\approx3\ \mathrm{K}$，故又称 3 K 微波背景辐射。

参考文献

[1]吴国盛著.科学的历程(第 2 版).北京:北京大学出版社,2002

[2]胡显章,曾国屏主编.科学技术概论.北京:高等教育出版社,1998

[3]胡炳生等编著.现代科学技术基础.南京:南京大学出版社,2001

[4]顾冠群主编.现代公民科普教育读本.南京:江苏科学技术出版社,1999

第十一讲　暗物质与暗能量

21世纪初，由美国国家研究委员会19位权威物理学家和天文学家联合执笔，发布题为《建立夸克与宇宙的联系：新世纪11大科学问题》的报告。科学家们在报告中认为，暗物质和暗能量应该是未来几十年天文学研究的重中之重。“什么是暗物质”和“暗能量的性质是什么”在所列出的11个大问题中分列为第一位和第二位。可见，暗物质与暗能量是21世纪初最大的科学谜题。它的存在，向全世界的科学家提出了挑战。暗物质存在于人类已知的物质之外，人们目前知道它的存在，但却不知道它是什么，它的构成也和人类已知的物质不同。在宇宙中，暗物质的能量是人类已知物质的能量的5倍以上。

暗能量更是奇怪，以已知的核反应为例，反应前后的物质有少量的质量差，物理学上称质量亏损，这个质量差异根据爱因斯坦的质能方程就可知道，将会转化成巨大的能量。暗能量却可以使物质的质量全部消失，完全转化为能量。宇宙中的暗能量是已知物质能量的18倍以上。看来暗物质和暗能量确是目前物理学、天文学上最神奇、最新颖、最前沿的研究课题，无疑暗物质和暗能量研究课题的突破，必将导致物理学理论的新的大突破，从而产生物理学上的重大革命！

目前人们对暗物质、暗能量的兴趣越来越大，好奇性也越来越浓。为满足广大学生求知欲望，本讲就暗物质、暗能量的由来和它们各自的奇异特性，暗物质、暗能量各自存在的实验依据，以及关于它们的科学猜测等作简要介绍。

一、暗物质

1.暗物质的由来

早在1915年，爱因斯坦根据他的相对论得出结论：宇宙的形状取决于宇宙质量的多少。

他认为，宇宙是有限封闭的。如果是这样，宇宙中物质的平均密度必须达到5×10^{30} g/cm^3。但是，迄今可观察到的宇宙的密度，却比这个值小100倍。也就是说，宇宙中的大多数物质“失踪”了，科学家将这种“失踪”的物质称为“暗物质”。几十年前，暗物质(dark matter)刚被提出来时仅仅是理论的产物，但是现在我们知道暗物质已经成了宇宙的重要组成部分。暗物质的总质量是普通物质的6.3倍，在宇宙能量密度中占了1/4，同时更重要的是，暗物质主导了宇宙结构的形成。当然暗物质的本质现在还是一个谜。

在物理学中，把状态变化的“转折点”称为“临界点”，比如水变成冰，温度临界点为0℃。宇宙学的研究认为宇宙中物质的平均密度，与决定宇宙是膨胀还是收缩的临界值密度相差不会超过百万分之一。可是宇宙中发现可见光的恒星和星系的物质总质量是不到临界值的1%，加上辐射其他电磁波的天体，如行星、白矮星和黑洞，最多也只有临界值的10%。

2.暗物质的奇异特性

暗物质之所以称之为暗物质而不是物质，是因为它与一般的普通物质有着根本性的区别。普通物质就是那些在一般情况下能用肉眼或借助仪器看得见摸得着的东西，它们是有形有状的，小到原子、大到宇宙星体，近到身边的各种物体、远到宇宙深处的各种星系。普通物质总是能与光或者部分波发生相互作用，或者在一定的条件下自身就能发光或折射光线，从而能被人们感知、看见、摸到或借助仪器可以测量到，但是暗物质恰恰相反，它根本不与光发生作用更不会发光，因为不发光又与光不发生任何作用，所以不会反射、折射或散射光，即对各种波和光它们都是百分之百的透明体！所以在天文上用光的手段绝对看不到暗物质。为此，为了区分普通物质和这种特殊物质而将这种特殊物质称为“暗物质”。

简言之，暗物质是既不发光也不吸收光(包括一切波长的电磁波)的特殊物质。从物质基本微观结构讲，普通物质如树木、桌子以及我们人类本身，均是由分子、原子组成的，原子由原子核和核外电子组成，原子核又由中子和质子组成。中子、质子不是最基本的粒子，目前已知的最基本的粒子是由粒子物理标准模型所描述的夸克和轻子以及传递相互作用的粒子组成的(如光子、胶子等)。然而暗物质的组成是完全不同的，至于它是由什么组成的，至今还是一个谜，反正暗物质粒子不可能是普通物质粒子。尽管暗物质与普通物质的微观组成不同，但暗物质却像普通物质一样是引力自吸引的，而且与普通物质成团并形成星系。另外暗物质没有强相互作用和电磁相互作用。宇宙中暗物质比可见物质多得多。

暗物质粒子的主要性质有：

①长寿命(至少与宇宙年龄相仿)；

②主要是冷的(质量大)；

③作用很弱；

④电中性。

3.暗物质存在的证据

最早提出证据并推断暗物质存在的科学家是美国加州工学院的瑞士天文学家弗里兹·兹威基。

1930年初，弗里兹·兹威基(Fritz Zwicky)发现，大型星系团中的星系具有极高的运动速度,除非星系团的质量是根据其中恒星数量计算所得到的值的 100 倍以上,否则星系团根本无法束缚住这些星系。意即在星系团中,看得见的星系只占总质量的 1%以下,而 99%以上的质量是看不见的。对弗里兹·兹威基的这种观点一开始许多人并不相信。直到 1978 年才出现了第一个令人信服的证据,这就是测量物体围绕星系转动的速度。我们知道,根据人造卫星运动的速度和高度,就可以测出地球的总质量,根据地球绕太阳运动的速度和地球与太阳的距离,就可以测出太阳的总质量。同理,根据物体(星体或气团)围绕星系运行的速度和该物体距星系中心的距离,就可以估算出星系范围内的总质量。这样计算的结果发现,星系的总质量远大于星系中可见星体的质量总和。结论似乎只能是星系里有看不见的暗物质。以星系 NGC3 192 为例,它的发光区域长约 15 千秒差距,但是到距离中心 30 千秒差距处,恒星的线速度反而比 15 千秒差距处的还要大,这表示星系 NGC3 192 中除了有看得见的物质外还有看不见的物质。这种现象不是个别的,所有测量过的 967 个星系都是这样的,没有一个例外。就是说所有的星系里都有暗物质。

之后几十年的观察分析证实了这一点。尽管对暗物质的性质仍一无所知,但是到了 20 世纪 80 年代,占宇宙能量密度大约 20%的暗物质已被广为接受了。

2006 年 8 月,美国亚利桑那大学天文学家小组利用"钱德拉 X 射线"望远镜对星系团 IE0657-56 进行观察,无意间观测到距太阳系 1 亿光年处的船底座两个星系团的碰撞和融合的过程,星系团碰撞威力之猛,使得暗物质与正常物质分开,因此发现了暗物质存在的直接证据。

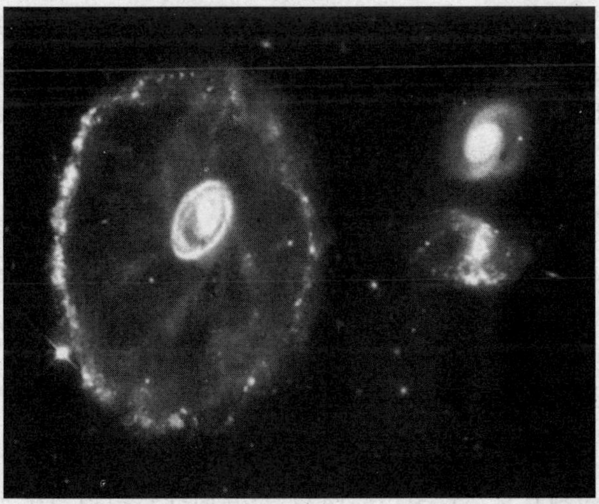

图 1　科学家探测到环状的暗物质

据中国日报网环球在线消息:2007 年 5 月 17 日,美国科学家借助"哈勃"太空望远镜,在距离地球 50 亿光年的遥远星系团中观察到了呈环状分布的暗物质,这是迄今为止能证明暗物质存在的最强有力证据。

图 2 "哈勃"望远镜探测到星系团中的暗物质环

据英国《泰晤士报》报道,科学家们是在研究一个编号为 C10024＋17(zwcl0024＋1652)的星系团中暗物质分布时偶然发现这个直径达 260 万光年的环状结构的。由于结构太过独特,研究小组还以为自己的数据出现了错误。

领导这项研究的美国巴尔的摩约翰斯·霍普金斯大学天文学家詹姆斯·杰表示:"看到这个环时,我感到很困扰,觉得可能是数据错误制造的假象。但是我越是想除去这个环,它就越显现出来。我花了一年时间来说服自己,这个暗物质环确实存在。"

詹姆斯·杰认为,2002 年德国波恩大学发表了一份研究结果为这个环的起源提供了解释。研究显示,这星系团在 10 亿年至 20 亿年前曾与另一个星系团发生碰撞并合二为一,它们中的暗物质也在猛烈冲击下聚合并重新分布,在向外扩散的过程中由于引力作用形成了这个新的环状结构。

根据科学家设计的电脑碰撞模型,同样能证实以上解释。詹姆斯·杰表示:"这是第一次探测到有着独特结构的暗物质,它的环状结构与星系团内部星系以及热气体的结构截然不同。"这一研究成果刊登在 2002 年 6 月 1 日出版的《天体物理学杂志》上。

加州理工学院天文学家理查德·马西表示，这一最新研究发现可令天文学界面临严重质疑。他说："这项研究如果要能得到佐证，当然会令人激动万分。但若想得到认可，还需要验证这个结论的一些独立观察结果。"

现在已经知道了两种暗物质——中微子和黑洞。但它们对暗物质总量的贡献是非常微小的。暗物质中的绝大部分现在还不清楚。

4. 暗物质的组成及理论模型

长期以来，最被看好的暗物质仅仅是假设中的基本暗性粒子，它具有寿命长、温度低、无碰撞的特殊特性。寿命长意味着它的寿命必须与现今宇宙年龄相当，甚至更长。温度低意味着在脱耦时它们是非相论性粒子，只有这样，它们才能在引力作用下迅速成团。由于成团过程发生在比哈勃视界（宇宙年龄与光速的乘积）小的范围内，而且这一视界相对现在的宇宙而言非常小，因此最先形成的暗物质团块或暗物质晕比银河系的尺度要小得多，质量也要小得多。随着宇宙的膨胀和哈勃视界的增大，这些最先形成的小暗物质晕会合并形成较大尺度的结构，而这些较大尺度的结构之后又会合并形成更大尺度的结构，其结果就是形成不同体积和质量的结构体系，定性上这是与观测值一致的。相反的，对于相对论性粒子，例如中微子，在物质引力成团的时期由于其运动速度过快而无法形成我们观测到的结构。因此中微子对暗物质质量密度的贡献是可以忽略的。在太阳中微子实验中对中微子质量的测量结果也支持了这一点。无碰撞指的是暗物质粒子的相互作用截面在暗物质晕中小得可以忽略不计，这些粒子仅仅依靠引力来束缚住对方，并且在暗物质晕中以一个较宽的轨道偏心律谱无阻碍地做轨道运动。

根据以上假说，低温无碰撞暗物质（CCDM）可作为暗物质候选者的首选。原因之一是 CCDM 的结构形成数值模拟结果与观察相一致。原因之二是作为一个特殊的亚类，弱相互作用大质量粒子（Weakly Interacting Massive Particle，简称 WIMP）可以很好地解释其在宇宙中的丰度。如果粒子间相互作用很弱，那么在宇宙最初的万亿分之一秒它们是处于热平衡的。之后，由于湮灭，它们开始脱离平衡。根据其相互作用截面估计，这些物质的能量密度大约占了宇宙总能量密度的 20%～30%。这与观测相符。原因之三是在一些理论模型中预定了一些非常有吸引力的候选粒子。

其中一个候选者就是中性伴随子（neutralino），一种超对称模型中提出的粒子。超对称理论是超引力和超弦理论的基础，它要求每一个已知的费米子都要有一个伴随的玻色子（尚未观测到），同时每一个波色子也要有一个伴随的费米子。如果超对称依然保持到今天，伴随粒子将都具有相同质量。但是由于在宇宙的早期超对称出现了自发的破缺，于是今天伴随着粒子的质量也出现了变化。而且大部分超对称伴随粒子是不稳定的，在超对称出现破缺之后不久就发生了衰变。但是，有一种最轻的伴随粒子（质量在 100 GeV 的数量级）由于其自身的对称性避免了衰变的发生，即是稳定的，在宇宙演化过程中像微波背景光子一样被遗留下来。在最简单模型中，这些粒子是呈电中性且弱相互作用的——是 WIMP 的理想候选者。如果暗物质是由中性伴随子组成的，那么当地球穿过太阳附近的暗物质时，地下的探测器能探测到这些粒子。另外有一点必须注意，这一探测并不能说明暗物质主要就是由 WIMP 构成的。现在的实验还无法确定 WIMP 究竟是占了暗物质的大部分还是仅仅只占一小部分。

暗物质的另一个候选者是所谓的轴子（axion），一种非常轻的中性粒子（其质量在 1μeV 的数量级），它在大统一理论中起了重要作用。轴子间通过极微小的力相互作用，由此它无法处于热平衡状态，因此不能很好地解释它在宇宙中的丰度。在宇宙中，轴子处于低温玻色子凝聚状态，现在已经建造了轴子探测器，探测工作也正在进行。例如中意科学家合作组 DAMA 实验，丁肇中先生领导的 AMS 实验正在进行各种加速器和非加速器实验，试图找到这种暗物质粒子。轴子是由罗伯特·派切（Roberto Peccei）和海伦·奎因（Helen Quinn）为解决强相互作用中的电荷共轭宇称（CP）破坏问题而引进的。

宇宙学研究发现，在宇宙大爆炸初期产生的各种基本粒子中，有一种叫做中微子的粒子不参与形成物质的核反应，也不与任何物质作用，它们一直散布在太空中，是暗物质的主要“嫌疑人”。

但是中微子在 1931 年被提出来以后，一直被认为其质量为零。这样，即使太空是中微子的海洋，也不会形成质量和引力，然而在 1981 年，一名前苏联科学家在试验中发现中微子可能有质量。近几年，日、美科学家进一步证实中微子是有质量的。如果这个结论能得到最后确认，则中微子就是人们要寻找的暗物质之一。如果中微子确有质量，则宇宙中的物质密度将超过临界值，宇宙将终有一天转为收缩。

标准模型给出的 62 种粒子中，能够稳定地独立存在的粒子只有 12 种，它们是电子、正电子、质子、反质子、光子、3 种中微子、3 种反中微子和引力子。在这 12 种稳定的粒子中，电子、正电子、质子、反质子是带电的，不可能是暗物质粒子，光子和引力子的静止质量是零，也不可能是暗物质粒子。因此，在标准模型给出的 62 种粒子中，有可能是暗物质粒子的只有 3 种中微子和 3 种反中微子了。

最近，还有人提出，暗物质可能是一种称作“宇宙弦”的弦状物质，它产生于大爆炸后一秒期间内，直径为 1 万亿亿亿分之一厘米，质量密度大得惊人，每寸长质量约 1 亿亿吨。这种理论是否成立，同样有待科学家进一步研究。

二、暗能量——宇宙的真正“主宰者”

1. 暗能量概念的起源

宇宙学中，暗能量是某些人的猜想，指一种充溢空间的具有负压强的能量。如今，这个猜想是解释宇宙加速膨胀和宇宙中失落物质等问题的一个最流行的方案。

暗能量相比较于暗物质更是奇特得有过之而无不及，因为它只有物质的作用效应而不具备物质的基本特征，称不上物质，所以将其称为“暗能量”。“暗能量”虽然也不被人们所感觉及不被目前的各种仪器所观测，但是人们凭借理性思维可以预测并感知到它的确存在。

关于暗能量概念的起源，我们还得追溯到科学巨匠爱因斯坦在1917年的广义相对论中提出的一组引力场方程式。方程式的结果都预示着宇宙是在做永恒的运动，爱因斯坦由于受到静态宇宙传统的束缚，认为宇宙在大尺度上的运动是不可接受的。于是他不惜修改自己的广义相对论的引力场方程，硬在原方程中引进常数项，以凑出一个静态的宇宙模型。这一常数项现被人们称为“宇宙常数”。

后来人们经过哈勃空间望远镜观察发现，事实上宇宙是在不断膨胀着的，并且这一观察结果完全与引入“宇宙常数”之前的引力场方程的计算结果相符合。爱因斯坦得知“实际上宇宙是在膨胀着的这个消息后非常后悔”，因此他认为：“引入宇宙常数是我这一生所犯的最大错误！”现在看来，他的结论又下得过早。1917年以后，那个“宇宙常数”早被人们所遗忘，后来的一项天文探测表示那个宇宙常数不但不等于零而且趋向于无穷大，这就预示着宇宙中存在着某种“巨大的东西”，此后这个“宇宙常数”被赋予“暗能量”的含义。

1997年12月，作为“大红移超新星搜索小组”成员的哈佛大学天文学家罗伯特·基尔希纳根据超新星的变化显示，宇宙膨胀速度非但没有在自身压力下变慢，反而在一种看不见，无人能解释的神秘力量的控制、推动下变快。关于这种力量及其载体至今无人能知晓，人们只是猜想：我们现在所处的这个宇宙可能处于一种目前人类还不了解、还未认识到的继目前物质的固态、液态、气态、“场态”之后另一种物质状态的物质控制、作用之下，这种物质不同于普通物质的一切属性及其存在和作用机制。这种“物质”因其绝对不同于人们所熟知的普通物质态，故科学家为了区分它们，暂且将它们称之为“暗能量”。

从美国天文学家埃德温·哈勃(Edwin P. Hubble)开始，观测天文学家就知道，除了最近的星系，所有星系都在以极高的速度飞奔而去，离我们越来越远。这个速度与距离成正比，即离我们越远的星系，退行速度越大，这就是所谓建立在

“红移”实验基础上的哈勃定律。传统观点认为，宇宙大小是固定不变的，只是星系正在远离我们，但观测结果推翻了这种观点。实际上，不断拉伸的是空间结构本身，星系只是被裹挟在其中，离我们越来越远。另一个问题随之而来，宇宙膨胀的速率随时间的演化规律如何？几十年来，科学家们一直在努力回答这个问题。好多人曾推测，宇宙膨胀的速率会越来越慢，因为星系之间的万有引力会阻碍向外的膨胀。然而，离奇古怪的事就是发生了，除上述罗伯特·基尔希纳的观察结果外，还有多个天文研究小组报导类似结果：“在过去的数十亿年中，宇宙的膨胀速度加快了。”这一切都说明“暗能量”是客观存在的。

2.“暗能量”的奇异特性

暗物质已够奇异了，但暗能量比起暗物质来就更奇异。暗能量和暗物质的唯一相同点是它们既不发光也不吸收光。从微观机制上讲，它们的组成是完全不同的，更重要的是暗物质虽不是普通物质，但它跟普通物质一样具有万有引力作用，而暗能量就不再像普通物质一样，具有万有引力作用，它具有的是一种离奇透项的负压强——“万有斥力”，并且在宇宙中暗能量几乎是均匀分布的，难怪在统计星系的能量时会遗漏它。

我们知道物质的状态方程由 $P=w\rho n$ 表示（其中 P 是压力，ρ 是物质密度，w 是某一常数，n 是某一大于零的数值），普通物质 $w\geqslant0,P\geqslant0,\rho\geqslant0$，这就意味着物质所产生的压力表现为正数、正值。

而在暗能量的状态方程中，却是 $w\leqslant-1$。这就意味着“暗能量”的压力是负数、负值。压力是正值时就是我们通常所说的“压力概念”，这很好理解，而负值的压力就不是通常意义上的压力了。根据代数中负数是具有相反意义的量的概念可知，这种负压力实际上就是人们平常说的“吸力”。更奇特的是暗能量所体现出的这种负压力 P“负”得很大，大得让人吃惊！

究竟是什么样的物质会呈现如此奇怪的特性？这会不会是一种人类尚未发现，更不曾认识的、全新的物质形态？回答似乎是肯定的了。因为近年来的科学家们一再通过各种的观测和计算证实，暗能量在宇宙中约占到73%，暗物质约占到23%，普通物质仅占到4%。这可是一个惊人的数字和消息，这将预示着我们现在看到的宇宙，认识到的宇宙只占整个宇宙的4%，而占96%（1957年诺贝尔物理学奖得主李政道先生甚至还认为是99%以上）的东西竟然是不为我们所知道的。

这些“变化”的含义的确令科学家们忐忑不安，因为这将预示着爱因斯坦、霍金等理论家可能都错了，影响并决定整个宇宙的力量不是引力和重力等已知作用力，而是以“宇宙常数”形式存在的暗能量和暗物质。

有人预言，这种新的物质形态的一经发现并认知必将导致物理学理论的新的大突破和大革命！

3. 暗能量存在的证据

暗能量与暗物质一样，是一种看不见摸不着的特殊物质，它主宰着宇宙，宇宙中所有的恒星和行星的运动都是由它来推动的。之所以暗能量具有如此大的力量，是因为它在宇宙的结构中约占了73%，居于一种绝对的统治地位。暗能量是近年宇宙学研究中的一个里程碑性的重大成果。截至今日，能支持暗能量存在的主要证据有两个。

一是世界各国天文学家多年来利用哈勃望远镜对遥远的超新星进行的大量观测、计算表明，宇宙真的在加速膨胀，而且时间已有几十亿年。在标准宇宙模型框架下，按照爱因斯坦广义相对论的引力场方程 $\ddot{a}/a=-4\pi G(\rho+3p)/3$（其中 a 是宇宙标度因子，G 为引力常数，p 和 ρ 分别为宇宙中物质的压强和能量密度），加速膨胀 $\ddot{a}>0$ 要求压强为负：$p<-\rho/3$。这就是说宇宙加速膨胀的现象必定推论出宇宙中存在着压强为负的“暗能量”。

另一个证据来自于近几年来对微波背景辐射的细致观测研究，精确地测量微波背景涨落的角功率谱第一峰的位置揭示宇宙是平坦的，即宇宙中物质的总密度等于临界密度 $\rho_c=4.05\times10^{-11}(\mathrm{eV})^4$，但是现在我们知道，所有的普通物质与暗物质加起来大约只占宇宙总质量的1/3，所以至今仍有2/3的质量短缺。这一短缺的物质就称为暗能量。

2004年由威尔金森微波背景各向异性探测器WMAP(Wilkinson Microwave Anisotropy Probe)和斯隆(Sloan)数字巡天(SDSS)天文观测以其对宇宙学参数的精确测量，进一步强有力地支持了大爆炸宇宙模型并独立地证实了暗能量的客观存在。WMAP的结果明确告诉我们，宇宙中普通物质只占4%，23%的物质是暗物质，73%的物质是暗能量，SDSS也给出了类似的结果。

围绕暗物质和暗能量，李政道阐述了他最近发表文章探讨的观点，他提出“天外有天”，指出“因为暗能量，我们的宇宙之外可能有很多的宇宙”，“我们的宇宙在加速地膨胀”。（详见李政道“核能也许可以和宇宙中的暗能量相变相连”）

4. 关于暗能量的几项猜测

如前所述，实际上负引力的概念由爱因斯坦早在20世纪初就提出，也被称为“暗能量”。“暗能量”也许更接近能量，而非物质。科学家们认为，与暗物质一样，暗能量构成了宇宙中不可见的一部分。爱因斯坦提出“暗能量”概念时自己都不相信其合理性，科学界至今对负引力也还几乎没有什么认识。

有些科学家认为，在任何一个给定的空间里，负引力的量很小，它的作用在日常生活中不能被感觉出，但在广袤的宇宙空间里，其效果非常强大，足以使星系和星系族分离开。据推测，大约在60亿年前，引力在与负引力的较量中落败，负引力占据上风，于是宇宙进入加速膨胀状态一直至今。（纯属猜测）时至今日，暗能量的候选者有两个。一个就是"宇宙常数"，不论是从物理学发展历史看还是从天文学、宇宙学和物理学的第一观察、实测、计算现实看，宇宙常数有深一层的意义，它包含真空能。"宇宙常数"是暗能量的候选者，这一观点现能得到大多数科学家的认定。

有些人认为，暗能量在宇宙中更像是一种背景和一种"超导体"，它就像是空气相对于人类或者是大海相对于鱼儿一样，所以暗能量在宇宙学上的确表现得像一个"真空"。因此也就有人把"暗能量"称为"真空能"。

人们平常凭借自己的感觉总认为有一种什么东西也没有的"真空"存在，这种认识是片面性的。因为人们能看到的物质层次是非常有限的，而看不到的物质层次是无限的，"真空"中存在着大量的暗能量，只是人们无法感觉到罢了。因此真空不过是一种表观现象，真空一点也不空。

真空是不是就是"暗能量"？"暗能量"是不是就是"真空能"呢？如果真空真是"暗能量"，那么就应该具备一切能量的基本属性和基本特征——力量。可见真空是否具备力的特征和力的属性也就成为"暗能量"成为真空的前提条件。

综上所述，我们可以看出，所有问题的症结都集中在真空是否具备力的属性上。如果真空一旦被证明具备力的属性，那么"真空力"就将成为独立于万有引力、电磁力、强力和弱力之后在自然界中普遍存在的"第五种自然作用力"；那么真空就是物理学史上已经被抛弃的"以太"，而"以太"其实就是真空的某一种效应；那么真空也就是那个占整个宇宙73%以上份额并主宰着当今整个宇宙的神秘物质——"暗能量"。

暗能量也可以是一种随时间变化的动力学场的能量。最简单的是一个具有正则动能的标量场Q，在文献中它被称为"Quintessence"（精质），直译为"第五元素"。Quintessence 的势能形式一般写为$U(Q)$，具体形式由模型而定。随着宇宙的演化，Q场沿着$U(Q)$由高能往低能区滚动。对于分布均匀的 Quintessence 场，它的能量密度和压强分别为$\rho_Q=\dot{Q}^2/2+U(Q)$，$p_Q=\dot{Q}^2/2-U(Q)$，其中$\dot{Q}$是 Quintessence 场对于时间的导数。如果势能函数是非常平坦的话，Quintessence 场将处于慢滚动阶段，满足$\dot{Q}^2\leqslant U(Q)$，这样压强将取负值，驱动宇宙的加速膨胀。

除了 Quintessence 外，近年人们还研究了 K-essence，Eachyon 和 Phantom 等暗能量模型，这些都是基于场论中的标量场理论。

理论研究暗能量模型并从观测上确定其状态方程是当今宇宙学研究的一个焦点。表征暗能量模型的一个重要量是状态方程 $P=w\rho n$。比如，对于宇宙常数(真空能)，$w=-1$；对于 Quintessence 模型，$-1<w\leqslant+1$；对于 Phantom 模型，$w<-1$。由此用天文观测数据对 w 进行限制，对于暗能量的研究是至关重要的。

暗能量的本质决定着宇宙的命运。如果加速膨胀是由真空能(即宇宙常数)引起的，那么宇宙将永远延续现在这种加速膨胀状态，宇宙中的物质和能量将变得越来越稀薄，星系之间互相远离的速度也将变得更快，新的结构将不能再形成。

如果引起今天宇宙加速膨胀的暗能量取 Quintessence 模型，则宇宙的将来将由 Q 场的动力学决定，它有可能永远加速膨胀下去，也有可能重新进入减速膨胀状态，甚至收缩。实际上，用现有的理论都不能自然地解释暗能量，当代物理学遇到了所谓的灾难性的宇宙常数问题。

解决这一问题需要新的理论，这样的理论一旦被找到，很可能是人们长期苦苦寻找着的，包括引力在内的各种相互作用统一的“大统一理论”。

三、暗物质与暗能量关系新观点

有人认为，星体的演化也需要暗物质。暗物质生成原子氢，原子氢进行热核反应放出大量的热能就成为星体的演化的能量。这种能源实质上是暗物质所具有的，可以称为暗能量。由此可见，暗能量其实是暗物质所固有的，它和暗物质是不能分开的。那种认为，普通发光物质占了宇宙总质量的 0.4%，其他的普遍物质占了 3.7%，暗物质占了近 23%，另外的 73%是暗能量的观点是有问题的。因为 73%的暗能量显然是受相对论的影响，认为质量可以变为能量，从而把能量和质量分隔开来，这当然是不对的。暗能量是暗物质固有的，它占的比例应算到暗物质的各分上，严格地讲，普通发光物质占了宇宙总质量的 0.4%；其他的普通物质占了 3.7%，暗物质占了近 96%。

参考文献

[1]张新民.第三讲:宇宙中的暗物质和暗能量.物理,2005,34(6)

[2]http://baike.baidu.com/view/763.htm

[3]http://zhidao.baidu.com/question/5118467.htm

[4]http://www.Chinadaily.com.cn/hqbl/2007-05/17/Content-874508.htm

[5] http://blog.tianya.cn/vlogger/post-show.asp? BlogID = 209289 postID=2

[6]http://baike.baidu.com/view/50517.htm

[7]http://iask.sina.com.cn/b/1720740.htm/

[8]Clowcd, Bradac M, Gonzalez A. H etal. A Direct Empirical Proof of the Existence of Dark Matter. The Astrophysical Journal, 2006

[9]凌瑞良编著.物理与科学技术.苏州:苏州大学出版社,2003

第十二讲　物理污染

早在19世纪，马克思就指出，生产力的发展是一种恒定的推动社会发展的基本动力。他还指出："社会的劳动生产力，首先是科学的力量。"到了20世纪科学技术更明显地表现出它是生产力中最活跃的起决定作用的因素。正如邓小平所强调的那样："科学技术是第一生产力"，是经济和社会发展的主要推动力量，是一个国家综合实力的决定性因素。

20世纪中，物理学又被公认为科学技术发展中一门重要的带头学科。不妨我们把过去一百年中与物理学有关的重大科技发现或发明列一张表：

表1　一百年来与物理有关的重大科技发现和发明

1895	发现X射线(伦琴)	1939	发现裂变(哈恩·斯特拉斯曼)
1896	发现放射性(贝克勒尔)	1942	第一个核反应堆(费米)
1897	发现电子(J·J·汤姆孙)	1945	原子弹(奥本海默等)
1898	提炼出钋(Po)和镭(Ra)(居里夫人)	1947	发明晶体二极管(肖克莱等)
1900	量子论诞生(普朗克)	1946—1955	电子管计算机到晶体管计算机
1901	发明无线电报(马可尼)	1957	人造卫星上天(前苏联)
1905	狭义相对论，光的量子论(爱因斯坦)	1961	载人飞船上天(加加林)
1911	发现原子核(卢瑟福) 发现超导(昂内斯)	1969	登上月球(阿姆斯特朗等)
1913	原子模型(玻尔)	1972—1978	大规模集成电路计算机
1923—1926	量子力学(海森伯·薛定谔)	1978以后	PC机(个人计算机)大量普及
1932	发现中子(查特维克)	1986	发现高温超导(贝特诺兹·缪勒等)

由此表可见，从X射线、放射性和电子的三大发现开始，到相对论、量子力学和核物理学三大理论的建立，物理学对整个科技的发展起了巨大的推动作用。今天，谁也不能否认：科技，特别是物理学深刻地影响了经济、社会和国际政治面貌。可以这么说，科技，特别是物理学改变了世界。

然而，事物都是一分为二的，科学技术是第一生产力，但这仅是事物的一方面。人们在认识世界、改造世界的长期实践中又清楚地认识到科学技术是一把双刃剑。这里暂不说原子核能一方面可用来发电，为民造福，另一方面又可制造成大规模杀伤力的原子弹之事，就是物理学的其他理论、技术，在为人类创造大量财富的同时，也给人类带来现实的和潜在的危机与灾难。造成今天世界四大难题之一的环境污染问题，物理学当然有推卸不了的责任。为了对这方面有充分的认识，特设本讲，主要介绍与物理学相关的污染现象，即“物理污染”。

讲到污染，大家马上就会想到空气(大气)污染、水污染、土壤污染、一次性塑料具的白色污染等，殊不知，还有一类与物理学紧密相关的污染同样在不断地破坏着我们周围的生态环境，时刻危及着人类的安全甚至生命。这类污染大致有：电磁污染、放射性污染、光污染、噪声污染、太空垃圾污染、热污染等等。

一、电磁污染

自法拉第于1831年发现电磁感应，人类进入电气化时代以来，电和磁已被广泛地应用，当今世界正进行的信息工业革命，电和磁更是得到了深入细致的应用。电和磁已成为现代社会生存和发展的基础。社会化的现代大工业生产当然离不开电，50 Hz的高压电线在其周围会产生大约10 kV/m的电位梯度(即场强)。人们的日常生活工作、学习，同样越来越离不开电(磁)。微波炉、电磁灶、吸尘器、彩电、冰箱、洗衣机，甚至电脑、移动电话、空调等这些电器设备，已经进入千家万户，成为人们现代高质量生活必不可少的伴侣。经测试，这些电器设备通常产生的磁感应强度是地磁场的10～20倍左右。(地磁场的磁感应强度为0.5 Oe)，所以，正当人类舒适、尽情地享受着电及电器产品所带来的益处时，也正在不知不觉地走进它们所带来的各种各样的危害之中。由于用电量的剧增，电器设备的广泛应用，人们生存的空间中的电磁场强度在急剧增强，由此所造成的电磁污染也越来越严重。据近年世界各国的研究表明，电磁污染是比化学污染更为严重和危险的污染，会对人类的身心健康造成很大的危害。

1. 电磁波基本知识

为了便于对电磁污染的微观物理机制有所了解，这里我们有必要先介绍电磁波的有关知识。

19 世纪中叶(1831 年)，法拉第发现电磁感应，由此引发一场工业革命，才有今天的电力的普遍使用。麦克斯韦根据法拉第关于电磁场磁力线思想，于 1873 年用数学方法建立了量化的电磁场理论——麦克斯韦方程组，并预言了电磁波，明确说明光也是一种电磁波，首次把电、磁和光统一了起来。1886 年赫兹在实验上证明了电磁波的存在，1901 年马可尼又实现了大西洋两岸的无线电报通信。

上图给出的是一张电磁波谱，它分别列出了波长(λ)、频率(ν 或 f)和相应光子的能量(E)的数值，它们三者之间的关系为：

$$c = \nu\lambda = 3 \times 10^8 \text{ m/s},$$

$$E = h\nu ,$$

式中 c 为光速，$h = 6.63 \times 10^{-34}$ J · s，称普朗克常数。

一百年来，波长从 $10^6 \sim 10^{-13}$ m，或频率从 $10^2 \sim 10^{21}$ Hz，光子能量从 $10^{-2} \sim 10^7$ eV，相差达 10^{19} 倍的电磁波都已经被产生、探测或应用了。其中可见光只占 λ 从 380～780 nm(1 nm= 10^{-9} m)一段很窄的波长范围，相应的光子能量约几个电子伏特。

让我们从长波(低频)看起。国内普通电力交流的频率为 $\nu = 50$ 或 60 Hz，太低了，辐射的波微弱到可以不计(一般地说，辐射功率 P 与电磁波频率的四次方成正比，即 $P \propto \nu^4$)。实用性的无线电通信或广播，波长要在千米以下或频率在几十千赫以上，一般的地方电台使用“中频”，ν 在 10^6 Hz 左右，远距离通信或广播则用“高频”($\nu = 10^7$ Hz)或称“短波”($\lambda \leqslant 10^2$ m)，后者之所以能传得远，是利用这种波段的电磁波能从地球高空的电离层上反射。

电视所使用的波长，进一步缩短到几米，这时电磁波衍射(绕射)的波动传播性质相对地减弱了，即直线传播性质变得显著了。所以上海的“东方明珠”电视发射塔必须造得很高，以使电视覆盖区域的接收天线能够尽可能直接“望见”发射天线。目前日益普及的移动电话——手机(原大哥大)，使用的频率在 890～900 百万赫(MHz)附近，即波长 30 cm 左右，长距离通信时也必须通过很高的“基站”来接收电磁波信号，再转换并接通到固定的电话机上。

频率 $\nu \geqslant 10^7$ Hz 已进入所谓的“超高频”或“极高频”范围，相应的波长只有几十到几厘米，故也叫“微波”。微波技术是在二次大战中发展起来的，那时同盟国有不少物理学家被动员去做这项研究，目标是制造出“雷达”，来对付当时德国对英国的轰炸。普通飞机表面的金属对微波反射很强，因此用雷达发出的微波，可以及早发现敌机，发出空袭警报和组织拦击。然而，“道高一尺，魔高一丈”，后来又发明了“隐形飞机”，经过特殊的机身设计，加上表面涂上的一层特殊的涂料，可以使飞机对雷达波的反射减小到最低限度，一架大飞机的等效反射面积只有1 m^2左右，从而可逃过敌方雷达站的探测。

微波应用极广，已进入千家万户的“微波炉”就是一例。20 cm 波长的微波被水分子吸收的效率是很高的，所以用微波炉加热食品，确实十分方便。

比微波波长更短的电磁波叫“红外线”，它也看不见，但热效应更显著。一个人的体温大约37℃，他本身就是一个红外线源，晚上一个人站在黑暗里，用一个红外探测器做成的夜视镜，就可以看得很清楚。所以军事上各种地对空、空对地或空对空的导弹(如海湾战争中包括最近的伊拉克战争中的巡航导弹)都装有热敏的(即对红外敏感的)电子传感器(电子眼)，再加上雷达帮助导航，大大提高了命中打击目标的精度(二次大战时高空投弹偏差为几万平方米，现在已缩小到几平方米，甚至仅1平方米左右)。

波长从几微米的“近红外”到可见光范围，是研究历史最长、应用也最多的领域。其中要数激光最有代表性，关于激光的原理与应用可参考凌瑞良编著，由苏州大学出版社于2003年9月出版的《物理与科学技术》的第六章，这里不再赘述。

最后，我们看一下能量最高的 γ 射线，它专指从原子核内释放出来的高能($\geqslant 10^6$ eV)光子。γ 辐射在育种、食品保鲜、材料改性和治病等方面的应用已有多年的临床历史，下面介绍两个近年来的大发明。

①CT，病人在医院中经X光摄片检查后如发现有问题，就需要作进一步的CT检查。CT意指“计算机断层扫描仪”，它不是一个方向上的投影，而是分层拍照。所根据的原理是X射线或 γ 射线被人体组织的吸收遵从指数式的规律$\left\{I(x)=I_0 e^{-\mu x}\right\}$，用计算机处理后，可以得到任何方面、任何深度的内脏部位的切片图像，其足够的清晰度为明确的诊断和进一步手术治疗提供了保证。

②γ 刀，过去为切除大脑中的肿瘤，需开刀打开脑壳，这是困难而痛苦的手术。现在的新方法是用201束很强的$^{60}C_0$发出的能量为1.25×10^6 eV百万电子伏特的 γ 射线，从半球面方向聚焦到病灶上，将癌细胞杀死，而附近组织受损伤很少。显然手术的关键是精确的定位，这是靠CT、核磁共振和计算机精密控制来达到的。

下面让我们再回到电磁污染正题上来。

2. 电磁场源无所不在

自19世纪中叶电气时代开始，人类的耗电量越来越大，耗电的范围也越来越广。从工业生产所需的高压输电线到日常生活所用的普通输电线，几乎世界的每一个角落都布满了各种各样的输电线。根据电磁学原理可知，变化的电和磁可互相激发，从而在其空间形成电磁波并向四周以光速传播开去。当然，电厂附近空间的电磁场的强度会更高。进入20世纪以来，随着通信技术的迅速发展，建立了大量的各式各样的广播电台、电视发射台、移动电话的基站，这些电磁场源所发生的电磁波充满了它们所覆盖的整个空间。有资料表明，现在人类生存空间中的电磁强度是一百年以前的1亿倍以上。

另外，现在人们广为使用的手机，也是一个不容忽视的电磁场源，虽然它所发射的电磁波能量较弱，但由于它的发射天线靠近人体的脑部，加上使用时间的积累，所以很可能会影响脑组织的正常活动。关于这方面的知识待下面详述。

3. 电磁场所产生的危害

20世纪70年代，Weitheimer和Leeper两位学者首次报道，儿童白血病的发生可能同居住区的工频电磁场有关，生活在电厂附近的居民患白血病的几率要远高于一般地区的居民。研究表明，长期生活在有很多家用电器的密闭房间中，人会明显地感到心情压抑、情绪暴躁。

电磁场危害人体健康，主要集中在对人体三大系统——遗传系统、神经系统和免疫系统的影响。

(1)破坏遗传结构

M. Blank和R. Goodman曾指出，穿梭于DNA双螺旋上的电荷可能会直接与电磁场发生作用，使遗传物质DNA受到影响，因此他们认为这可能就是电磁场能够同DNA发生相互作用的机理。

美国的《科学》杂志指出60 Hz的通信电波可能会破坏DNA结构，尤其是0.01～100 Hz这一极低频段的电磁波，具有传播远、穿透力极强等特征，更容易破坏DNA结构。动物实验发现，处于极低频电磁场下的小白鼠细胞中的DNA增殖加快，果蝇的唾液腺细胞的DNA转录增长。另外，俄罗斯的科学家对动物进行微波辐射实验发现，动物细胞内的染色体在电磁辐射下也发生了变化。

对于射频电磁场，由于频率极高，电场和磁场都能穿透细胞膜直接进入到细胞内部，所以高频电磁场可以同DNA直接发生相互作用。因此，手机发射的射频电磁场可能会影响细胞内遗传物质的复制和转录，从而使遗传信息的表达受到影响。这可能就是手机用户中患脑癌几率相对较高的原因。当然，这一问题的可能性有待进一步的深入研究。

(2)扰乱神经系统

神经系统是人体进行各种正常生理活动的指挥中心。神经系统的一点点变化都会直接影响到人体的正常生理活动。电磁场可能通过以下两点与神经系统发生相互作用。一是电磁场直接作用在神经细胞的细胞膜上，改变了神经细胞的形态，改变了细胞膜的膜电位，膜的通透性，从而使得人体中正常的神经信号的传导受到影响。二是，据最近研究发现人脑中存在着矿物磁性颗粒，在手指大小的一块脑组织内，有高达500万粒尺寸在百万分之一英寸长、百万分之十英寸高的磁性颗粒晶体，外界的高频电磁场很可能会同这些磁性颗粒发生作用，从而影响脑的功能，扰乱神经系统的活动。

(3)削弱免疫系统

免疫系统是人体免受外界细菌、病毒侵害的防护系统。国内外的各项研究显示，高频电磁波辐射下，人体的卫士——淋巴细胞会发生病变。电磁辐射对免疫系统的影响还表现在它对中枢神经中血—脑屏障的"解扣"作用上，实验表明长时间的电磁辐射会使血—脑屏障渗透性增高，病毒、细菌会更加容易地进入脑组织，使免疫系统的功能受到削弱。

4.手机电磁波辐射对人体的危害

全国发行量极为广泛的《文汇报》曾于1998年11月15日的都市新潮版和1999年3月29日的海外瞭望(B)版刊登了两篇文章，专门讨论了手机是否有害人体健康的问题。文章写到包括瑞典爱立信在内的6家知名移动电话生产商，都委婉地承认手机对人体有害；一些国外知名的教授拒绝使用或较少地使用手机进行通信。虽然，这两篇文章也都未明确肯定手机是否真的对人体有害，但却充分说明了这一问题值得关注，有待进一步探讨。

(1)各国相应研究机构有关手机电磁波辐射伤害人体健康研究结果报道。

①2001年3月，德国埃森大学德雷博士对593名眼视网膜黑色素瘤患者比较研究发现，经常使用手机的人群患病率是较少使用手机人群的3倍。解释理由为头部是手机辐射的主要区域，眼视网膜属于脆弱的神经组织。

②英国伦敦大学研究人类脑神经及细胞的盖尔教授撰文指出，让正常的白鼠连续接受4小时频率范围与手机辐射近似的无线电波辐射后，白鼠的脑细胞、DNA结构均有被破坏的迹象，人类的精子、卵子长时间受到手机微波辐射后，也可能产生DNA病变。

③匈牙利科学家发现，经常携带和使用手机的男性，精子数量会减少30%之多。与此同时，中国、美国、日本等相关研究也相继出炉，结果几乎一边倒，使用手机对健康有害。

有医学专家指出，手机若常挂在人体的腰部或腹部旁，其收发信号时产生的电磁波将辐射到人体内的精子或卵子，这可能会影响使用者的生育功能。

④英国科学家发表的一份研究报告表明，因为青少年的耳朵和颅骨比成年人更小、更薄，因此，孩子在使用手机时，大脑中吸收的辐射比成年人要高出50%，

对于一个5岁的孩子来说，辐射会渗入其大脑50%的区域，对于一个10岁的孩子来说，辐射则会渗入其大脑30%的区域。

⑤2007年1月20日英国《泰晤士报》报道，英国有关部门即将开始一项最新研究，以明确长期使用手机是否会危害健康。这项研究预期5年，研究人员挑选了20多万名志愿者，其中有些人使用手机已达10年。研究人员之一——劳里·查里斯表示，如果最终证明手机对人体有害，其影响将远甚于当前的吸烟问题，那可能会成为21世纪最值得关注的健康问题。

⑥2007年10月16日中国的《生命时报》报道：据英国《每日电讯报》2007年10月8日报道，瑞典厄勒布鲁大学医学院的伦纳德·哈德尔教授和于默奥大学的谢尔·汉森·缪德教授用了6年时间，分析了11项全球相关研究后认为，每天使用手机一个小时，长期下来，足以增加患癌风险。

研究人员发现，几乎11项调查结果都显示，过多用手机能使一种支持保护神经细胞的神经胶质细胞产生癌变，此外还可能导致良性听觉神经瘤——虽然这种瘤是良性的，但仍可能使患者耳聋。他们同时指出，使用手机超过10年的人，患听觉神经瘤几率会增加20%，患恶性神经胶质瘤可能性增加30%。一般来说，经常使用手机的那一侧脑部和耳部患病几率更高，长期使用手机的人该侧头部患脑恶性胶质瘤和听觉神经瘤的几率是普通人的2倍和2.5倍。

⑦据2008年1月26日《科技视野》版报道，“瑞典和美国研究人员的一项最新研究发现，如果睡前使用手机，使用者可能要花更长时间才能进入深度睡眠状态，其深度睡眠时间也会缩短。研究人员对年龄在18岁至45岁之间的35名男性和36名女性进行了测试。其中部分人暴露在与手机辐射相同的辐射环境下，另一部分未受到任何影响。测试结果显示，暴露在上述辐射环境下的人进入深度睡眠状态需要更长的时间，而且深度睡眠时间也缩短了。研究人员认为，手机辐射可能会刺激大脑的应激系统，使人更警觉，精神更集中，由此使睡眠的能力减弱”。

⑧2008年3月30日，英国专家发现，手机比香烟更可能致癌。这也就成为迄今为止关于手机最新、最严重的警告。据统计，目前全球约有30亿人在使用手机，是吸烟人数的3倍。

(2)手机电磁波辐射危害人体健康的案例汇总。

尽管手机电磁波辐射是否会对人体造成伤害存在争议，但世界各国对手机电磁波辐射危害人体健康的案例时有发生，并不断有报道。

①1992年，美国出现了第一起指控手机引发脑瘤的诉讼案。案由为1992年初，美国佛罗里达州的家庭主妇苏珊被诊断患有脑瘤，她坚信，患病与她自己长期使用手机有密切的关系，于是她控告了美国NEC公司和CTE莫比特电话公司。

②一名原英国电信公司的工程师认为自己在电信公司工作时，因职业需要过多地使用移动电话而过早地患上痴呆症，目前，他就这一问题已向法院提出了上诉(详见《文汇报》1998 年 11 月 15 日的都市新潮版和 1999 年 3 月 29 日的海外了望(B)版，专门讨论手机是否有害人体健康的问题)。

③美国彼得·安吉罗斯律师为马里兰州神经学专家克里斯托弗·纽曼教授代理对美国国内外 10 家手机厂商、网络运营商索赔 8 亿美元，理由是纽曼教授使用手机得了恶性肿瘤。安吉罗斯律师之所以敢将法律的枪口对准全球的手机制造商，是因为他曾为芝加哥的肺癌患者胜诉美国烟草公司，烟草公司为美国肺癌患者赔偿了 42 亿美元。

④2000 年年底，位于北京的解放军第 304 医院神经科收治了一名左侧大脑半球的颞顶枕叶交界区大范围的脑胶质细胞瘤患者。患者在国内几家著名的大医院进行了包括 PET、核磁共振、CT 在内的神经影像检查，曾被误诊为脑梗塞。他们凭借丰富的临床经验，通过对影像检查的阅读与分析，认定该患者为一种临床上少见的脑胶质细胞瘤患者，并认为与患者长期使用手机有关。理由有三：一是肿瘤的形状，临床上常见的胶质瘤增殖中心为团块状，且向周围正常脑组织呈蟹爪样浸润生长，而此患者的肿瘤呈弥漫性散落样生长，周围边界不清。二是生长位置，肿瘤一般发于额叶、颞叶或顶叶前部，而此患者的肿瘤发生于颞顶枕交界区，这个位置生长脑瘤在临床上极为罕见。三是病史，患者使用手机长达 8 年之久，且习惯于用左手接听手机，瘤区正好是手机天线的辐射区。该区域脑组织长期遭受手机天线的电磁波辐射，使局部脑组织无法在遭受辐射后进行再修复，终于畸变为脑恶性肿瘤。

(3)手机电磁波辐射对人体健康无害论的观点聚集。

随着无线电通信技术的发展，特别是微波技术的广泛应用，使用手机的人越来越多，而手机带来的相关健康问题也引起了人们更多的关注。其实，手机的电磁波辐射是否危害人体健康的争论最早始于 1977 年。当年美国《纽约时报》记者劳德首次发表文章，提出使用手机可能会对人的大脑产生不良影响。1985 年美国科学家推测，长期使用手机可能会诱发脑瘤。当然相反的意见和观点也时有报道，英国手机生产巨子沃达丰表示，目前进行的对手机辐射最全面的研究表明，手机与发射基站都对人体无害，但他从不反驳手机与脑瘤之间有关联，声称需要进一步研究。新加坡通信专家对手机辐射进行严格测试，结果表示，手机对周围物体辐射升温不会超过 0.15℃，而 WHO 规定最严格的热损伤升温标准为 0.25℃，因此，他认为手机对人体不会产生严重危害。德国通信科学研究院解释，长期打手机天线侧面部发热、麻木、记忆力减退、头晕、眼花等为人体疲劳现象，与手机使用无关。2000 年岁末，国际权威医学期刊《美国医学会杂志》刊登了 8 名医学专家历经5年完成的一项调查报告，内容是对900名手机使用者长期随访后认为脑瘤发病率与使用手机无关。

2006年1月20日，英国利兹大学流行病学教授佩特西亚·麦克尼宣布，一项涉及4 000多名英国人的研究显示，无论从使用年数，还是累计通话时间来看，使用手机都不会导致脑瘤。同年12月，范德比尔特大学公布了有史以来涉及人数最多(42万余人)、研究时间最长(历时10年)的一项研究，结果同样是"无法证明手机辐射有害"。

2007年1月20日的《日本经济新闻》报道，日本总务省联合了3家手机生产商，公布了一项新的试验结果，表明手机对人体无害，更不可能诱发癌症。我国也出现了"手机无害论"和"未知论"等主张。中国疾病预防控制中心辐射防护与核安全医学所的尉可道研究员表示，目前，不少手机有害的结论都来自动物试验，对人体有多大影响还是未知数。国际无线电科学联盟电磁噪声与干扰委员会中国分会高攸刚教授持了一个中性观点。他认为目前由于各国手机辐射标准不同，因此手机是否有害一时很难定论。他说："目前手机辐射对人体的影响，除热效应外，还有非热效应，其中热效应影响已得到公认，非热效应对人体的伤害还在进一步研究中。一些国家制订辐射峰值标准时只列入了热效应，所以无法证明手机是否有害。"

手机辐射是否危害人体健康，长期以来一直存在着争论。手机生产商、电信专家和部分医务、生物学家持手机辐射无害的观点，而绝大多数生物学专家、医学家、环保学专家都认为手机辐射会伤害人体健康。曾有这样的报道：前不久，在纽约召开的一次诺基亚公司主办的手机研讨会上，休息时间一到，各大通信公司首脑纷纷冲出大厅去接打电话，有趣的是，他们几乎全部都是用耳机接听的。可见，这些生产手机的厂商们比普通消费者更加具有安全意识。许多国家对手机辐射的危害是"宁信其有，不信其无"。看来，大家对"科学是一把双刃剑"的观点认识是尤为深刻和谨慎的。

(4)手机电磁波辐射有关知识。

①手机辐射。

从广义讲，所谓辐射是指传播能量的波动或粒子流，但在多数情形下是指光或其他电磁波，这种辐射也称电磁辐射。

当人们使用手机时，手机会向发射基站传送无线电波，而无线电波或多或少地会被人体吸收，这些电波就是手机辐射。

一般来说，手机待机时辐射较小，通话时辐射大一些，而在手机号码已经拨出而尚未接通时，辐射最大，此时辐射量是待机时的3倍左右。这些辐射有可能改变人体组织，对人体健康造成不利影响。

②手机辐射强弱指标。

衡量手机辐射的标准是 SAR，它是指单位时间内、单位质量所吸收的电磁波能量，通常以每千克瓦数来表示。据了解，目前市场上大多数手机的 SAR 值在 0.5～1.0 之间。SAR 最大值(峰值)发生于手机拨号之时，手机接通后 SAR 值将迅速衰减。因此，若移动通信网络基础设施建设科学、安全、到位的话，则手机用户通话时手机辐射将很少会达到 SAR 峰值。

从手机的发射功率看，各种型号和款式的手机基本在一个水准线上，GSM 手机一般其最大发射功率为 2 W，CDMA 手机的最大发射功率为 1 W。可见，对手机使用时作为一个微波辐射源而言，人体离手机的远近就成为决定 SAR 值大小的决定因素。辐射源距人体每接近 1 mm，SAR 值就将会增大许多，明确此道理，对我们安全使用手机很有帮助。

手机辐射对人体影响，除上述热效应外，还有非热效应，其中热效应影响已得到公认，非热效应对人体的伤害还在进一步研究中。

③手机电磁波辐射伤害人体的微观机制。

长期从事脑胶质瘤临床和基础研究的我国神经外科专家李安民教授是一个持手机电磁辐射对人体有害的观念的学者。他介绍说，电磁辐射可以分为两种，一种叫电离辐射，如物理学和医学上应用的 X、α、β、γ 射线，宇宙射线等，它们又称高能射线；另一种称非电离辐射，如微波(频率从 0.5 MHz 到 100 GHz)辐射。手机的辐射频率在 890～900 MHz 之间，属辐射能较大的微波辐射。生物化学效应是高能射线电离辐射时主要的损害机制，即高能量电磁波直接作用于人体细胞的化学分子内部，引起化学键的畸变、断裂。电化学效应和热化学效应是微波的非电离辐射对人体的主要损害机制，与电离辐射的生物化学效应相比而显得对人体损害相对较弱。其辐射能作用于极性化学分子的整体，过强的辐射同样会导致细胞内生物化学过程的误差，从而引起细胞的损害。

电磁辐射的损害效应，具有量的积累作用。英国科学家对线虫体蛋白作了手机电磁辐射实验，结果发现受手机辐射后的线虫蛋白产生类似热震荡的影响，若让手机辐射立即停止，则线虫蛋白质仍可返回正常，若继续受辐射，则线虫蛋白质就会发生不可逆变性。

人体细胞在正常情况下对电磁辐射有很强的抵御能力。健康者体内有活跃的免疫系统，平常随时担负着免疫调节、免疫监控、免疫杀伤和免疫修复等功能。当人体受小剂量手机辐射时，上述人体内的免疫功能能迅速把受损的细胞分子修复，当人体经受超大剂量的电离辐射或长时间的低剂量手机辐射时，人体免疫功能超过了限度，以致人体细胞分子终于发生了不可逆变性。这种“不可逆变性”生物学称之为畸变，畸变的细胞无序增殖，于是恶性肿瘤就生成了。

(5)安全使用手机的若干建议。

不管手机有害与否,各国研究人员均表示,应减少使用手机的时间,尤其不应鼓励 14 岁以下的孩子使用手机。法国政府警告人们别过度使用手机,尤其是儿童。德国也建议民众尽量少使用手机。英国政府明文禁止 6 岁以下未成年人使用手机。

首先,接电话时最好让手机远离身体,特别要远离头部,接通 5 秒钟后再放到耳边并尽量减少每次通话时间。如实在需要长时间通话,则隔一两分钟轮换左右耳接听,当持手机一侧头部或面部发热时,应立即停止通话。

其次,要养成用分离耳机的习惯,以减少手机与身体的接触,有固定电话,最好不用手机。信号不好时,应拉出天线。

最后,平时尽量把手机放置在离人体 1～2 m 的地方;睡觉时应尽量关机或将手机放在远离枕边的地方。心脏功能不全、心律不齐的人尤其不能把手机挂在胸前。16 岁以下的青少年最好不使用手机。

二、放射性污染

为了对放射性污染的严重性有足够认识,我们首先介绍世界上第一个制造原子弹的计划——曼哈顿工程,以及第一颗原子弹爆炸的情景。促使美国政府支持并拨款支持原子能研究的人是匈牙利籍的犹太物理学家齐拉德(1898—1964)、爱因斯坦和美国原总统罗斯福的朋友和顾问、国际金融家亚历山大·萨克斯。1940 年 7 月美国政府从 1940 年 3 月 7 日爱因斯坦写的促使罗斯福政府支持原子能研究的第二封信中得知在战争结束之前就有可能造出原子弹,随即引起了重视。1940 年 12 月 6 日,亦即日本偷袭珍珠港的前一天,美国政府正式大量拨款研制原子弹。政府成立了一个军政委员会,领导制造原子武器的计划。该计划被命名为“曼哈顿工程”。1942 年 9 月 17 日,职业军人莱斯利·格罗夫斯将军成为整个“曼哈顿工程”的行政首脑。

领导美国第一个原子反应堆的建造者是杨振宁先生的导师费米。负责第一颗原子弹研制工作的人是美国赫赫有名的物理学家奥本海默(1904—1967)。研究工作在新墨西哥州一个叫洛斯阿拉莫斯的荒凉高地上秘密进行。1942 年 11 月 25 日,洛斯阿拉莫斯被征用,1943 年 3 月,第一批原子科学家入住此地。7 月,从全国各大学拆运的设备陆续到达。同时,奥本海默被任命为洛斯阿拉莫斯实验室主任。

1945 年春,三颗原子弹被制造出来了。1945 年 7 月 12 日和 13 日,原子弹的内部爆炸机械部件陆续运到了被称作“死亡地带”的试验地点。这是一片沙漠,原子弹就装配在沙漠中心一座高大的钢架上。14 日和 15 日两天,在洛斯阿拉莫斯工作的全体人员被召集起来开会，他们被告知原子武器实验即将开始。他们中的很多人还是第一次知道他们干的工作的真正用途。会后，与会者乘车经4小时的路程到达试验场。他们聚在离原子弹16千米的地方，每人都穿着特制的衣服，戴上了黑色保护镜，脸上涂上防辐射油膏。爆炸原定在16日凌晨4点钟，因气候恶化推迟了一些。5时10分，奥本海默的副手发出了倒计时信号，所有的人立即伏卧在地上。人们安静地等待着，但内心却十分紧张。5时30分，第一颗铀原子弹成功爆炸。巨大的冲天火球把天空照得煞白。有些人激动得忘了戴面罩就下了汽车，但只有两三秒钟，他们就丧失了视力。这令人心悸的一幕，使在场的每个人都感到了异常恐惧。奥本海默靠在观察站的一个柱子上，心里涌出了古印度圣诗中的一段：

漫天奇光异彩
有如圣灵逞威
只有一千个太阳
才能与其争辉

30秒后，暴风向人们冲来，可怕的吼叫声惊天动地，仿佛世界末日来到了。许多科学家在这惊心动魄的场面面前手足无措。据说费米事后连开汽车的力气都没有了。这场爆炸力相当于两万吨TNT炸药的试验，比原来预想的效果要大10倍乃至20倍。住在200千米外的居民都看到了空中的强烈闪光。为了保密，军事当局发布新闻说一个弹药库不幸爆炸，但没有人员伤亡。

第一颗原子弹爆炸后，齐拉德和爱因斯坦坚决反对美军方使用原子弹，因为他们知道原子弹作为武器太残忍了。于是他俩又一次写信给罗斯福总统，谁知罗斯福没有来得及读信就突然于1945年4月12日去世了。新任总统杜鲁门任命了一个专家委员会讨论原子弹的使用问题，目的是建议尽速对日本使用原子弹。

科学理论一旦变成了技术，并且又被政治家所掌握，科学家就无法改变它的命运了。研制原子弹已经花去了20多亿美元，如果战争结束，这一切都成了毫无意义的浪费，这是连美国总统都无法向人民交代的实情。况且由于日本顽固地不肯投降，每天都有大量的美国人死去。要立即结束战争，使用原子弹是最简单的办法。

1945年7月26日，中、美、英三国联合发表《波茨坦宣言》，命令日本立即无条件投降，否则日本将遭到毁灭性打击。美国总统杜鲁门下令，如果在最后通牒到期(8月8日)后日本仍没有答复就使用原子弹。1945年8月6日，一颗重4吨、外号“小男孩”的铀弹投到了日本的军港城市广岛，摧毁了这座35万人口的城市。这颗原子弹还没有使日本人接受《波茨坦宣言》，他们甚至怀疑原子弹是否已经研制出来。美国见日本拒绝投降，便决定继续投原子弹。8月9日，另一颗重5

吨、外号“胖子”的钚弹在长崎上空爆炸，使长崎在瞬间化为废墟。两颗原子弹在广岛和长崎毁灭了数十万人的生命，并在后来令整整一个时代都处于害怕和恐惧之中。原子弹的巨大威力令世人惊恐。日本天皇在长崎被炸后的第二天便命令其首相接受《波茨坦宣言》。8 月 14 日，日本政府正式宣布无条件投降。

原子能的和平利用早已提上了议事日程。核能的效率是惊人的，1 千克核燃料（如浓缩铀）所释放的能量相当于 2 500 吨煤或 2 000 吨石油燃料。如果将它用于和平事业，那将大大地造福人类。实际上，有了反应堆就可以建造核电站，这在技术上是不困难的。1954 年，前苏联建成了第一座小型的原子能发电站，装机容量为 5 千千瓦。1956 年和 1957 年，英国和美国也相继建成了核电站。目前核电站的发电量已占全世界总发电量的 18%，到 1995 年 1 月，法国核电比例已达 80%，我国的核电比例只占 1%。我国除已建成的秦山和大亚湾核电站外，目前正在建设秦山二期、三期与连云港和岭澳核电站。

应该说经过 60 年的反复摸索实践，核电技术已经比较成熟了。其成本比火电低，正常运转时环境污染也比火电小得多。对环境的放射性污染微乎其微。但核电站的主要问题出在事故上。核电站一旦发生爆炸，其危害性不可设想。最著名的核电站事故是 1986 年 4 月 26 日在前苏联切尔诺贝利核电站发生的第四号机组的爆炸事件。事后经查证，证明这是一起由于工作人员严重违反操作规定造成的事故，虽只有数十人丧生，但它对周围环境却产生了严重的放射性污染，事故后，整个欧洲都受到放射性的碘和铯的污染。

医学研究业已证明，放射性射线对生物组织有害。一般说来，过程是这样：射线的粒子侵入细胞和细胞核，也许还会击穿或以其他方式伤害极为敏感的 DNA 分子。人们把这叫做变异。虽然健康的细胞具备一个重组遗传密码的维修机制，但如果损伤时常发生的话，这一机制就会不堪重负。因为遗传计划首先是散播细胞分裂，损伤要么会直接影响分裂过程，要么接着影响到细胞的再生产。多数情况下受损的细胞会衰退，或者本来就是没有生命的。此外，射线也能大大破坏细胞内部维持生命所必需的新陈代谢过程。而必须频繁分裂的细胞，如血细胞或肠内壁上所附着的细胞，绝对不能受射线的影响。

美国在轰炸南斯拉夫科索沃时，使用了贫铀炸弹，伊拉克战争，美国又一次使用了贫铀炸弹。贫铀弹是以 ^{238}U 为主要原料，爆炸时产生高温化学反应，有一定的放射性，它在短时间内产生的高温使弹体及其所击中的金属发生尘化，变成细微颗粒四处飘散，使对放射性物质的清除极为困难。而衰变铀的半衰期比铀更长，其污染期加长，可以长期破坏环境和人类的食物链，受影响的人群容易患上癌症、白血病等。

随着现代家庭装饰热的兴起，好多厂家制造的涂料、颜料、石板料（如墙砖、大理石)等,经放射测试仪检测,其放射性指数都是超标的。因此,放射性污染不知不觉地已经包围着你,为了你的健康,一定要慎防它们。

三、光污染

光污染又叫噪光,一是指白亮污染,如建筑物的大型玻璃墙或铝合金装饰的外墙等形式的光污染;二是指人工白昼,如夜间一些公共场所的广告牌、霓虹灯。镜面玻璃的反射系数为82%~92%,比毛面砖石等外装饰建筑物的反光系数大10倍左右。噪光作用于人体,大大超过人体所能承受的限度,可能导致人们的角膜和虹膜受伤害,引发视力下降。另外,噪光还干扰人体的"生物钟",使人体正常生理节奏失调。

工厂、车站中心控制室里交替闪烁的信号灯,舞厅、舞台旋转的各式彩灯所发出的过杂、过乱的光线也是一种污染,人们在这种情况下常常感到"眼花缭乱"、"头晕目眩"。

光污染还有一类特殊形式,就是视觉污染,这是指杂乱无章的环境对人的视觉和情绪的不良影响。例如,当我们进入满地是废纸、果皮到处扔的教室时,会产生一种厌烦的感觉。

激光污染是近年来出现的一种可直接造成眼底伤害的特殊污染现象。激光是一种方向性好、颜色纯、密度大的高能辐射,即使是最弱的激光光束,在它照射到的地方产生的热量也比太阳的强光高几百倍。激光光束一旦进入人眼,经晶状体会聚,可使光强度提高几百倍甚至几万倍,眼底细胞会被烧伤。激光光谱中还有一部分属紫外线和红外线频率范围,它们因不能被人眼看到,更容易误入人眼造成伤害。

防治光污染关键在于合理布置光源,我们应该使其起到美化环境的作用,而不是造成光污染。对有紫外线和红外线这类看不见的光污染的场所,必须采取必要的安全防护措施。在有光污染的工作场所作业,要戴上防护眼镜和防护面罩。

四、噪声污染

1. 声学基础知识简介

噪声与水污染、大气污染一样,对人类的健康与安全构成严重的威胁。

什么叫噪声,噪声就是声音,它具有一切声学的特性和规律。看来,要深知噪声污染,有必要先从声学基础知识谈起。

物理学中研究声音现象的学科叫声学。简单的观察告诉我们:发声的物体都在振动着。因为任何物体的振动都会发出声音,而同一时刻,世界上将有数以万计的物体在振动,所以,可以这么说,世界乃至整个宇宙充满着声音,人们就是生活在"声音的海洋"之中。

声音具有三大特性，它们分别是响度、音调和音色。声音有强弱之分，声音的强弱有时又称声音的大小，它决定于使物体振动的外力大小。如轻拨琴弦，声音就弱，重拨琴弦，声音就强。语音的强弱，决定于呼出气流力量的大小。如气流对发音器官的压力大，声音就强，相反，声音就弱。以上是直接从促使声源（振动物）振动的策动力的大小来定声音的强弱，属于“因果性定义”。声学上，描述声音强弱的科学术语是“响度”，有时亦称“音量”或“声量”。所谓响度就是听觉所估计的声音强弱程度的物理量。显然，它是一个主观感觉量，其大小主要与“声强”的大小有关。而所谓声强，就是每单位时间内通过垂直于声波传播方向的单位面积上的平均声能，它的单位是 $W/m^2 \cdot s$。声强与发声物体的振幅密切相关，振幅越大，声强也越大，振幅越小，声强亦越小。

一般人的耳朵可以感受声强变化范围很宽的声波（大约从 10^{-2} $W/m^2 \cdot s$～1 $W/m^2 \cdot s$），但是，人耳对声强的变化感觉却很迟钝，这种感觉大致与声强的对数成正比。例如，声强增大 10 倍时，人耳听起来只感到响度为原先的 2 倍，声强增大 100 倍时，听起来也只觉得响度大约为原先的 3 倍。于是，人们规定用对数标度来描述声强的大小，选定（空气中）声强的参考基准，$I_0=10^{-12}$ $W/m^2 \cdot s$，则某一声强 I 与 I_0 之比的对数再乘以 10，就称作为声强的声强级 L_I，单位是分贝，即

$$L_I=10\ lg(I/I_0)(\text{dB})$$

声音有高低之分。声音的高低简称“音高”，它可以是语言学名词，也可以是音乐术语。在语言学中，音高就是指语音的高低，它决定于声带的长短、松紧、厚薄：长、松、厚的音就低；短、紧、薄的音就高。汉语里音高变化有区别词义的作用，如“妈”、“麻”、“马”、“骂”四个字的声调不同，即音高的不同。

在声学中，音高称音调，是听觉赖以分辨声音高低的特性。音调主要与声音的频率有关，通常声音的频率越高，我们听到的声音就越尖，它的音调就越高，声音的频率越低，我们听到的声音就越钝，它的音调就越低。一般来说，女性的声音频率总是高于男性的声音频率，故女性的音调高，男性的音调低。

胡琴、钢琴、笛子等不同的乐器发出来的声音，即使响度和音调都相同，我们也可以把它们区分开。这说明，声音除了响度和音调这两个特性外还有第三个特性——音色。我们之所以能分辨出各种不同的乐器声，就是由于它们的音色不同。

取几种乐器，例如音叉、钢琴、黑管，使它们振动起来。音叉的振动是简谐振动，发出的声音听起来非常单纯，这种由简谐振动的声源发出的声音叫纯音。钢琴、黑管发出来的声音就不像音叉声那样单纯。用专门分析声音的仪器（频谱仪）来分析钢琴声、黑管声或其他乐器的声音，可以发现，它们都是由频率和振幅不同的许多纯音组成的。这种由许多纯音组成的声音叫做复音。复音中所含的频率

最低的纯音叫做基音，其余的都叫做泛音。复音的频率等于基音的频率。

科学家通过频谱分析早已发现频率为 100 Hz 的钢琴声由 16 个纯音组成，其中有频率是 100 Hz 的基音，还有 15 个频率分别是 200 Hz、300 Hz……的泛音。有趣的是，如果用音叉，根据钢琴的声谱来把适当频率和振幅的纯音混在一起，我们就会听到跟钢琴一样的声音。可见，声音的音品是由泛音的多少、泛音的频率和振幅决定的。

声音中含有的泛音越多，听起来就越好听。高泛音很丰富的声音给人以活泼、愉快的感觉，低泛音很丰富的声音给人以有力、深沉的感觉。

泛音特别丰富的乐器有二胡和小提琴。

2. 噪声与噪声的主要来源

根据声音的性质，通常把声音分为三类：(1)击发声；(2)乐声；(3)噪声。

击发声是在射击、爆炸、放电、打击某种固体等情况下发出的声音。

好听的声音叫乐音，它是由做周期性振动的声源(例如音叉、各种乐器和歌唱家的喉咙等)发出来的，所以它的波形图线也是周期性的曲线。

噪声是由许多击发声组合成的声音，听起来很不舒服。树叶间的风声、劈木柴时的破裂声、马路上的嘈杂声、工厂里机器的轧轧声等都是噪声的例子。噪声的波形图线非常复杂，它是没有规则的非周期性的曲线。

从物理角度看，噪声就是由声源做无规则和非周期振动产生的声音。事实上，噪声不仅有其客观的物理特性，而且还依赖于人们主观感觉的评定。如欣赏音乐时，悦耳动听的歌声绝对不是噪声，而是上等的乐音，然而这种声音对正在休息的居民或不需要听这种声音的人而言，则属于噪声。故从环境保护角度看，所谓噪声就是指那些人们不需要的、令人烦躁、令人厌恶的或对人类生活、工作和学习有妨碍的甚至危害人体健康的声音。

噪声污染是一种感觉公害，它是指发声源发出的噪声超过国家规定的环境噪声标准，妨碍人们正常工作、学习、生活和其他活动的现象。

噪声的来源主要有四种，它们是交通噪声、工业噪声、建筑噪声和社会噪声。

交通噪声主要是由各种交通工具如汽车、火车、飞机等发出来的声音。车辆噪声的传播与道路的多少及交通量度大小有密切关系。在道路狭窄、高层建筑栉比的城市中，由于声音的来回反射，使噪声显得更加吵闹。在机动车辆中，载重汽车、公共汽车等重型车辆的噪声在 89～92 dB 之间，而轿车、吉普车等轻型汽车的噪声在 82～85 dB 之间。噪声的大小还与汽车速度有较大关系，车速提高 1 倍，相应的噪声增加 6～10 dB。

汽车噪声主要来自汽车排气噪声，若不加消音器，噪声可达 100 dB 以上，其次为引擎噪声和轮胎噪声。引擎噪声在汽车正常运转时，可达 90 dB 以上，而轮胎噪声在车速为 90 km/h 以上时，可达 95 dB 左右。另外，我国城市目前的交通噪声中，鸣喇叭也是一个相当突出的噪声问题。

此外，接近城市中心的铁路客运站，由于来往列车都要在市区穿行，因而噪声影响较大，尤其是客流量达高峰时。地下铁路的噪声与普通火车相似，因车辆在地道内行驶，噪声不易散失，故对车内乘客干扰较大。

交通噪声中，数飞机的噪声危害最大。飞机在起飞时会产生强烈的噪声，对附近的居民影响非常大，当大型喷气客机起飞时，跑道两侧 1 km 范围内语言通信都会受干扰，4 km 范围内的居民不能休息和睡眠。

工厂噪声主要来自生产和各种工作过程中机械振动、摩擦、撞击以及气流扰动而产生的声音，它不仅直接危害生产工人，而且对附近居民影响也很大。工业噪声中，一般电子工业和轻工业的噪声在 90 dB 以下，纺织厂噪声在 90～100 dB 之间，机械工业在 80～120 dB 之间。工业噪声是造成职业性耳聋的主要原因。

建筑噪声，主要来源于房屋修建和道路施工时各种机械发生的噪声。建筑噪声特点是强度大，对周围居民的休息和生活干扰很大。

生活噪声主要指街道和建筑物内部各种生活设施、人群活动等产生的声音。如娱乐场所、车站、菜市场、学校等噪声，又如室内儿童哭闹，家庭中收音机、电视机及其他音响设备等，在室外或街道大声喧哗，宣传或做广告用高音喇叭等。这些噪声又可以分为家庭噪声和公共场所噪声两类，它们一般在 80 dB 以下，对人没有直接生理危害，但都能干扰人们交谈、工作、学习和休息。

3.噪声的危害

噪声对人、动物、仪器仪表以及建筑物均构成危害，其危害的程度主要取决于噪声的频率、强度以及噪声暴露时间。科学家们已经全面研究了噪声对生物和人类的影响，如小白鼠在 160 dB 的环境中，几分钟就会死亡，人在喷气发动机 5 m 处，几分钟就会变成聋子。一般认为 40 dB 是正常的环境声音，在此分贝以上就是有害的噪声。

概括起来噪声危害有以下几个方面。

①噪声对听力的损伤。噪声对人体最直接的危害是听力损伤。在噪声的作用下，轻者可使听觉功能发生暂时性减退，听觉敏感度降低，但当回到安静的环境时，经过较短时间休息，听力就会逐渐恢复正常。这种现象医学上叫做暂时性听阈偏移，又称听觉疲劳。但是，当人们长时间无防护的在强噪声环境中工作，听觉疲劳不能得到及时恢复，且内耳器官会发生器质性病变，即形成永久性听阈偏移，又称噪声性耳聋。若人突然暴露于极其强烈的噪声环境中，则人的听觉器官会发

生急剧性外伤，引起鼓膜破裂出血，迷路出血，螺旋器从基底膜急性剥离，最后可能使人耳完全失去听力，即出现爆震性耳聋。

另有研究发现，噪声污染是引起老年性耳聋的一个重要原因，但农村老年性耳聋发病率明显要低于城市老年性发病率，纺织工人、锻工及铁匠与同年龄人相比听力损伤更多。

这里有两件事特别要提及：一是噪声对儿童的听觉损伤会更大，因为儿童发育尚未成熟，各组织器官十分娇嫩。专家研究已经证明，家庭室内电器噪声是致使儿童聋哑的主要原因，若在 85 dB 以上噪声中生活，则耳聋者可达 5%。二是要告诫经常配戴“随身听”的年轻人，其耳机音量有时高达 140 dB 以上，可导致永久性听觉器官急剧损伤和急性噪声性耳聋，重者引起双耳完全失听。

②噪声将干扰人的休息和睡眠。仔细计算可知，人的一生，实际上有近 1/3 时间是在睡眠中度过的，睡眠是人类消除疲劳、恢复体力、维持健康的一个重要途径。然而噪声对人的睡眠影响极大，人即使在睡眠中，听觉也要承受噪声的刺激。噪声会导致多梦、易惊醒，并使熟睡时间缩短。突然的噪声对睡眠的影响更为突出。就一般而言，40 dB 连续噪声可使 10% 的人受影响，70 dB 噪声可影响到 50% 的人，而突然发动的噪声达 60 dB 时，可使 70% 的人惊醒。长期干扰休息睡眠会造成失眠、疲劳无力、记忆力衰退，甚至产生神经衰弱症等。在高噪声环境中，此病的发病率可达 50%～60%。

③噪声引起神经系统功能紊乱。噪声作用于人的中枢神经系统，使人的基本生理过程——大脑皮层的兴奋和抑制平衡失调，导致条件反射异常。有的患者会引起顽固性头痛、神经衰弱和脑神经机能不全等，症状表现与接触的噪声强度密切相关。例如，当噪声在 80～85 dB 时往往易激动，感觉疲劳，头痛多在颞额区；95～120 dB 时，常感到头部纯性痛，并伴有易激动、睡眠失调、头晕、记忆力减退；当噪声高达 140～150 dB 时，不但会引起耳聋，而且会发生恐惧和全身神经系统紧张性增高。

④噪声作用于中枢神经系统，还会引起胃肠系统的分泌和蠕动功能改变，引起代谢过程变化，出现维生素、碳水化合物、脂肪、蛋白质和无机盐类的代谢失调，造成胃液分泌减少，胃酸降低，从而易患胃溃疡和十二指肠溃疡，恶心呕吐等症状。

⑤噪声可以使交感神经紧张，从而导致心跳加剧，心律不齐，血压升高等。

⑥噪声对视力也有损害。人的耳朵与眼睛之间有着极其微妙的内在联系，当噪声影响于听觉器官时，也会通过神经系统的作用而波及视觉器官，使瞳孔放大，从而使人的视力减退。研究表明，噪声可使人的色觉、色视野发生异常。调查发现，噪声使人眼对红、蓝、白三色视野都会缩小，所以驾驶员应避免立体场音响的

噪声干扰，否则易造成行车事故。

噪声除以上各种危害外，它还会损伤仪器设备，甚至使仪器设备失效。航天技术中特别要注意这一"杀手"，否则，后果不堪设想。噪声对建筑物也会造成损害。超过 140 dB 的噪声对轻型建筑物开始有破坏作用，强烈的噪声甚至能使建筑物倒塌。更有趣的是鸟类在噪声中会出现羽毛脱落，产卵也受影响，强噪声会引起动物死亡。

4. 噪声污染的防范

综上所述，噪声的危害是客观存在的，随着社会的不断发展，人类生活的进一步提高，噪声对人类的危害只会加剧不会削弱。这是人类目前遇到的又一新挑战。

为了防止和防治噪声，我国著名声学专家马大猷教授曾总结和研究了国内外现有各类噪声的危害和标准，他建议：为了保护人们的听力和身体健康，噪声的允许值只能在 75～90 dB 之间；为保障交谈和通信联络，环境噪声的允许值只能在 45～60 dB；为了保证人们的睡眠不受干扰，噪声的允许值只能控制在 35～50 dB 之间。目前我国噪声标准规定城市五类区的环境噪声最高限值为：疗养区、高级别墅区、高级宾馆区，白天 50 dB，晚上 40 dB；以居住、文教机关为主的区域，白天 55 dB，晚上 45 dB；工业混杂区，白天 60 dB，晚上 50 dB；工业区，白天 65 dB，晚上 55 dB；城市中道路交通干线、次干线两侧区域，白天 70 dB，晚上 55 dB。按国家最新标准规定，住宅区的噪声白天不能超过 50 dB，夜间应低于 45 dB，国家《城市区域环境噪声测量方法》中第 5 条 4 款又规定，在室内的噪声限值应低于所在区域标准值 10 dB。

如何防止、防治噪声，目前还没有一个有效的办法，因为噪声污染也是一个多因素问题。下面仅给出几条控制噪声、防止噪声的建设性意见。

①从源头抓起，减少和降低一切声源噪声。工业、交通运输业可尽量选用低噪音的生产设备和改进生产工艺或者直接改变生产方式，如用阻尼、隔振、防振、消音等措施降低固体发声体的振动。

②在建筑物中尽量采用如玻璃棉、矿棉、膨胀珍珠岩、穿孔吸声板等多孔隔声和吸声建筑材料，防止和减弱噪声源产生的噪声向室内传播。另外，因为建筑物周围的草坪、花木等也都是很好的天然吸声材料，所以植树造林、种植花卉，不仅能美化我们生活和学习环境，而且能有效防治噪声对环境的污染，真是一举两得。

③在传声途径上降低噪声。在声源和声音传播途径上可根据声波的反折射规律，采取屏障、隔振等措施，以及合理、科学规划城市和建筑物的布局等来防止和减小噪声污染。

④在噪声源和噪声传播途径上均无法采取措施时，受音者或受音器官可采取积极防护措施，如长期从事职业性噪声的工人可以戴耳塞、耳罩或头盔等护耳器。

⑤防范家电噪声的措施：在使用家电音响器材、电视机、游戏机时，应注意音量不要过高，尤其在配戴耳机听取音乐时，更应注意不要为追求立体声效果而一味加大音量。另外，应避免在同一房间里同时开动几种家电，引起噪声叠加后产生更大危害。合理布置摆放家用电器，也能防止噪声危害。如洗衣机、电冰箱、脱排油烟机、多功能食品加工机、换气扇等应放置在厨房，不能放在卧室。合理的家电保养和维修，也能防范减少噪声，如电风扇噪声过大，应及时修理，洗衣机应定时给轴承加润滑油，皮带三个摩擦面涂上石蜡，拧紧松动的箱体固定螺丝等都能降低噪声。交流声过大的荧光灯镇流器要及时修理更换。在选购家用电器时，不要贪图便宜，要充分注意家用电器的噪声和杂音，尽量避免购买噪声大的家用电器。

参考文献

[1]张献怀. 手机电磁波辐射应防患于未然. 前进论坛，2001(6)

[2]俞苏蒙，尹仪柱. 警惕家电噪声这一无形“凶手”. 环境保护杂志，1996(10)

[3]凌瑞良编著. 物理概念辨析. 北京：国防工业出版社，1992：60—63